“应急管理理论与实务”丛书编委会

应急管理理论与实务

生命线工程灾害应急管理

Emergency Management on the Disaster of Lifeline Engineering

马宏伟　王　璠　主编

暨南大学出版社
JINAN UNIVERSITY PRESS
中国·广州

图书在版编目（CIP）数据

生命线工程灾害应急管理/马宏伟，王璠主编．—广州：暨南大学出版社，2012.8

（应急管理理论与实务）

ISBN 978－7－5668－0212－5

Ⅰ.①生…　Ⅱ.①马…②王…　Ⅲ.①灾害管理　Ⅳ.①X4

中国版本图书馆 CIP 数据核字（2012）第 103881 号

出版发行：暨南大学出版社

地　址：中国广州暨南大学
电　话：总编室（8620）85221601
　　　　营销部（8620）85225284　85228291　85228292（邮购）
传　真：（8620）85221583（办公室）　85223774（营销部）
邮　编：510630
网　址：http://www.jnupress.com　http://press.jnu.edu.cn

排　版：广州市天河星辰文化发展部照排中心
印　刷：广州市怡升印刷有限公司

开　本：787mm×960mm　1/16
印　张：21.25
字　数：406 千
版　次：2012 年 8 月第 1 版
印　次：2012 年 8 月第 1 次
印　数：1—2000 册

定　价：45.00 元

总　序

中国正处在社会转型与体制转轨、机遇与风险并存的高风险期，社会的急速变化加上各种自然灾害与人为事故纠结在一起，公共危机问题被迅速地集中和放大，蕴涵着各类不可忽视的风险。金融、环境、信息、流行疾病、民族分裂主义、自然灾害等诸多非传统安全危机已成为威胁国家安全的组成部分，这些非传统安全危机深刻地考验着中国政府的执政能力。面对非传统安全危机，加强执政能力建设，趋利避害、化解风险已成为中国政府长期面临的重要课题。从2006年1月国务院颁布《国家突发公共事件总体应急预案》起，就意味着战略性地应对公共危机已提升至国家高度。

"突发公共事件"是指突然发生的，造成或者可能造成重大人员伤亡、财产损失、生态环境破坏或严重社会危害、危及公共安全的紧急事件。随着世界各国社会经济的快速发展，各类突发公共事件的危害日益凸显。突发公共事件主要分为自然灾害、事故灾难、公共卫生事件、社会安全事件四类；按照其性质、严重程度、可控性和影响范围等因素分成四级，特别重大的是Ⅰ级，重大的是Ⅱ级，较大的是Ⅲ级，一般的是Ⅳ级。一国政府应对突发公共事件的能力已经成为评价其执政、施政能力的一个重要绩效标准。

北京大学丁元竹教授曾把中国社会的风险归结为十个方面：就业问题、三农问题、金融问题、贫富差距、生态与资源问题、台湾问题、全球化问题、国内治理危机、信心和诚信问题、艾滋病和公共卫生问题。这些风险是当代发展中国家走现代化、城市化荆棘之路的共性，也是正在进行追赶型、跨越式发展的中国社会不得不面对与思考的问题。能源安全、环境安全、生态安全、金融安全、网络安全、信息安全、卫生安全、文化安全等涉及社会生活的多个领域，具有隐蔽性、危险性、突发性和非确定性的特点。21世纪以来，各种自然灾害、事故灾难、公共卫生事件、社会安全事件等的频频发生，往往使国家遭受重大损失。研究社会转型期各类重大的突发公共事件和社会经济风险，以及自然条件状态下的各种自然灾害和次生灾害所带来的应急管理问题，提高突发公共事件应急管理能力成为政府不可回避且亟待解决的现实课题。

中央综治办主任陈冀平曾指出，从目前的社会形势看，新的社会矛盾将不断产生，原有的一些社会矛盾可能随之凸显，并呈现出经济领域的新矛盾与其他领域的矛盾相互影响、相互作用的局面。这主要表现为涉及农村土地征用、城镇房屋拆迁、国有企业改革、部分军队退役人员安置等方面的信访问题已十分突出，非法集资、股市房市受损、高校毕业生就业、医疗、养老、环境污染、城市公共服务与管理等诱发群体性事件的因素也正在增多。由经济纠纷引发的暴力讨债、绑架、哄抢等“民转刑”案件可能更加频繁，流动人口犯罪、多发性侵权犯罪和非法集资等涉众型经济犯罪可能更加明显，城市社会治安问题向农村蔓延扩散的趋势可能更加突出，尤其是个人极端事件有可能进一步增多，治安问题的敏感性将会进一步增强，一起普通的刑事案件或治安案件有可能转变为社会热点问题，甚至可能诱发其他矛盾和问题。

近50年来，世界经济发展步伐加快，在石化能源体系支撑下形成了如火电、石化、钢铁、建材、有色金属等高碳工业群，并由此衍生出汽车、船舶、航空、机械、电子、化工、建筑等行业。气候变化主要是由于人为活动排放的二氧化碳、甲烷、氧化亚氮等温室气体造成的。全球变暖的后果是冰川融化、海平面上升、生态系统退化和自然灾害频发。从企业应急管理和经营发展的长远角度来看，企业外部市场变幻莫测，内部管理与控制日趋复杂。外部风险包括市场风险、竞争风险；内部风险则包括品牌风险、战略风险、文化风险、团队风险、领导人风险、财税风险、舆论风险、法律风险和技术风险等。

马凯在《求是》杂志中撰文指出，我国正处于工业化、城镇化快速发展时期，各种传统的和非传统的、自然的和社会的风险、矛盾交织并存，公共安全和应急管理工作面临的形势更加严峻。归纳起来，应急管理面临的态势包括四个方面：一是自然灾害处于频发期。我国是世界上自然灾害最为严重的国家之一，灾害往往具有种类多、分布地域广、发生频率高、造成损失重等特点。特别是近年来，极端气候事件频发，中、强地震呈活跃态势，自然灾害及其衍生、次生灾害的突发性和危害性进一步加剧。二是安全生产形势严峻。我国经济发展较快，能源、资源、运输供给长期偏紧，再加上安全生产基础薄弱，一些地方和企业责任不落实、监管不到位，生产安全事故发生率居高不下，重、特大事故时有发生。三是公共卫生事件防控难度增大。公共卫生事件的诱因和影响都呈较强的国际性特点，全球新发的三十多种传染病已有半数在我国出现，重、特大疫情和群体性不明原因疾病时有发生。随着人口流动量的加大和流动速度的加快，疾病的防控难度增加，造成的损失更加严重；而在食品、药品生产经营中，市场秩序混乱、源头污染严重、监管力量薄弱等问题尚未得到根本解决。四是社会安全面临新的挑战。我国改革发展进入关键阶段，各种利益关系错综复杂，国家安全面临的形势更加严峻，维护社会稳定的任务更加艰巨。对当前国际金融危机造成的重大影响和可能引发的各类突发公共事件，我们要有充分的准备。

2008 年 3 月 14 日，少数不法分子在西藏拉萨制造了打砸抢烧暴力事件，烧死或杀死藏汉群众 18 人，给当地人民群众生命和财产安全造成重大损失。2009 年乌鲁木齐“7·5”打砸抢烧严重暴力犯罪事件又造成 197 人死亡，其中绝大多数是无辜群众。后面这场打砸抢烧暴力事件的发生，是由以热比娅为首的境外敌对势力和境内极少数不法之徒极力炒作广东韶关旭日玩具厂群殴事件，把一起一般的治安案件渲染成民族事件，进而极力煽动民族仇恨所致的。虎年春节期间，山西省的晋中、太原、吕梁、长治、晋城、阳泉等地区到处都是地震将发的谣言，一场大规模的群众恐慌在山西蔓延。2010 年 2 月 20 日晚至 21 日凌晨，许多山西人离家，躲避在广场、公园等地，夜不归宿，甚至开车逃往外乡。许多山西人在户外度过了一个不眠之夜。造谣人利用网络传播大地震谣言，而政府机构最初也处于一片迷乱中，直到 21 日早晨，山西省政府及各地区地震部门通过媒体及移动通信转达了政府公告，称群众的这次避震行动为谣言所惑，要广大群众安心。此类民生事件实则是 2007 年哈尔滨水污染事件中短信传播哈尔滨要发生大地震的翻版。非常事件与突发事件应该由民调机构和覆盖面广的大众媒体联合发布，以正视听。

应急管理是指政府及其他公共机构在对突发公共事件的事前预防、事发应对、事中处置和善后管理过程中，通过建立必要的应急机制，采取一系列必要的应急措施，以保障公众生命和财产安全，促进社会和谐、健康发展的有关活动。美国佐治亚州州立大学著名应急管理学家威廉·L. 沃认为：“应急管理就是对风险进行管理，以使社会能够与环境或技术危险要素共存，并应对环境、技术危险要素所导致的灾害。”应急管理是对突发公共事件的全过程管理，根据突发公共事件的预警、发生、缓解和善后四个发展阶段，可分为预测预警、识别控制、紧急处置和善后管理四个过程。应急管理又是一个动态管理，包括预防、准备、响应和恢复四个部分，均体现在管理突发公共事件的各个阶段。

应急管理是一个完整的系统工程，可以概括为“一案三制”，即突发公共事件应急预案，应急机制、体制和法制。以政府应急管理为主线，围绕政府应急管理决策、技术管理、社会动员与响应机制等层次展开研究，达到在紧急状态下各行为主体凝聚人心、从容应对、缓解危机、减少缺失的效果。政府危机管理即政府在公共危机事件发生之前、发展过程之中和后危机时期，为减少和消除危机造成的危害和损失，根据危机管理计划和程序而对危机直接采取的对策及管理措施。它是在政府常态型危机管理基础上紧急状态的管理。各种信息资源、物质资源、人力资源如何高效配置与有效运作，如何防止灾害的蔓延与次生灾害的扩大等均是政府应急管理在紧急状态下需要解决的关键问题。我国正处于经济体制和经济增长方式双重转轨的特殊时期，存在着诱发公共危机的潜在性制度及非制度因素。高度重视公共危机管理、建立公共危机的预警机制和政府干预公共危机体系尤为必要。应急管理的基础是常规性政府危机管理，只有基础工作常抓不懈，才能在紧急状态下临危不乱。

发达国家十分重视对突发公共事件应急管理的研究，其研究范围覆盖了灾害或危机产生、发展、消亡的整个过程。日本是较早开展城市应急管理研究的国家，研究的领域和能力不断拓展，研究的水平位于世界前列。美国也在“9 · 11”事件发生后，组建了部级的美国国土安全部（DHS），此部门的设立标志着美国国家级突发公共事件应急管理体系从“综合应急管理”提升到“国家安全应急管理”的高度。相关国际组织也非常重视突发公共事件应急管理。联合国第二届世界减灾大会发表的《兵库宣言》要求各国将防灾减灾、保障国民生命和财产安全“作为国家的第一责任”，并将“确保减灾成为各国政府部门的工作重心之一”列为《兵库行动框架》（2005—2015 年）提出的五个行动重点之一。世界各国的政府部门、学术团体和专门机构已经开始从事各种针对突发事件的预防、监测、预报、识别、测定、控制、应急预案制定、事发时的快速反应及救灾、灾后的快速评估与重建的研究。

美国的乔治 · 华盛顿大学、马里兰大学、北达科他州立大学和加拿大的尼加拉瓜学院等高校，在该领域均有较为系统的研究，包括危机与应急管理，流行病及预防医学，危机和应急管理中的信息技术、自然、技术危害以及恐怖袭击之风险管理，大规模恐怖行动的预防和反应之危机管理，灾后重建以及组织持续之减灾管理，健康与医疗应急管理等各个方面。上述研究系统地为政府层面与技术层面的公共危机与应急管理技术提供了强有力的理论指导。

公共危机与突发事件已成为构建和谐社会和可持续发展的重要隐患，如何有效应对突发事件、妥善预防和处理危机越来越多地引起社会各界的高度重视。2006 年 1 月国务院颁布《国家突发公共事件总体应急预案》，标志着从战略上应对公共危机已被提升至国家高度。中央进一步明确提出，要建立健全社会预警体系，提高保障公共安全和处置突发事件的能力。2007 年 8 月，全国人大常委会通过了《中华人民共和国突发事件应对法》。汪永清、莫于川、韩大元等学者对该法进行了阐释。另一些学者，如徐高、莫纪宏等，则比较系统地研究了国外针对处理紧急状态下的法律制度。目前，我国的应急管理研究基本上处于以介绍国外经验，对其存在的问题及对策等事实进行描述和提出对策措施为主的阶段，而对法理以及制度比较的研究尚欠深入，难以为应急管理的依法施行提供充分的理论支持。另外，对危机处理研究较多，对事后重建和救济研究较少，不利于达到依法规范政府行政行为、缓解公众利益和私人利益的矛盾、维护社会稳定的目的。

关于灾害及突发公共事件应急工程的研究，国内外已经积累了大量的研究成果。从第一个应急管理国际组织——国际应急管理工程协会诞生之日起，各类研究成果层出不穷。这些成果几乎囊括了火灾、地震、矿井塌陷、核泄漏事故等各个领域的灾害。我国从 20 世纪 80 年代末开始新增了许多研究学报和学术期刊，如《自然灾害学报》、《环境污染与防治》、《环境卫生工程》、《中国环境管理》、《中国减灾》等，针对我国自然灾害以及事故灾难的防灾减灾研究已经较为深入。目前国内较为集中的研究主要体现在城市灾害应急与管理，区域应急管理实务预案、演练及绩效，突发事件应急管理，现代城市公共安全应急管理，领导干部预防和处置突发公共事件实用指南与案例分析，公共危机与管理，国家与政府的危机管理，灾难性事故与事件应急处置，城市安全学，政府应急管理实务，中央和大城市政府应急机制建设，灾害应急处置与综合减灾，地震应急等领域。

政府应急管理和企业应急管理均需要建立应急管理综合平台和预案，运筹帷幄才能在非常态情境下保持临危不乱。但无论是国内还是国外，对于突发公共事件的研究普遍侧重于对技术和具体方法应用的应急工程研究，并形成了一类特殊管理理论与方法——应急管理，而蕴涵其中的基础科学问题研究并没有得到广泛关注。这样就构成了面向突发公共事件的应急管理和应急工程两个模块紧密结合、相辅相成的研究层面。其中，应急管理中的科学问题研究是应急工程问题研究的基础，而后者又是在前者指导下的实践。

从2008年暨南大学获教育部批准，在全国率先招收应急管理专业本科生并成立全国首家应急管理学院，到2009年广东省“211工程”三期重点学科建设项目“应急管理理论与实务”正式立项，再到暨南大学应急管理研究中心成立并成为广东省高校重点人文社科研究基地，暨南大学得到了广东省政府、省政府应急办的大力支持和社会各界的广泛关注，我们深感责任的重大与使命的神圣。应急管理属于新型交叉管理学科，“211工程”三期重点学科建设项目共设置了二十余个选题，从政治、经济、管理、公共卫生、新闻处置、社区与区域合作、应急管理史、应急管理平台等多个领域进行研究，试图对完善中国应急管理理论作出富有成效的尝试，也期盼对中国应急管理工作有所指导与借鉴。丛书的出版难免存在这样或那样的疏漏，期待读者给予批评指正。

广东省政府应急办　暨南大学应急管理研究中心
广东省“211工程”三期重点学科建设项目
“应急管理理论与实务”丛书编辑委员会
2011年6月

目　录

第一章　总　论

本章概述

通过本章内容的学习，了解目前生命线工程和重大结构的大致种类与现状，以及造成这些结构可能出现灾难性事故的自然原因和人为原因，了解这些灾难性事故所造成的危害。初步了解针对突发性生命线工程和重大工程结构灾难性事故的预防、控制、应急管理和救援处理的基本原则与框架，为本教材的后续学习内容打下初步基础。

第一节　生命线工程灾难性事故种类

一、生命线工程灾害性事故

生命线工程是维系现代城市与区域经济、社会功能的基础性工程设施和系统，一般包括四种系统：能源系统、给排水系统、交通系统和通信系统。生命线工程系统一般由几类工程结构或系统构成，其中每一个子系统包含不同的建（构）筑物和不同的设施（设备），并相互联系，构成一个网络系统。由于系统功能的需要，生命线工程系统除了一般常规建筑物外，还包含大量特殊建（构）筑物和工业设施，其中有各类管道、线路、桥梁、隧道、气柜、油罐、电力变压器、高压电气设备、通信设备等，系统构成十分复杂。

生命线工程系统以网络形式发挥其功能，网络系统分布地域广阔，供水、输油、供气管线和电力线路常绵延数百公里，在如此广大的范围内，地质条件十分复杂，河流、山川、断层、沙土液化、软土沉陷等诸多不良场地条件经常并存其中，另外气候条件也复杂多变，风、雨、雪、洪水等自然灾害乃至在维护正常运营工作中的人为失误等因素均会对生命线工程的正常运行构成威胁。生命线工程系统一旦遭受破坏，整个社会生活都会受到严重的影响，轻者影响人民的正常生活和工业生产，重者使整个社会因生命线工程系统的服务功能中断而处于瘫痪状态。例如，在1995年日本阪神大地震中，神户地区供水系统主干供水管网被破坏1 610处，导致110万用户断水，一周后仅修复三分之一，全部修复工作持续三个半月。与此同时，该地区供气系统、供电系统也都遭受了严重破坏。由于生命线工程系统的耦联作用，还导致了严重的次生灾害。

中国是世界上灾害最严重的国家之一。近十年，每年平均灾害损失近1 600亿元，相当于国民生产总值的3.8%、国民收入的30%，这一比例是发达国家的10倍。我国地域辽阔，洪水、干旱、台风、地震、火灾、冰川冻土等自然灾害多、发生频次高、影响范围广，已经成为生命线工程系统和重大工程结构安全防护的主要控制因素。此外，我国大规模的工程活动总在不同程度地改变和重塑地质环境，诱发诸如边坡失稳、地表塌陷和地基失效等地质灾害或灾变危害。工程活动和地质环境相互作用的诱变灾害以及重大工程结构的灾变危害已经成为制约生命线工程系统和重大工程结构安全运行的关键问题。重大工程结构的自然灾害和灾变危害严重威胁着国家的经济建设和可持续发展。除了自然灾害之外，人为灾害也是不可忽视的重要问题。特别是随着经济全球化和利益的不均衡发展，发达地区与不发达地区的矛盾日益突出，全球范围内的恐怖爆炸袭击事件不断上升，已构成对城市乃至国家安全的重要威胁之一。同时，在现代灾害中，人为因素致灾的比例日益增高，表现在一方面人为事故越来越严重，另一方面自然灾害也反映出明显的人为化诱因。

二、生命线工程灾害性事故分类

依据广东省各类灾害的发生频率以及灾害特点，本书将重点介绍洪水灾害、风灾害、地质灾害、地震灾害、火灾害、爆炸作用下的结构灾害以及人为因素导致工程灾害给人们的生命及财产造成的重大损失和严重威胁。掌握各类灾害的发生特点，做好减灾防灾的应急措施，即是本教材的目的所在。

（一）洪水灾害

洪水灾害是当今世界最主要又频繁发生的灾害之一，对全球1950—2004

年重大洪水灾害的统计分析表明：全球1950—2004年重大洪水灾害记录次数为2 606次，涉及172个国家及地区，累计受灾人口达2 715亿，受灾损失3 472.35亿美元。按照每10年为一时间段进行分析，洪水发生次数、受灾人口及受灾经济损失在逐渐增加，其中1990—1999年间重大洪水发生次数、受灾人口、经济损失都是很多的，受灾人口占总受灾人口的52.30%，经济损失占总经济损失的59.76%。2000—2004年虽然只有5年，但发生次数与1990—1999年10年的发生次数基本相近，可见目前重大洪水灾害之频繁。不论发生次数、受灾人口，还是受灾损失，中国都是世界上最严重的国家之一，说明中国重大洪水灾害非常严重，造成了巨大的经济损失。2010年9月“凡亚比”带来的特大暴雨导致广东20个县市100多万人受灾，33人死亡，42人失踪。

（二）风灾害

地球上风灾最严重的是加勒比海、孟加拉湾、东南亚等地区。据统计，全球每年会产生80多个风力达8级以上的热带气旋，历史上有记录的造成10万以上死亡人数的飓风灾难就有8次，其他灾害性风气象事件更是不计其数。我国沿海地区也是世界上少数几个受台风影响最严重的地区之一。据史料记载，我国历史上最早的台风记录是北宋初期在泉州登陆的一次台风，它使晋江、泉州、惠安、仙游、青田等地遭受灾害。1922年8月，太平洋台风在广东汕头登陆，12级大风持续了24小时，沿海150公里堤防悉数溃决，汕头城内水深超过3米，死亡7万余人。据记载，灾后瘟疫死亡约20万人，位居我国20世纪十大气象灾害之首。广东沿海每年都会有数次台风登陆记录。

（三）地质灾害

地质灾害是自然灾害中破坏力较强的灾种之一。我国地质和地理环境复杂，气候条件时空差异大，地质灾害分布广、类型多、频度高、强度大，每年都造成众多人员伤亡和严重经济损失，已成为影响我国城乡建设和人民生存环境的重大问题。据估计，我国由地质灾害造成的损失占各种灾害总损失的35%。其中由于崩塌、滑坡、泥石流及人类工程活动等诱发的浅表生地质灾害造成的损失占一半以上，每年约损失200亿元。

（四）地震灾害

地震是一种小概率的灾害性自然现象。然而，地震又是一种危及人民生命财产安全、破坏性极大的突发性自然现象。突如其来的强烈地震，常常在数分钟，甚至是数秒钟的时间里，造成大量的人员伤亡和经济损失。自古以来，造成数万人死亡的强烈地震的记载屡见不鲜。2008 年 5 月 12 日，在四川省阿坝州汶川县发生了新中国成立以来破坏性最强、地震灾害最重、救灾难度最大、波及范围最广的 M8.0 级特大地震。四川汶川地震已确认 69 227 人遇难，374 643 人受伤，失踪 17 923 人。四川、甘肃、陕西三省的极重灾区和重灾区数量分别是 39 个、8 个和 4 个，共 51 个灾区县，总面积达到 13 万多平方公里，造成的直接经济损失达 8 451 亿元人民币，其中四川占到总损失的 91.3%。

（五）火灾害

火灾害是各种自然灾害中最危险、最常见、最具毁灭性的灾种之一。它可以是天灾，也可以是人祸。因此火灾既是自然现象，又是社会现象。火灾害按照物质运动变化产生燃烧的不同条件可以分为自然火灾和建造物火灾。自然火灾有的危害时间很长，新疆阜康煤田火灾从清代一直延烧到 2001 年才被扑灭；有的危害大，1987 年 5 月大兴安岭发生的特大森林火灾蔓延 87 万公顷，共损失 30 多亿元。进入 20 世纪 90 年代，特别是 1993 年以来，火灾造成的直接财产损失上升到年均十几亿元，年均死亡人数超过 3 000 人。

（六）爆炸灾害

一提到爆炸事故，人们犹如谈虎色变，然而爆炸事故的发生率随着经济的发展却有增无减。爆炸往往会给人民生命财产带来很大的损失。近十多年来，全球范围内的恐怖爆炸袭击事件不断上升，已构成对城市乃至国家安全的重要威胁之一。据统计，在过去几年全球所发生的恐怖事件中，85% 属于爆炸袭击事件，例如震惊世界的西班牙“3·11”案、伦敦地铁爆炸案、印尼万豪酒店爆炸案、车臣狄纳莫体育场爆炸案等。近年来随着国际环境的日趋复杂化，恐怖爆炸袭击越趋频发。

（七）人为灾害

人类文明致使各类工程结构迅猛发展，而且向着空间化、大型化发展，由于工程结构直接由人类创建，因此，在与工程结构相关的灾害中，人为因素起着不可忽视的作用，导致工程灾害的人为因素存在于工程结构各生命周期。有时，工程灾害会和其他各类灾害一起形成对人类生命和财产安全的重大威胁。现代灾害致灾规律表明，在所有灾害中，人为因素占全部灾因的 80% 以上，并且有从自然态向人为态、混合态转化的趋势，这是必须承认的全球性问题。现代减灾研究若再不关注人灾，不仅是不全面的，更将是无效果的。

目前，我国西气东输、南水北调、五纵七横骨干公路网、高速铁路、三峡大坝、跨海大桥等重大生命线工程（国民经济大动脉）相继建设或建成，对生命线工程系统的防灾减灾和应急管理工作又提出了新的要求与挑战。

第二节 突发事件预防控制概要

突发事件是指造成或可能造成死亡、疾病、伤害、财产损失或其他损失的意外事件。当今世界的公共突发事件类型多、范围广，从公共卫生、网络攻击到恐怖袭击，从交通安全到生产事故，影响人身安全、食品安全、生态安全、环境安全、国家安全和社会稳定的卫生、金融、政治、经济等公共突发事件时有发生，这些都可能造成惨重损失和巨大影响。为了有效预防突发事件的发生和控制突发事件带来的损失与影响，世界各国都在利用现有的科技知识提高对突发事件的预防控制水平，并通过技术协助、技术转移、示范计划、教育训练及成效评价等措施发展有效的评估、监测、预防及应急响应的方法。

一、预防控制系统的功能分析和过程分解

（一）预防控制系统的概念

预防控制系统的功能就是最大限度地防止突发事件发生，突发事件一旦发生，就要减少损失，将事件可能造成的影响控制或限制在最小程度。各类突发事件的预防控制系统虽各有特点，但也不乏共同性。总的来讲，其功能通常包含风险评估、预防措施、监测预警、应急响应四个重要环节。图 1－1 给出了预防控制系统的功能及过程。

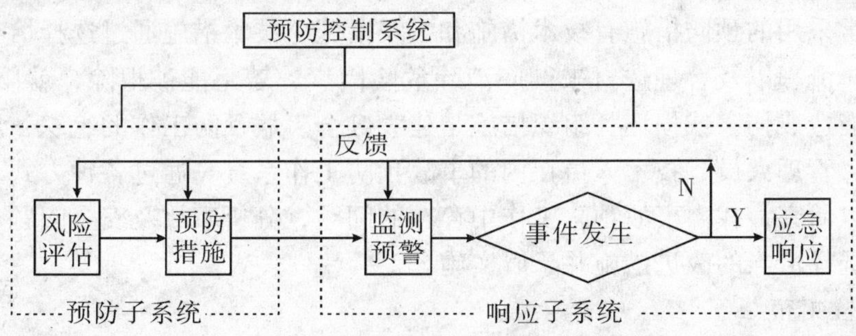

图 1－1 突发事件预防控制系统的功能及过程

预防控制系统还是一个动态的过程，风险评估、预防措施、监测预警和应急响应这四个阶段形成了预防控制系统的生命周期。图1－2为预防控制系统的生命周期模型。

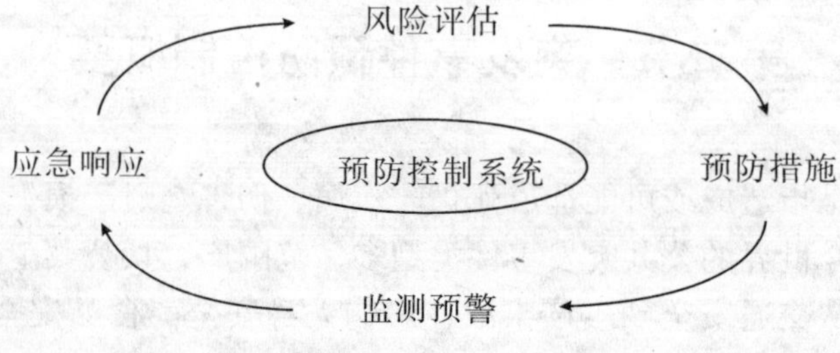

图1－2　预防控制系统的生命周期模型

（二）预防控制系统的功能

1. 风险评估

风险评估的目的是保证系统安全运行，查明系统中的危险因素，分析导致系统故障或事故的各种因素及其相互关系，以便采取相应措施消除系统故障或事故。风险评估方法有许多种，在风险因素辨识中广泛应用的风险评估方法有安全检查表、故障类型和影响分析、事故树分析等。其一般程序如图1－3所示。

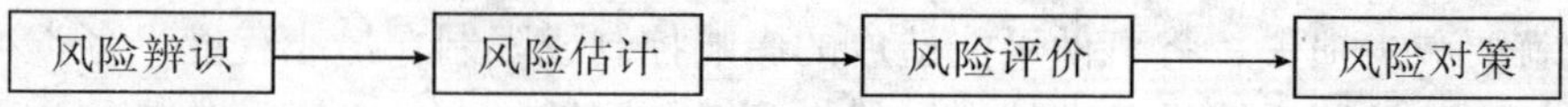

图1－3　风险评估的一般程序

2. 预防措施

通常采用的预防措施有技术措施和组织措施。技术措施通过选择恰当的设计方案、流程以及合理选材来彻底消除危险因素，若不能被根除，就限制它，使它不能造成伤害或损坏。组织措施是建立健全事故预防工作的组织，形成包括领导、管理人员、技术人员在内的事故预防工作系统。通过各种方式，收集资料加以研究，找出事故预防工作中存在的问题，分析事故及安全问题产生的原因，选择恰当的改进措施并予以实施。

3. 监测预警

监测预警就是将可能导致突发事件的风险因素一一列出，建立突发事件可能发生的指标体系，实施重点监控。当问题积累到一定程度时，预警机制就应当发出警报，图 1－4 是监测预警管理框架图。突发事件的处理在很大程度上依赖于及时、准确的监测数据，因此监测系统的正常有序运行就显得非常重要。监测系统包括监测设备、组织保障、技术支持。

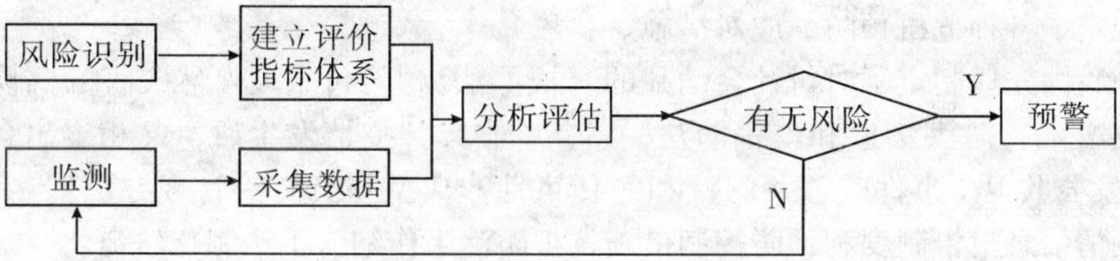

图 1－4　监测预警管理框架

4. 应急响应

应急响应是在突发事件发生时及时有效地转移、防护和抢救灾害威胁下的生命财产，以减轻灾害的损失和影响。为实现这一目标需建立包括应急反应专业队伍的应急组织，针对事件特征明确职责和应急行为，形成一个有机的协调体系。应急响应通常包括报警、应急指挥、应急防护和救援、信息发布、治安维护、灾民安置、消防、有毒有害物品紧急处理、卫生防疫、事后恢复等工作。

二、国内外预防控制系统现状

（一）政策、法规

为了更好地应对突发事件，世界各国均制定了相关的突发事件应急处置法案。如美国通过立法来规定政府机构在紧急情况下的职责和权限，先后制定了上百部专门针对自然突发事件和其他紧急事件的法律法规，而且还有专门的《全国紧急状态法》，规定了政府各部门在突发事件发生时的职责以及政府采取的措施和程序等内容。俄罗斯制定了《俄罗斯联邦紧急状态法》、《关于保护居民和领土免遭自然和人为灾害法》、《事故救援机构和救援人员地位法》等法律，规定了政府、救援人员的权利、责任和程序等内容。法国在宪法中明确了政府行政紧急权力的界限，既保障政府在紧急状态下充分、有效行使行政紧急权力，又保障公民不因紧急事件的发生而使一些基本宪法权利遭到侵害。法国的《紧急状态法》规定部长会议宣布紧急状态，内政部长可命令关闭紧急状态区域的剧场、酒店和公共场所，还规定了军事法庭受理有关的重罪或轻罪案件。英国先后制定了《民防法规》、《和平时期非军事保护法》、《重大事故危险控制规定》等等，详细规定了政府的责任以及应对突发事件的权力。日本政府为了提高应对危机效果，中央防灾会议制定了《防灾基本计划》、《地区防灾计划》、《灾难对策基本法》、《大规模地震对策特别措施法》等，详细规定了各种危机预防、应对措施。

我国先后制定了对付社会动乱的《戒严法》，对付重大自然灾害的《防震减灾法》、《防洪法》和《消防法》等。“非典”疫情发生后，又相继出台了《突发公共卫生事件应急条例》和《传染性非典型肺炎防治管理办法》，完善了疫情信息报告制度和预防控制措施，把防治工作纳入了法制化轨道。

（二）组织和运行机制

美国负责处理突发事件的机构是紧急事务管理局，另外还设有政府政策协调组及顾问委员会，对突发事件实行统一领导及分级管理。地方政府对突发事件作最初响应，如果事件超出地方政府处理范围，由总统正式宣布该地出现紧急状态，“联邦应急方案”随之启动。俄罗斯负责处理突发事件的机构是紧急情况部。紧急情况部负责制定突发事件的处理措施，向国民宣传并教育国民如何处理突发事件。下属的紧急情况保险公司，在发生紧急情况时向国民提供保险服务；紧急情况监测和预测机构，对可能发生的紧急情况进行预测并采取预防措施。法国在建立预防与准备体制的同时，国家决策机构和具体负责部门还拟订了详细的应急计划，用于指导在突发事件发生时的具体行动。为使所制订的应急计划能全面有效地实施，法国还同其他一些欧洲国家进行针对性的演习，以测试政府部门的反应能力，同时进一步提高专业人员和公众的应对能力。英国政府设有国民紧急事务委员会，由各部大臣和其他官员组成，主要负责应对重大事件，地区设有“紧急规划长官”负责的紧急规划机构，负责地区危机预警、制订工作计划、举行应急训练、处理一般突发事件。内阁办公室之下还成立了国民紧急情况秘书处，进行危机政策的制定、风险评估、部门协调和人员培训等日常工作，为政府各部门特别是国民紧急事务委员会提供支持。日本于1961年完成《灾害对策基本法》，次年成立中央防灾会议，负责国家级防灾基本计划的制订及相关重要事项的审议，国土厅防灾局为其下属单位，承办执行与协调等业务。各级政府亦都成立防灾会议及专责机构，办理防灾业务，根据所在地的自然灾害及人为灾害制订防灾计划。

我国目前突发事件主要由各级政府和各行业部门共同负责，例如水灾，设立了国家防汛抗旱总指挥部。我国现有的预防控制系统是在经济不发达、技术起点低的困难条件下形成的，与发达国家相比，仍存在一些问题。

三、研究方法

系统分析方法有几十种，它们从不同角度对系统进行分析。每一种方法都有其历史背景和适用范围。常用的分析方法有安全检查表、预先危险性分析、故障类型和影响分析、事件树分析、事故树分析及因果分析等。

系统评价有定性和定量评价。定性评价与传统方法相比，已经系统和准确多了。但只有定量评价才能发挥系统评价的作用。评价的方法有很多，常用的有逐项赋值评价法、火灾爆炸危险评价法、可靠性评价法、模糊综合评价法等。

系统预测根据预测的对象分为宏观预测和微观预测。根据所应用的原理，分为白色理论预测、灰色理论预测和黑色理论预测。预测的方法有回归分析预测法、马尔柯夫链预测法、灰色系统预测法、德尔菲预测法等。

第三节　灾难应急管理与救援

灾难事故的发生一般经历“存在事故隐患—出现危险征兆—事故临界状态—进入事故”等四个过程。前两者属于事故预防管理工程，而后两者则属于事故应急管理工程。应急是指在正常生产、生活的过程中，当发生了具有破坏性质的意外事件时，对这种紧迫情况，须采取控制事态恶化、减轻事故损失的抢险措施。

一、对灾难概念的认识

在不同的历史时期，人们对灾难有不同的理解。起初，人们把灾难看成是一种不可预期、几乎无法控制的突发事件。随着社会的发展，思想认识的提高，越来越多的人开始把灾难理解成由于人为错误而造成的恶性事件，人从灾难的客体变成了主体。自然灾害是由于人类破坏自然环境造成的；切尔诺贝利核电站核泄漏是因为管理不善造成的；金融危机是由于宏观经济政策失误造成的。在这种认识中包含着这样一种思想：如果没有这些人为的错误，灾难是可以避免的。

以上两种对灾难的理解代表了最主要的两种灾难——“天灾”和“人

祸”。总的来说，不管是自然因素引起的“天灾”，还是人为因素引起的“人祸”，一般都经历着潜伏期、发展期、暴发期、恢复期四个阶段。在灾难的潜伏期，一般来说灾难的苗头还没有出现，但是造成灾难的诱因、问题已经形成，培育灾难的“温床”已经就绪；在灾难的发展期，灾难苗头开始出现，烈度逐渐增强；在灾难的暴发期，灾难最为严重，对参与者冲击最大；在灾难的恢复期，如果处理不当，灾难恢复期可能成为新灾难的发展期。

二、灾难应急管理的产生与发展

人类历史就是各类自然灾害和人为灾害伴随发展的历程。当灾难发生时如何应对灾难？如何减少灾难中的痛苦和损失？出于本能，灾难应急管理的雏形就产生了。随着近几十年人们认识的逐渐深化，一个更全面的概念应运而生，这就是灾难应急管理。早期西方学术界对灾难的研究主要集中在对自然灾害的研究上，没有成为一个独立的学科，这种研究也处在一种不自觉的状态。20世纪60—80年代初，西方灾难理论形成了一个研究高潮。

在我国，自古以来就重视对灾难的预防，在博大精深的中国古代文化中，对灾难应急管理有过充满辩证思想的论述。例如，《周易·系辞下》指出“存而不忘亡，安而不忘危，治而不忘乱”，《左传》概括为“居安思危”，反映了我国祖先应对突发事件的管理思想。但同西方现代灾难应急管理理论相比，我国古代的灾难应急管理思想尚未形成较完整的理论体系。

随着灾难事件的日趋复杂，灾难应急管理也得到了不断的发展与完善。自西方20世纪70年代形成一种专门的学科及工作项目即“灾难应急管理学”以来，如今已形成一种大视野的知识与行政管理。“灾难应急管理学”从灾难预防到灾难救助的动员、财经及行政管理，一直延伸到实体与心理的重建。从灾难应急管理的环节来看，可将其分为灾难前的预防、灾难前的准备、灾难暴发期的反应、灾难结束期的恢复四个阶段。

恢复和重建不仅意味着恢复灾难中受到损害的东西，也意味着恢复和重建灾难中受害人的心理和精神，更意味着弥补灾难暴露出的漏洞和不足。

三、灾难应急管理的意义

灾难应急管理既包括对自然灾害的准确预警，也涉及如何控制并减少人为灾害的发生，以及在灾害发生前，通过相关的训练提高人们的应变能力，在灾害发生时，迅速启动应急救灾系统，调集各职能部门抢险救灾，尽快恢复正常的生产生活秩序，将灾害的损失降低到最小。灾难应急管理水平，检验着一个国家的经济实力、科技水平以及政府管理能力。有效的灾难应急管理，不仅能直接降低并克服对灾害的大范围恐慌，同时可坚定人们对自身生存能力的信心。总的来说，灾难应急管理的战略意义主要体现在以下几个方面：

（一）对灾难发生的可能性进行研究和预警可有效降低灾难损失

尽管自然界地壳与气象变化非人力所能左右，但如果各相关部门能采用先进的技术手段，对灾难发生的可能性作出较为准确的分析和近期预测，及时提醒有关部门和公众对可能出现的灾难有所准备，则可能在灾难降临时减少一些损失。米兰达州的瓜波水库降大雨后超过了警戒水位，造成大坝决堤，洪水淹没了附近的几个村镇。但因为没有预报，一些灾民仓皇离家，损失严重。

（二）建立完善的灾难应急管理体系有利于有效地组织营救行动

在灾害发生时，迅速启动应急救灾系统，调集各职能部门抢险救灾，尽快恢复正常的生产生活秩序，将灾害的损失降低到最小，这是灾难应急管理体系的一项重要内容。有效的营救行动，可以在灾难到来时减少许多生命财产损失。台湾大地震的损害严重，政府救援迟缓且凌乱，即被认为是缺乏“灾难应急管理学”的观念与做法所致。

（三）灾难应急管理是城市管理中必不可少的重要内容

随着城市现代化水平的提高，城市灾难应急管理问题越来越成为城市管理中的一大难题。发达国家的许多现代化城市在灾难应急管理领域不惜花费大量人力、财力用于城市灾难应急管理的建设。例如，有计划地实行相关演习，并在学校教育中传授相关灾难应急管理的知识和技能。相比之下，我国一些城市建立灾难应急管理体系的步伐还很缓慢，对市民防灾减灾的意识和能力的培训还远远不够，市民甚至是一些政府工作人员对灾难应急管理还缺乏足够的重视。

（四）加强灾难应急管理是营造良好的经济社会发展环境的需要

美国的“9·11”事件使美国损失惨重，经济前景突然暗淡。通过这一事件，一方面我们应该充分认识到随着科学技术的进步，人为因素的灾难，特别是恐怖组织的活动对人类社会的发展构成了严重的威胁；另一方面要深刻认识到和平环境对经济社会发展的重要作用。如果一国的环境存在严重的威胁，经济生活存在很大的不确定性，甚至基本的生命和财产安全得不到有效的保障，那么投资者就会望而却步，消费者的消费支出也会大大降低，从而阻碍经济的增长。

（五）有利于全面推进可持续发展战略的有效实施

可持续发展战略是当今经济社会发展的主流，是各级政府必须切实实施的一项重要战略。我国已经制定出台多部防灾减灾等相关灾难应急管理的法律制度。作为一项公共政策，灾难应急管理是各级政府义不容辞的职责。能否从大局出发重视灾难应急管理，积极构筑有效的灾难应急管理系统，是各级政府面临的一项重大考验。正确把握眼前、局部利益与长远、整体利益的关系，在改革开放及现代化建设中全面实施可持续发展战略，是各级政府必须身体力行的事情。

四、加强灾难应急管理的措施

无论“天灾”还是“人祸”，都会有其发生的必然规律，而要使灾难应急管理得以有效实施就必须从根本出发寻求最有效最直接的途径。要加强灾难应急管理，应做好以下几个方面的工作：

（一）加强灾难预防与应急等基本知识的宣传与教育

试想一下，如果灾难发生在一个人们对灾难的防备常识有较多了解的地区与发生在一个人们对灾难防备常识一无所知或知之甚少的地区，哪一个地区的损失会更严重呢？答案很显然是具备一定防备常识的地区其损失要小得多。因此，要搞好灾难应急管理，加强宣传与教育是一项必不可少的工作。只有加强宣传教育，提高人们的防灾、减灾意识和水平，才可能使灾难应急管理水平得以有效提高。为此，不但应对在校的学生进行相关知识的教育，同时也应加强电视、广播、报纸杂志等媒体的宣传和教育。

（二）加强生态环境的建设与保护，减少自然灾难

虽然说很多“天灾”防不胜防，非人力所能左右，但是无论什么“天灾”，在其背后都或多或少存在一些人为的因素。往往是人类为了追求经济发展或其他的一些原因，使得自然环境受到了严重的破坏，从而导致泥石流、水灾、旱灾等“天灾”频繁发生，这是造成灾难损失的一大因素。为此应把生态环境的建设与保护纳入到灾难应急管理的范围中来考虑，并把其放在一个重要的战略高度上来认识。在生态环境的建设与保护中，对已受到严重破坏的生

态环境要加强治理，对没有受到破坏或破坏较小的生态环境要加强保护。

（三）不断加强灾难应急管理体系的建立与完善

建立与完善灾难应急管理体系是做好灾难应急管理工作的基本前提，是灾难应急管理工作能否有效开展的决定因素。因此，应把灾难应急管理体系的建设与完善放在首位，各级政府都要投入大量的人力、物力和财力，从灾难应急管理的理论研究部门、灾难营救队伍等各方面进行不断的建设与完善，以形成一个结构合理、办事高效的灾难应急管理体系。

（四）建立国际灾难应急管理组织

动员和组织全世界人民共同搞好灾难应急管理工作。在悠悠的历史长河中，虽然各国在各方面都取得了很多可喜的成就，各国的实力都有了非常明显的增强，然而，并没有任何一个国家可以独立面对可能发生的各种灾难，号称第一强国的美国同样遭到了“9·11”事件的袭击。因此，在灾难应急管理的建设中建立国际组织，有效组织各国进行跨国性的灾难应急管理工作或一国有难、八方支援的工作也是一个很有必要的项目。

（五）加强法制、社会保障等制度建设

无论在什么样的社会制度下都无法避免一些不法分子的存在，以致产生一些犯罪活动，这也是导致一些灾难产生的一个根源。当然，之所以有这些现象的存在，其原因首先可能是一些失业人员为了生存而不得不铤而走险，其次可能是现有的法律体系还有很多漏洞可钻等。因此，要使灾难应急管理做得更好，还必须有法制、社会保障制度等作为保障，不断加强法制建设，同时大力改善就业环境，提高就业率，并采取一定的社会福利等保障制度，加强执法力度，从根本上减少这些社会犯罪现象的发生。

本章小结

灾难应急管理是一项涵盖面极广的工作。从科学知识的角度来讲，它横跨了自然科学、社会科学等众多学科；从管理的部门来看，涉及了政府部门、科研部门、灾难应急管理的专业部门等。因此，灾难应急管理工作是一项复杂的工作，灾难应急管理是一个复杂的系统工程，它需要社会各部门及广大人民的共同努力，不断做好各方面的工作，共同促进灾难应急管理工作的全面发展。

本章学习要点

1. 生命线工程和重大工程结构灾难性事故。

2. 预防控制的概念与基本原则。
3. 灾难应急管理与救援要点。

关键术语

结构　灾难　预防与控制　应急管理

思考与练习

1. 生命线工程灾害的特点是什么？
2. 突发事件防控系统包含哪些主要环节？
3. 我国现有的预防控制系统与发达国家相比存在哪些问题？
4. 灾难应急管理的指导原则是什么？
5. 灾难应急管理中政府部门处于何地位、发挥何作用？
6. 灾难应急管理的步骤和方法是什么？

补充读物

1. 史培军．灾害与灾害学．地理知识，1991（1）．
2. 方先明．预警管理系统剖析．经济管理，2003（13）：31～34.
3. 潘海东，于明，郑力．全面构建国家公共卫生应急系统．工业工程与管理，2003（3）：77～83.
4. 黄如金．危机事件与危机管理．经济管理，2003（13）：6～13.

第二章　洪水灾害及其应急处理

本章概述

洪水是暴雨、急骤融冰化雪、风暴潮等自然因素引起河、湖、海所含的水体上涨，超过常规水位的水流现象。洪水灾害是指超过人们防洪能力或未采取有效预防措施的大洪水对人类生命和财产所造成的损害。本章介绍了洪水灾害的分类、特点，详细描述了广东省洪灾的特征，简述了洪灾的风险与评估，强调了洪灾对生命线工程的危害，以及防洪减灾应急管理的措施。

第一节　洪灾的分类及特点

一、世界洪水灾害分布

洪水灾害是当今世界最主要且频繁发生的灾害之一，仅 2010 年，世界范围内就发生了 400 起自然灾害，其中 182 起是水灾，比例近半，造成全球近 1.8 亿人口受灾。2010 年 12 月至 2011 年 1 月，澳大利亚东北部连降暴雨，造成了 1893 年以来最严重的洪灾，受灾地区面积达到 100 万平方公里，超过 40 个城镇、200 万人口置身于一片水乡泽国，如下图所示。

2010 年 12 月至 2011 年 1 月，澳大利亚被淹没的机场跑道和民居

2011 年 7 月下旬至 2011 年 11 月受台风和强降雨的影响，泰国发生 50 年来最严重洪水，中部地区受灾尤其严重，洪水造成全国数百万人受灾、600 多人死亡，三分之一省份被淹，多个工厂停产。

蒋卫国等对全球 1950—2004 年重大洪水灾害进行了统计分析。全球 1950—2004 年重大洪水灾害记录次数为 2 606 次，涉及 172 个国家及地区，累计受灾人口达 2 715 亿，受灾损失 3 472. 35 亿美元。按照每 10 年为一时间段进行分析，洪水发生次数、受灾人口及受灾经济损失在逐渐增加，其中 1990—1999 年间重大洪水发生次数、受灾人口、经济损失都是较多的，受灾人口占总受灾人口的 52. 30%，经济损失占总经济损失的 59. 76%。1950—1959 年重大洪水灾害平均经济损失 11 779 亿元，1960—1969 年平均经济损失 41 995 亿元，1970—1979 年平均经济损失 81 423 亿元，1980—1989 年平均经济损失 461 014 亿元，1990—1999 年平均经济损失 2 071 521 亿元，90 年代平均经济损失比 80 年代增加了 35. 199%。2000—2004 年虽然只有 5 年，但发生次数与 1990—1999 年 10 年的发生次数基本相近，可见目前重大洪水灾害之频繁。

从全球 1950—2004 年重大洪水灾害的分布、发生次数、受灾人口及受灾损失看，重大洪水灾害发生范围广泛，遍布全球各个国家及地区，给人们的生命及财产造成重大损失和严重威胁。从发生频率来看，印度、中国、美国、印度尼西亚等 10 个国家重大洪水灾害发生次数居前 10 位，说明这些国家重大洪水灾害发生频繁。从受灾人口来看，世界上受灾人口累计最多的前 10 个国家是中国、印度、孟加拉国、巴基斯坦、越南、泰国、阿根廷、巴西、菲律宾、朝鲜。这些国家多靠近海洋，易受到洋流及季风的影响，而且这些国家都是发展中国家，人口众多且密度大，一旦发生重大洪水灾害，受灾人口就会很多。

从受灾损失来看，世界上受灾损失最大的前10个国家是中国、美国、俄罗斯、朝鲜、意大利、孟加拉国、德国、日本、印度、阿根廷，其中美国、俄罗斯、意大利、德国、日本等5个发达国家，由于经济发达，单位经济产值高，所以发生重大洪水灾害损失比较大。不论发生次数、受灾人口还是受灾损失，中国都是世界上最严重的国家之一，说明中国重大洪水灾害非常严重，造成了巨大的经济损失，这将严重制约中国经济的可持续发展。虽然洪水灾害发生具有地区差异性，但不管是发达国家还是发展中国家，大国还是小国，都连续发生重大洪水灾害，表明洪水灾害具有全球性，是全球大部分国家所面临的公共问题，因此实施国际减少灾害战略是联合国为减少自然危害对各国所造成的日益严重的影响而努力的工作核心。

二、我国洪水灾害分布

自古以来我国就是一个多洪水的国家，不论发生次数、受灾人口，还是受灾损失，我国都是世界上最严重的国家之一，说明我国重大洪水灾害非常严重，造成了巨大的经济损失。在我国常见的十多种自然灾害中，洪灾发生之频繁，影响范围之广，造成损失之大，均居前列，并且这种灾害随着社会经济的发展，其范围和造成的损失也会越来越大。

由于我国所处的地理纬度，受地形和季风气候的影响，水土资源分布不均衡。除沙漠和极端干旱区、高寒山区等人类极难生存的地区外，大约2/3的国土面积有着不同类型和不同危害程度的洪水灾害，有80%以上的耕地受到洪水的威胁。我国大陆从东南沿海到西北内陆，年降水量从1 600毫米递减到不足200毫米，多寡悬殊。东部地区的沿海省、自治区、直辖市每年都有部分地区遭受风暴潮引起的洪水袭击，洪涝灾害主要由暴雨和沿海风暴潮形成；西部地区的新疆、青海、西藏等地洪涝灾害主要由融冰、融雪和局部地区暴雨形成；北方地区冬季黄河、松花江等河流有时会出现因冰凌引起的洪水，对局部河段造成灾害。占国土面积70%的山地、丘陵和高原地区常因暴雨发生山洪、泥石流、水库垮坝，人为坝堤决口造成的洪水也时有发生。

朱晓华等对我国七大江河1840—1992年水灾总体发生情况进行了统计，长江流域各等级水灾总的发生次数居首位，计76次，黄河流域则居第二位，长江流域、黄河流域、淮河流域总的水灾数目占七大江河水灾总数的57.14%。就1840—1992年七大江河各等级水灾发生情况而言，长江流域、黄河流域特大水灾均为7次，各占七大江河特大水灾总数的25%，再加上淮河流域发生的特大水灾数目，三者特大水灾数目总计占七大江河特大水灾总数的一半以上，达64.29%；长江流域大水灾发生了26次，占七大江河大水灾总数的32.5%，而黄河流域大水灾发生次数计15次，占大水灾总数的18.75%，二者相加占七大江河大水灾总数的51.25%；除长江流域一般水灾发生了43次，占七大江河同等级灾害总数的24.02%之外，其他六大江河一般水灾发生次数较为接近，而长江流域、黄河流域、淮河流域一般水灾数目之和占七大江河一般水灾数目总和的52.51%。单就长江流域而言，1840—1992年其中下游各等级水灾数目之和占长江流域水灾总和的一半多，为52.63%。从各等级水灾发生的时空分布来看，1840—1992年的153年间，七大江河同时发生洪水灾害的极端情况没有出现，1924年珠江、长江、海滦河、辽河均有不同等级的水灾发生；1931年除辽河、松花江外，其他五大流域均有洪水灾害发生，且淮河、黄河同时发生特大水灾；1949年除松花江水势平静外，其他六大江河均有不同等级的水灾发生；七大江河中有特大水灾在其中一两条江河同时发生的年份还有1935年、1954年；七大江河中有特大水灾在其中一两条江河间隔1~3年发生的年份还有1841—1843年、1915—1921年（期间发生特大水灾3次）、1932—1933年、1938—1939年、1947—1953年（期间发生特大水灾4次）、1957—1958年。

就长江流域水灾的发生情况来看，其上游与中下游之间无论是水灾等级还是水灾发生的时空响应等方面，均存在着一定的差别，例如，1840年上游发生大水灾，中下游仅为一般水灾；1849年上游发生一般水灾，而中下游发生特大水灾；仅1924年、1948年长江上游与中下游同时发生大水灾，1968年上游与中下游同时发生一般水灾。1840—1992年我国七大江河都没有出现各等级水灾的年份有1845年、1854年等23年，占1840—1992年总年份的15.03%，而这些没有水灾发生的年份之后1~3年内就有特大或大水灾发生的情况出现的比例又占这23年的86.96%。当然，七大江河水势平稳，没有灾害性洪水的发生并不意味着没有其他局地水灾或产生灾害损失。七大江河水势平稳的年份，往往有严重的局地水灾或沿海风暴潮灾，带来的损失甚至超过七大江河某一等级水灾造成的损失，例如1992年七大江河水势平稳，但8月末至9月初，我国东部沿海发生了1949年以来特大风暴潮灾，造成沿海省份经济损失达90多亿元。在1840—1992年七大江河水势平稳的23年中，有7年发生了有明确记载的特大或较大风暴潮灾，占总年份（23年）的30.43%，给我国造成了巨大的经济损失。

三、洪灾的分类及特点

按洪水的形成机理和环境，洪灾可分为溃决型洪水、漫溢型洪水、内涝型洪水、行蓄型洪水、山洪型洪水、风暴潮型洪水、海啸型洪水及城市洪水。

按洪水的成因和地理位置，洪灾可分为河流洪水、湖泊洪水和风暴潮洪水等。其中河流洪水是我国最常见的类型，依照其成因的不同，河流洪水又可分为以下几种类型：

（一）暴雨洪水

暴雨洪水是最常见且威胁最大的洪水。它是由较大强度的降雨形成的，简称雨洪。暴雨洪水的主要特点是峰高量大，持续时间长，灾害波及范围广。近代以来的几次大水灾，都是这种类型的洪水。我国受暴雨洪水威胁的地区主要分布在长江、黄河、淮河、海河、珠江、松花江、辽河七大江河的下游和东南沿海地区。

（二）山洪

山洪是山区溪沟中发生的暴涨暴落的洪水。由于山区地面和河床坡降都较陡，暴雨后易产生汇流，形成急剧涨落的洪峰。所以山洪具有突发性、水量集中、破坏力强等特点，但一般灾害波及范围较小。这种洪水如形成固体径流，则称为泥石流。

（三）融雪洪水

融雪洪水主要发生在高纬度积雪地区或高山积雪地区。我国新疆大部分地区受冷暖气流影响，极易发生融雪洪水。

（四）冰凌洪水

冰凌洪水主要发生在黄河、松花江等北方江河上。由于某些河段由低纬度流向高纬度，在气温上升、河流开冻时，低纬度的上游河段先行开冻，而高纬度的下游河段仍封冻，上游河水和冰块堆积在下游河床，形成冰坝，容易造成灾害。在河流封冻时，也有可能产生冰凌洪水。

（五）溃坝洪水

溃坝洪水是大坝或其他挡水建筑物发生瞬时溃决，造成下游地区灾害。这种溃坝洪水虽然范围不大，但极具破坏性。此外，在山区河流上，地震发生时，山体崩滑，阻塞河流，形成堰塞湖。一旦堰塞湖溃决，也会形成类似的洪水。这种堰塞湖溃决形成的地震次生水灾的损失，有时比地震本身所造成的损失还要大。

第二节　洪灾形成的影响因素

洪灾的发生必须具备三个条件：一是存在诱发洪灾的主因即灾害性洪水；二是存在洪水危害的对象，即洪水淹没区内有人居住或分布有社会财产，并因被洪水淹没而受到了损害；三是人们在洪灾威胁面前，采取回避、适应或防御洪水的对策。由此可见，影响洪水灾害的因素可归结为自然和社会两个方面。

影响洪水的自然因素是多方面的，洪水的产生及洪水的大小也是多因素综合作用的结果。对洪水影响的自然因素大体上可分为两大类：一类是降雨；另一类是下垫面。

大气降雨与气象条件有关，气象条件又受到大气环流、太阳辐射及天体运动所制约，往往会产生不同的天气过程而致雨，如气旋雨、对流雨、锋面雨及台风雨等。气象条件决定了降雨特性，降雨特性一般用降水“三要素”表示，所谓降水三要素，是指在一次天气过程中，所产生的降水总量（毫米，mm）、降雨历时（小时，h）及降雨强度（毫米/小时或毫米/分钟，mm/h 或 mm/min）。

包围在地球外部的一层气体总称为大气或大气圈。大气圈以地球的水陆表面为其下界，称为大气层的下垫面。它包括地形、地质、土壤和植被等，是影响气候的重要因素之一。

天气系统的变化、暴雨时间和地域分布的不均匀、热带风暴和台风的影响、地形地貌的变化等是产生洪水、形成洪灾的主要根源。

影响洪水的社会因素主要表现为人类活动的加剧，这些活动包括砍伐森林、破坏植被、围湖造田、河道设障等，加剧了水土流失，减少了蓄洪面积，阻塞了河道泄洪，最终导致洪峰流量增大，洪灾危害增大。另外，随着人类社会环境的改变、社会生产总值的大幅上升，社会财富向城镇的不断集中，改变了原有的防洪标准、防洪形势和御洪对策，加大了人口及财产的承灾风险，加剧了防洪抗灾的压力。社会的发展反过来又促使人们调整御洪、治洪策略，控制洪灾的形成。

从另一个角度来看，重大洪水灾害是一个高度复杂的自然社会现象，它的形成原因包括全球气候异常、生态环境破坏、人类活动等，其中全球气候异常是主要原因。

从我国近几十年来的情况来看，人口增长和城市化进程对洪灾的形成和发展影响最大，洪灾的频繁和严重程度与人口和社会经济的增长趋势基本一致。随着人口的增长，粮食需求的不断增加，必然会扩大耕地、削减森林面积、修筑堤防、围湖造田、与水争地，使洪水的排泄出路和滞蓄场所不断受到限制，流域自然蓄泄能力日趋减小和萎缩，增大了洪水成灾频率。例如长江由原来的几十年暴发一次大洪水而缩短为现在的不足十年就暴发一次大洪水，受灾损失也越来越大。城市化的迅猛发展和人口的高度集中，不但改变了城市的雨洪情势，导致孕灾环境、致灾特性以及承灾特性的显著变化，加剧了城市的防洪压力，而且影响着所在地区、所在流域的整个防洪抗灾形势。

第三节　广东省洪灾的主要特征

一、广东自然地理概况及水系

广东省属热带和亚热带季风气候区，气候资源十分丰富。由于地处低纬，面临广阔的海洋，因此海洋和大陆均对广东气候有非常明显的影响。

广东省地势大体北高南低，山脉主要为东北—西南走向，其次为西北—东南走向，构成弧形山地，属“华夏古陆台”的一部分。海岸线长 3 368 公里，占全国的 18.7%。土壤主要为赤红壤、红壤和黄壤。植被主要为热带、亚热带季风常绿阔叶林。

广东地处低纬，北回归线横贯省境中部，属热带、亚热带季风气候，干湿冷暖分明。雨量丰沛，年均降水为 1 783.9 毫米，是全国多雨区之一，仅次于台湾省。径流量大，多年平均径流深为 1 025.5 毫米。广东省河流众多。全省集水面积为 100 平方公里及以上的干、支流共 542 条。除珠江、韩江两流域以大型的三角洲河网水道入海外，独流入海集水面积 100 平方公里以上河流共 46 条。另有南雄县的小河和连山县的安马河两条注入长江水系。众多河流中，东江、北江、西江和韩江流域面积最大，是广东省的四大主要河流，其中前三者与珠江三角洲诸河构成珠江流域的四大水系，统一由珠江三角洲的八大口门注入南海。韩江是粤东独流入海河流之一，在汕头市境内注入南海。珠江是本省主要水系，其流域面积占全省面积的 63%，省内干流长 408 公里。

全省河流分布状况，可大概分为三类四区：珠江流域内四大水系诸河，基本上由西、北、东三面向珠江三角洲网河区汇流，然后由三角洲网河区分 8 个口门入海；而在粤东沿海和粤西沿海两区，除雷州半岛上的河流外，基本上是平行从北向南流，注入南海。

广东省多雨季节为每年 4—9 月，故通常以这一时间作为汛期。珠江三角洲和韩江三角洲是全省受洪涝威胁最大的地区。

二、广东省洪灾及特征

（一）广东省洪水灾害的类型

（1）流域性的洪灾，中上游地区普降暴雨，形成长历时的流域性洪水，对中下游造成严重灾害。

（2）地区性山洪暴发成灾，洪水来势迅猛而历时较短，灾区地点分散，成灾范围小。

（3）沿海台风暴潮灾害，台风往往带来狂风、暴潮和暴雨，造成风灾、潮灾和洪涝灾害。

（二）广东省洪灾及特征

1. 广东省流域性洪灾的特征

西江河段洪水特点：广东境内西江河段洪水特点是峰高、量大、历时长。

东江、北江、韩江和粤东、粤西诸河暴雨强度大，且暴雨的移动常与河流的干、支流走向相近，各支流洪水易相遇，造成干流大洪水。

北江洪水峰型尖峭、峰高，洪量相对不大，涨落历时相对较短，经常出现连续性多峰形式洪水。

东江因有新丰江、枫树坝和白盆珠三个大型水库调节，相对洪水峰型较平缓，涨落历时较长。西、北江洪水常在思贤滘汇合，形成西北江三角洲洪水。

广东省各主要江、河的洪灾，粤北多发生在 4—7 月；粤西多在 7—9 月；粤东、韩江水系及粤中一带，多在 4—9 月；珠江三角洲多在 6—7 月。沿海台风暴潮灾害则多发生在 6—10 月。

2. 广东省地区性山洪暴发成灾特征

出现频率高，季节性强。广东省山洪灾害分布广，发生频繁，据 1953—2002 年的资料统计，广东省几乎年年都有不同程度的山洪灾害发生，而大多数山洪灾害发生在 4—9 月，少数发生在 3 月或 10 月。

出现的区域性明显。据 1953—2003 年的资料统计，广东省山洪灾害发生频度较高的地方区域性明显，信宜、云浮、肇庆、清远、韶关、河源、梅州等地的山丘区发生频度较高。

山洪来势凶猛、成灾快、破坏力大、危害严重。广东省很多山区地势陡峭，溪河密布，山洪汇流时间短，从大暴雨出现到山洪灾害发生常常只需几个小时的时间，令人猝不及防，造成惨重损失，严重时可引起崩山、泥石流等灾害。例如：1997 年第 10 号台风于 8 月 2 日 20：30 在珠江口登陆后，穿过深圳、东莞、惠州、龙门、增城、从化、佛冈等市（县），于 3 日在英德市减弱为热带低压。受台风影响，8 月 2 日凌晨至 8 月 3 日 13 时，梅州市普降大暴雨，而且暴雨量集中，主要雨峰集中在 3 日 7 时至 13 时的 6 小时内，其暴雨量占总雨量的 70% 以上，导致山洪暴发，这次山洪灾害是梅州市近 10 年来最为严重的自然灾害，全市直接经济损失达 14.22 亿元。

3. 广东省山洪灾害成因分析

山洪灾害的发生与地形地貌、降水和人类活动的关系密不可分。

（1）特殊的气候和降雨。

广东省地处低纬度，濒临南海，背靠岭南山脉，直接承受印度洋孟加拉湾和太平洋输入的水汽，形成暴雨的水汽、动力、热力条件都很充分，每到汛期，山丘区不稳定的中尺度天气系统，如台风、气旋、高空低涡、低槽、切变线等时常会有影响。暴雨是山洪灾害的主要根源。每年 4—9 月（粤西 4—10 月）为广东省的多雨季节，4—6 月，以锋面雨为主，雨区范围宽广；后汛期 7—9、10 月，常有台风影响广东省，暖湿气流剧烈上升，形成降水强度大、降水量集中的暴雨，一些流域面积较小的河流，易于全流域被暴雨区笼罩，形成小流域性的山洪灾害。短历时暴雨是广东省山区小流域山洪灾害暴发的主要原因。

（2）复杂的地形地貌和地质条件。

广东省是个地形构造运动和岩浆活动较为复杂的省区，山地、平原、丘陵、台地都有，其中山地和丘陵分布最广。整个地势是北高南低。北部、东北部和西部都有较高山脉，且多为东北至西南的华夏式走向，并与海岸线平行。山脉走向与偏南暖湿气流成直交或斜交，气流遇阻抬升，容易在迎风坡产生强降水；另外还有不少向南开口的喇叭口地形，南来的水汽进入，也容易形成强降水；暴雨集中，加上山地坡度大，雨水汇流快，容易形成山洪。

（3）人类活动的影响。

人们对土地和森林的过度索取和破坏，加重了山洪灾害的危害。森林植被在减缓地表受洪水冲刷、截留雨水径流、调节汇流等方面起着重要作用，广东省部分山区人口较多，人多地少，由于过度地开发土地、乱砍滥伐以及环境污染的影响，植被受到了一定程度的破坏，这不仅加重了水土流失，加快了洪水汇流，也使得山洪更加严重。

4. 沿海台风暴潮灾害特征

（1）台风带来的暴雨强度大，但暴雨中心的范围较小且常随台风中心的移动而移动。一些流域面积不大的河流，易于全流域均被暴雨区笼罩，雨水在汇流时漫淹地面、冲刷表土、冲倒作物，从而导致干流洪灾。作物被台风吹折、倒断或倒伏，再受雨水冲淹，就会受灾。

（2）台风或热带低压与弱冷空气的共同影响，是后汛期大面积暴雨形成的主要原因。当台风移行路径出现异常，如在同一位置停滞或打转时，就会导致较大范围内出现大暴雨。1979 年 9 月粤东地区在广达 2.2 万平方公里的范围内 3 天降雨量超过 400 毫米，其中心地带竟高达 732 毫米。

每年 5—10 月是我国东南沿海地区的台风季节，在强台风袭击下，时而导致暴潮，使珠江三角洲滨海潮区的海堤溃决致灾。如 1964 年第 2 号和第 15 号两次台风暴潮，造成 125 条海堤溃决，近 20 万平方公里农田受灾；1983 年第 9 号台风，溃决海堤 70 多条，受灾耕地 6.7 万公顷。

城镇的排水设施与暴雨强度不相适应也会导致短历时受浸。1915 年珠江三角洲特大洪灾时，广州市区大部分受淹，其中老城城北及郊外一带，地势本来较高，但也遭山洪淹浸，增加了灾难的程度。

（三）珠江历史上的洪水灾害

珠江，旧称粤江，是中国境内第三长河流，按年流量为中国第二大河流。全长 2 400 公里。它原指广州到入海口的一段河道，后来逐渐成为西江、北江、东江和珠江三角洲诸河的总称。

珠江流域水资源虽然丰沛，但由于时空分配不均，致使洪涝灾害十分频繁，尤以中下游和三角洲地区最为严重。据历史资料不完全统计，自汉代以来，流域性的洪灾发生了 400 多次，近百年发生的较大洪水灾害就有 1915 年、1968 年、1988 年、1996 年、1998 年的西江洪水和 1959 年的东江大洪水，1982 年的北江大洪水，1991 年的南、北盘江大洪水等。洪水出现的概率日渐增大，洪灾造成的损失也随着人口的增加和经济的发展而日益加重。据广东、广西两省（自治区）1988—1998 年十年的统计，直接经济损失达 1 873 亿元，平均每年损失约 187 亿元。

1915 年 7 月，西、北江下游同时发生 200 年一遇的特大洪水，西江梧州站洪峰流量 54 500 立方米/秒，遭遇北江横石站洪峰流量 21 000 立方米/秒，且东江大水，适值盛潮，致使珠江三角洲堤围几乎全部溃决。两广合计受灾农田 93.3 万公顷，受灾人口约 600 万人，其中珠江三角洲被淹农田 43.2 万公顷，受灾人口 378 万人，死伤逾 10 万人，广州市被淹 7 天。若 1915 年洪水近年重现，估计洪灾损失将超过 1 000 亿元。

1947 年 6 月，西江中下游发大水，梧州站洪峰流量 39 700 立方米/秒，接近 10 年一遇，与北江石角站洪峰流量 10 300 立方米/秒的常遇洪水基本相遇，致使珠江下游三角洲 25. 1 万公顷的农田受灾。

1949 年 7 月，西江发生 50 年一遇的大洪水，梧州站洪峰流量 48 900 立方米/秒，西江中下游干支流沿岸及西北江三角洲遭受严重水灾，柳州、桂林、南宁、梧州等市被淹，两广受灾农田 39. 3 万公顷，灾民达 370 万人。

1959 年 6 月，东江中下游发生 100 年一遇的特大洪水，博罗站洪峰流量 14 100 立方米/秒，沿岸堤围普遍溃决，受淹农田 15. 9 万公顷。

1982 年 5 月，北江出现 20 年一遇的洪水，受灾农田 13. 2 万公顷，受灾人口 229 万人，直接经济损失 4. 4 亿元。

1988 年 8 月，西江中下游发生 20 年一遇的洪水，受灾农田 22. 5 万公顷，受灾人口 468 万人，直接经济损失 9. 8 亿元。

1991 年 6、7 月，西江上游南、北盘江发生大水，云贵两省直接经济损失 5. 5 亿元。

1994 年 6、7 月，西、北江同时并发 50 年一遇的大洪水，适值大潮期，致使两广受灾农田近 125 万公顷，受灾人口达 1 319 万人，直接经济损失约 632 亿元。

1996 年 7 月中旬，西江的重要支流柳江发生柳州市有史料记载以来最大的一次洪水，此次洪水给全市造成经济损失 97. 4 亿元，其中工业损失 35. 08 亿元、农业损失 29. 58 亿元、流通部门损失 6. 5 亿元、城市建设损失 10. 1 亿元、其他损失 16. 14 亿元。

1998 年 6 月，广东省德庆县发生新中国成立后最大的一场西江洪水，洪水来势凶猛，高水位持续时间长，致使漫顶崩决万亩以下堤围 35 条；受灾农作物 15 万亩；受灾群众 15 万人。造成经济损失 30 326 万元，其中水利设施损失 4 311 万元。

第四节　洪水灾害对生命线工程的危害

一、洪水对铁路的危害

铁路是国民经济的动脉。而中国不少铁路干线处于洪水严重威胁之下，在七大江河中下游地区，有京广、京沪、京九、陇海和沪杭甬等重要铁路干线，受洪水威胁的铁路长度1万多公里，西南、西北地区铁路常受山洪、泥石流袭击，这些地区的铁路干线为山洪、泥石流高强度多发区。因洪灾造成铁路中断、停止行车的事故非常严重。

1954年干堤决口60多处，江汉平原和岳阳、黄石、九江、安庆、芜湖等城市受淹。洪水淹没面积317万平方公里，京广铁路中断100多天。

1963年，海河流域发生了一场罕见特大暴雨，最大暴雨中心在滏阳河上游内丘县境内，7天雨量为2 050毫米，为我国大陆的最高纪录。暴雨造成的洪水冲垮了部分中、小型水库，京广路沿线受到很大破坏，广大平原地区被淹，并严重威胁天津市及津浦铁路的安全。

1975年8月，河南省驻马店等地区大洪水，使纵贯中国南北的京广线被冲毁102公里，中断行车16天，影响运输46天，直接经济损失近百亿元。

2007年7月，兰新铁路火石泉至柳树泉区间线路被暴雨引发的洪水冲坏，造成兰新线13列火车暂时中断运行。

二、洪水对公路桥梁的危害

中国公路网络里程长，水灾造成公路运输中断的影响遍及全国城乡各个角落。随着公路建设迅速发展，水毁公路里程也成倍增加，中国所有山区公路都不同程度受到山洪、泥石流的危害，西部10余条国家干线频繁受到泥石流、滑坡灾害。川藏公路沿线大型泥石流沟就有157条，每年全线通车时间不足半年。

由于暴雨洪水在我国发生频率高，范围广，不仅成为影响整个国民经济发展的主要自然灾害之一，更成为影响公路交通的最主要自然灾害，其破坏力和影响范围居各种公路灾害之首。据1995—1997年3年统计，平均每年水毁公路路基34 126公里（占全国公路总里程的2% ~4%），路面63 889公里，桥梁 3 945 座，挡墙 34 605 处，造成的直接经济损失近 52 亿元。暴雨洪水还冲毁或淹没公路涵洞、护坡、驳岸、各种用房等。此外，暴雨洪水还诱发坍塌等地质性灾害，进而破坏公路路基、路面及其他公路设施，致使交通中断；有的坍塌虽未对公路造成破坏，但阻塞公路，导致车辆无法通行，交通中断。暴雨洪水灾害及其诱发的地质性灾害每年都不同程度地发生，给交通运输乃至整个国计民生带来严重威胁。

1998 年洪水使流域内的大多数公路桥梁深受其害。仅黑龙江省水毁路段就有 430 公里，其中包括国道 7 条、省道 26 条和县道 120 条，水毁桥梁 521 座，直接经济损失 16.8 亿元。

2006 年 7 月受 4 号台风“碧利斯”的影响，湖南省耒阳市东部乡镇遭遇特大暴雨袭击，由于降雨非常集中，导致溪河陡涨，山洪暴发，致使这些乡镇遭受了非常严重的山洪灾害。此次特大洪涝灾害不仅给人民的生命财产带来了巨大的损失，也使乡村公路遭到了严重的损毁。据统计，在此次特大洪涝灾害中，共有 6 个乡镇的通乡公路遭到严重损毁，278 个行政村的通村公路也遭到了不同程度的损毁。其中通乡公路损毁较为严重的有三都镇从许家桥至三都乡政府公路，洪水将公路路基冲出长约 800 米、宽 2 米的洞穴；上架乡上架中学附近葵上公路路基洞穴长 800 米、宽 3 米；夏塘至大义的县级公路夏塘桥被洪水冲毁两拱；沙明的盘山公路多处出现山体滑坡和洞穴，路面无法通车；大市乡石大公路段大市圩附近一桥梁被洪水冲垮。

三、洪水对水利设施的危害

洪水灾害往往是由于水利设施被破坏而引起的，如大坝溃决、堤防溃决等。另外，洪水还冲毁渠道、涵闸等水利工程，也造成很大的破坏。

1933 年黄河大洪水，南北两岸决口 50 余处，淹冀、鲁、豫三省 67 个县，受灾面积达 11 000 平方公里，灾民 364 万，死亡 1.8 万人，估计受灾损失达 2.3 亿银元。

1935 年洪水在兰考以下决口，苏、鲁等省 27 个县受淹，灾民达 340 万。

1964 年第 2 号和第 15 号台风暴潮，使珠江溃决海堤共 125 条，受灾农田近 20 万平方公里。

1975 年 8 月，河南驻马店等地区共计 60 多个水库相继发生垮坝溃决，近 60 亿立方米的洪水肆意横流。1 015 万人受灾，超过 216 万人死难，倒塌房屋 524 万间，冲走耕畜 30 万头。纵贯中国南北的京广线被冲毁 102 公里，中断行车 16 天，影响运输 46 天，直接经济损失近百亿元，成为世界上最大最惨烈的水库垮坝惨剧。

1996 年 8 月 3—4 日、8 月 8—10 日山西省两次大范围、高强度、长历时的暴雨，造成了全省大部分地区遭受洪涝的严重灾害。洪灾涉及 84 个县（市）、1 040 个乡镇、12 000 个村庄，一批水利设施破坏严重，河道堤防决口长达 405 公里，50 座中小型水库受到不同程度的损坏，6 座小型水库溃决，渠道、泵站、小水电站、鱼塘等设施毁坏严重。洪水造成水利设施损失近 12 亿元。

2003 年 9 月 28 日，河南省兰考县谷营乡蔡集控导工程 28 坝前渠西南约 800 米处出现决口。决口宽约 200 米，洪水涌进山东省东明县南部滩区，6. 1 万亩耕地被淹，4. 2 万亩绝收。谷营乡 16 个行政村 17 579 人被水围困，村庄尚未进水。滩区平均积水约 0. 9 米深，冲毁桥梁 74 座，涵闸 14 座，冲断路面 92 处，淹坏机井 405 眼，少量低处房屋倒塌，直接经济损失达 5 625. 5 万元。

四、洪水对城市和工业的危害

城市人口密集，是国家政治经济文化中心，工业产值中约有 80% 集中在城市。中国大中城市基本沿江河分布，受江河洪水严重威胁，有些依山傍水的城市还受山洪、泥石流等灾害的危害。中国 600 多座城市中，90% 有防洪任务。自 20 世纪 90 年代以来，中国城市化进程显著加快，大量人口从内地涌向沿海沿江城市，城市面积迅速扩张，新扩张的城区往往是洪水风险较高而防洪能力较低的区域。由于城市资产密度高，对供水、供电、供气、交通、通信等系统的依赖增大，一旦遭受洪水袭击，损失更为严重。统计数据表明，一些经济较发达的沿海省份，城市与工业的水灾损失已经占到水灾总损失的 60% 以上。工矿企事业财产受到损失，机关的财产、设备被洪水吞没，造成工厂停产、机关停业等损失。同时，洪水冲塌房屋，财产被洪水吞没，居民无家可归。个人受灾，也给国家增加了负担。

如 1915 年 7 月，西、北江同时发生 200 年一遇的洪水，两江下游及其三角洲地区的堤围几乎全部溃决，广州市受淹 7 天。辽宁省本溪市 1960 年 8 月 1—3 日连降暴雨，受淹面积 7. 9 平方公里，死亡 1 064 人，冲毁铁路与公路桥各 4 座，40 多个大企业停产达 45 天。1986 年的 8607 号台风在粤登陆，时值风暴潮汛，又是珠江流域洪水下泄之时，台风又带来暴雨，三者叠加，使汕头、惠阳、广州等各市县成为一片水乡泽国，酿成广东省的一次严重水灾。济南市 1986 年大雨，淹地 19. 33 多万公顷，塌房 12 万间，1987 年 8 月 26 日的暴雨又使该市城市公共服务遭到严重破坏，140 多家企业厂房设备被淹停产，暴雨直接造成的经济损失高达1.59亿元。1975年8月河南驻马店洪水，使得遂平、汝南、新蔡等县城遭毁灭性打击。安阳市1982年洪水漫堤倒灌入市，下游堤防漫灌决口20余处，造成京广铁路中断17.08小时，损失6 540万元，市区损失4 900多万元。2006年7月15日，台风“碧利斯”使广东省韶关市发生了特大洪水灾害。“碧利斯”对粤东一带也造成了严重影响，饶平、大埔及珠三角的惠州都出现人员死亡的情况，其中，饶平死亡11人，大埔死亡4人，惠州死亡6人。一些地方遭受暴雨袭击的猛烈程度，堪称百年一遇。

随着城市化速度的加快，城市周围地面硬化速度不断提高，不透水地面大幅增多，既减少下渗雨水量，又降低地面糙率，造成了城区暴雨产、汇流历时明显缩短，内涝洪水的峰、量显著加大。以广东省的顺德、佛山、鹤山3个中小城市为例，1994年与1978年相比，10年一遇最大24小时暴雨对应的内涝洪峰流量平均增大50%，过程径流量平均加大13%，汇流历时平均缩短38.5%，产峰径流系数平均加大5%。

随着城市化速度的加快，城区人口迅猛增多，工业企业大量增加，生活用水和工业用水量大幅度上升，弃水相应地大幅增多。而且我国大多数城市，尤其是中、小城市，目前使用的下水系统仍处于原始阶段，即雨水和污水共用一个下水系统，而且排放能力不足，一遇暴雨，污水和雨水同时涌入下水系统，常造成下水管道爆满，污水四溢，泛滥成灾。例如江西省南昌市，1998年7月23日城区日降水量达223毫米，造成7月24日凌晨至上午八一大道、中山路、洪都大道、沿江路、北京西路、南京西路、象山南路、象山北路、青山路、民德路、孺子路、叠山路、福州路部分路段共3 000多米主要街道浸水，平均水深0.5～0.7米，城区多条公交线路中断，居民生活和企业生产受到严重干扰；南昌百货大楼地下仓库淹水深度达3米，造成重大经济损失。

城市小区、交通、工厂、商厦，大量挤占蓄涝池塘和排涝水渠，不仅减少了原有蓄涝场地，还打乱了原排水走向，加剧了城市排涝混乱和压力，加重了城市内涝灾害。例如江西省九江市，历史上（20世纪70年代以前）一般没有内涝灾害，近20年来城市化的发展，使得20世纪90年代内涝灾害频繁出现，1993年、1995年、1998年先后出现严重内涝灾害。

随着城区面积的不断扩大，城市“热岛效应”不断增强，城乡环流加剧，使得城区上升气流加强；加上城市上空随着人口的增加尘埃增多，增加了水汽凝聚的核心，有利于雨滴的形成。在两者的共同作用下，致使我国南方城市，尤其是大型城市暴雨次数增多、暴雨强度加大，城区出现内涝的概率明显增大。以广州市为例，20世纪90年代与70年代相比，年平均降雨量增大约6%，暴雨次数增多约10%。

统计资料显示，近20年来，在我国东部和南部，无论是有外水灾害威胁的城市（傍江河湖海的城市），还是无外水灾害威胁的城市（不靠近江河湖海的城市），洪灾损失均呈上升趋势。其主要原因在于快速城市化使这些城市地貌、水系特征随之而迅速改变，原有城市水文条件发生了根本性的变化。

第五节　洪水的风险与评估

一、洪水风险及洪水风险图

（一）洪水风险

洪水风险是指未来可能引起灾害性后果的洪水发生的概率或频率。

洪灾风险的数学描述：通常，自然灾害（或风险）并不是一个单一明确、有着确定概率的简单事件，而是具有无限多种因素作用、以不同的形式出现的复杂事件，在流量为 Q 的洪水灾害中，Q 是一个随机变量，其密度函数设为 $f(Q)$，$L(Q)$ 表示由 Q 引起的损失，则洪灾风险 R 可以表示为：

$$R = \int_{Q_0}^{\infty} L(Q) f(Q) \mathrm{d}Q$$

（二）洪水风险图

对于洪水风险的分析可以借助于洪水风险图，洪水风险图是对洪水风险及后果定量化和图形化的体现。一般洪水风险图应该是三位一体的组合：

（1）洪水发生的频率；

（2）洪水的淹水区域分布及有关说明；

（3）洪水灾害可能造成的各类损失。

洪水风险图可以使人们更直观地了解和认识到灾难性洪水发生后可能引起的水文后果和灾害损失概况，及时做好防御洪水的准备，以防患于未然。

二、分析洪水淹没状况的方法

（一）实际洪水法

实际洪水法的基本假定是在流域自然地理特征保持基本不变的条件下，洪水具有重现性。因此，流域历史上已经发生过的大洪水实际淹没实况，可以作为现在和未来同类洪水重现时的淹没状态。分析历史上洪水淹没的实况主要有以下几种途径：

①对于近期发生的洪水，利用流域实测水文资料和灾情资料，可以较为可靠地分析洪水特性及相应的淹没范围、淹没深度和淹没时间；②对于缺乏资料或年代较为久远的洪水，可以通过调查考证的途径分析洪水发生时的淹没情况，调查考证的内容包括对沿洪水路径洪痕的调查，查阅有关洪涝灾情的历史文献记载，走访洪泛区居民等；③洪水径流是塑造地貌的重要外力，洪流的侵蚀、搬运和堆积作用形成的洪水地貌包括废河道、天然冲积堤、冲积扇（洪积平原）、河漫滩（冲积平原）、沼泽地、三角洲等，通过对洪水地貌分析，可以大致分析出洪水径流的强度、范围和水深，作为分析淹没实况的依据；④对于河流早已改道，远古时代发生的大洪水，可以通过水文地质地貌分析，并结合水力学方法估计古洪水的水位和流量，近似推算古洪水重现时的淹没情况。实际洪水分析途径主要适合于天然流域，一般不能估计流域城市化、防洪工程和防洪措施的效应。

（二）水文学和水力学方法

水文学和水力学方法是根据流域现状或规划条件下土地利用特征和工程条件，采用水文学和水力学方法分析推求洪水泛滥后的淹没状况。目前国内外流行的水文学和水力学方法与模型众多，采用何种方法与模型，应该针对流域水文地理特征、工程调度方式、资料条件以及计算精度来选择应用。水文学和水力学方法计算结果频率概念明确，可以分析和模拟土地利用、工程建设、调度方式、边界条件变化情况下的洪水状态，在洪水风险分析中应用较为广泛。

三、洪灾损失统计评估

（一）洪水流域社会和经济特征统计

对洪水流域的社会和经济数据应分门别类进行统计或估算。各种资料来源应尽可能采用当年或上年度本地区社会和经济统计年鉴。需统计的资料包括：

（1）城镇和乡村人口、土地利用情况、耕地面积；

（2）各工矿企业固定资产和工业产值；

（3）农、林、牧、副、渔业产值及固定资产；

（4）单位和居民固定资产；

（5）服务和社会性行业产值及固定资产；

（6）公路、铁路、通信、供水、供气等各类生命线的分布；

（7）参加洪水保险的企业、居民数和保险金额。

（二）洪灾损失评估

一般洪灾损失评估的内容包括以下几个方面：

（1）灾害影响的范围和强度。范围用面积或区域表示；灾害强度定性为若干级，如特大、重大、大、中、小等。

（2）造成的经济损失。按工业损失、农业损失、商业损失、居民损失、其他行业损失等分类统计，也可以分地区统计。

（3）生命线受害统计。生命线是指交通系统、供电系统、供水系统、供气系统、邮电系统等，一般可按系统中断时间计。

（4）人员伤亡数目。

（5）环境污染及疾病传播情况。

（6）社会影响。

经济损失评估是灾情评估的主要内容，但人员伤亡、水源污染、疾病流行、社会不安定、生命线受损等影响是无法用货币来表示的无形损失，在评估过程中须单列考虑。

洪水灾害所造成的经济损失包括直接损失和间接损失。直接损失主要是由于洪水直接淹没所造成的集体及个人财产损失；间接损失指由于洪水期交通、电力中断，厂房、设备受损等造成的产品成本增加及停产、误工损失，以及合同无法按期完成的违约损失等，它还包括防洪抢险、灾民撤离、疾病防治、灾后恢复等费用。由于对间接损失的详细分析和精确估计是很困难的，因此一般是根据典型实例的调查结果或经验估计得出间接损失占直接损失的百分数来作为间接洪灾损失估算的依据。

对于不同灾区，由于地形地貌、经济状况、季节、淹没程度、抢救措施的差别，洪灾损失是不同的。而对于确定地区，洪灾损失的影响因素主要是淹没程度。如果资料充足，能够分区分类建立洪灾损失与淹没水深、淹没历时之间的关系，则灾情损失的评估结果会更为方便和可靠。

第六节　防洪减灾的措施及应急管理

一、国家、省、市政府关于防洪减灾的法律及应急管理

（一）《中华人民共和国防洪法》

《中华人民共和国防洪法》于1997年8月29日第八届全国人民代表大会常务委员会第二十七次会议通过，1997年8月29日中华人民共和国主席令第88号公布，并宣布《中华人民共和国防洪法》自1998年1月1日起施行。

《中华人民共和国防洪法》主要内容包括防洪规划、治理与防护、防洪区和防洪工程设施的管理、防汛抗洪、保障措施、法律责任。

《中华人民共和国防洪法》规定：

防洪工作原则：全面规划、统筹兼顾、预防为主、综合治理、局部利益服从全局利益。

国务院水行政主管部门在国务院的领导下，负责全国防洪的组织、协调、监督、指导等日常工作。国务院水行政主管部门在国家确定的重要江河、湖泊设立的流域管理机构，在所管辖的范围内行使法律、行政法规规定和国务院水行政主管部门授权的防洪协调和监督管理职责。

防汛抗洪工作实行各级人民政府行政首长负责制，统一指挥、分级分部门负责。

（二）《中华人民共和国水法》

《中华人民共和国水法》于2002年8月29日第九届全国人民代表大会常务委员会第二十九次会议通过，从2002年10月1日起施行。主要内容包括：水资源规划，水资源开发利用，水资源、水域和水工程的保护，水资源配置和节约使用，水事纠纷处理与执法监督检查，法律责任。

《中华人民共和国水法》规定：

凡在中华人民共和国领域内开发、利用、节约、保护、管理水资源，防治水害，都适用于该法。《中华人民共和国水法》规定水资源属于国家所有，从事防洪活动，依照防洪法的规定执行。

（三）《中华人民共和国防汛条例》

1991年7月2日中华人民共和国国务院令第86号发布了《中华人民共和国防汛条例》，并于2005年7月15日发布了《国务院关于修改〈中华人民共和国防汛条例〉的决定》（修订）。主要内容包括防汛组织、防汛准备、防汛与抢险、善后工作、防汛经费、奖励与处罚。

《中华人民共和国防汛条例》规定：

防汛工作的方针：安全第一、常备不懈、以防为主、全力抢险。

防汛工作的原则：团结协作和局部利益服从全局利益。

防汛工作实行各级人民政府行政首长负责制，实行统一指挥，分级分部门负责。各有关部门实行防汛岗位责任制。

任何单位和个人都有参加防汛抗洪的义务，中国人民解放军和武装警察部队是防汛抗洪的重要力量。

在中华人民共和国境内进行防汛抗洪活动，适用本条例。

国务院设立国家防汛总指挥部，负责组织领导全国的防汛抗洪工作，其办事机构设在国务院水行政主管部门。

长江和黄河，可以设立由有关省、自治区、直辖市人民政府和该江河的流域管理机构（以下简称“流域机构”）负责人等组成的防汛指挥机构，负责指挥所辖范围的防汛抗洪工作，其办事机构设在流域机构。长江和黄河的重大防汛抗洪事项须经国家防汛总指挥部批准后执行。国务院水行政主管部门所属的淮河、海河、珠江、松花江、辽河、太湖等流域机构，设立防汛办事机构，负责协调本流域的防汛日常工作。

（四）《广东省防汛抗旱防风应急预案》

2007年11月，由广东省防总组织编制，经广东省人民政府批准执行，并报国家防总备案的《广东省防汛抗旱防风应急预案》发布。

《广东省防汛抗旱防风应急预案》适用于广东省范围内突发性水旱风灾害的预防和应急处置。突发性水旱风灾害包括：江河洪水、渍涝灾害、山洪灾害（指由降雨引发的山洪、泥石流、滑坡灾害）、热带风暴、台风暴潮灾害、干旱灾害、供水危机以及由洪水、风暴潮、地震、恐怖活动等引发的水库垮坝、堤防决口、水闸倒塌、供水水质被侵害等次生衍生灾害。

（五）广州市防洪相关预案

2006年，广州市三防办组织编制了《广州市城区防洪预案》、《广州市山洪灾害应急预案》、《广州市干旱灾害应急预案》、《广州市台风灾害应急预案》等，成为广州市应对洪水、内涝、干旱、台风、冰雹、风暴潮、泥石流、山体滑坡等自然灾害的工作指南。各区、县级市及市属水管单位都先后编制了三防工作预案，对重点水利工程制定了应急预案。

二、美国洪水灾害防御法、国家洪水保险法

美国是世界上最早建立国家强制性洪水保险体制的国家。

1968 年，美国国会通过了《国家洪水保险法》。

1969 年，美国国会制定了《国家洪水保险计划》。

1973 年，美国国会通过《洪水灾害防御法》，对《国家洪水保险法》进行修改，并把洪水保险计划由自愿性改为强制性。

1979 年起，美国国家洪水保险计划归属美国联邦紧急事务管理局（FEMA）统一管理。为了便于洪水保险计划的实施，联邦紧急事务管理局还组织绘制了洪水保险图。该保险图把行洪河道划分为行洪区和非行洪区，并规定在行洪区内不准建任何建筑，在非行洪区内可以修建建筑物，但修建前必须购买洪水保险。经过三十多年的不懈努力，美国已经建成较为完善的全国性洪水保险体制。这种由专职机构专项管理、私营保险公司参与并具有强制性特点的制度，不仅提高了防洪减灾的工作效率，同时也带来了巨大的效益。

三、防洪规划、防洪减灾措施

《中华人民共和国防洪法》规定，防洪工作实行全面规划、统筹兼顾、预防为主、综合治理、局部利益服从全局利益的原则。

（一）防洪规划

防洪规划是指为防治某一流域、河段或者区域的洪涝灾害而制定的总体部署，包括国家确定的重要江河、湖泊的流域防洪规划，其他江河、河段、湖泊的防洪规划以及区域防洪规划。

防洪规划应当服从所在流域、区域的综合规划；区域防洪规划应当服从所在流域的防洪规划。

防洪规划是江河、湖泊治理和防洪工程设施建设的基本依据。

国家确定的重要江河、湖泊（长江、黄河、珠江、辽河、淮河、海河入海河口）的防洪规划，由国务院水行政主管部门依据该江河、湖泊的流域综

合规划，会同有关部门和有关省、自治区、直辖市人民政府编制，报国务院批准。

其他江河、河段、湖泊的防洪规划或者区域防洪规划，由县级以上地方人民政府水行政主管部门分别依据流域综合规划、区域综合规划，会同有关部门和有关地区编制，报本级人民政府批准，并报上一级人民政府水行政主管部门备案；跨省、自治区、直辖市的江河、河段、湖泊的防洪规划由有关流域管理机构会同江河、河段、湖泊所在地的省、自治区、直辖市人民政府水行政主管部门、有关主管部门拟订，分别经有关省、自治区、直辖市人民政府审查提出意见后，报国务院水行政主管部门批准。

城市防洪规划，由城市人民政府组织水行政主管部门、建设行政主管部门和其他有关部门依据流域防洪规划、上一级人民政府区域防洪规划编制，按照国务院规定的审批程序批准后纳入城市总体规划。

防洪规划，遵循确保重点、兼顾一般，以及防汛和抗旱相结合、工程措施和非工程措施相结合的原则，充分考虑洪涝规律和上下游、左右岸的关系以及国民经济对防洪的要求，并与国土规划和土地利用总体规划相协调。

受风暴潮威胁的沿海地区的县级以上地方人民政府，应把防御风暴潮纳入本地区的防洪规划，并加强海堤（海塘）、挡潮闸和沿海防护林等防御风暴潮工程体系的建设，监督建筑物、构筑物的设计和施工必须符合防御风暴潮的需要。

山洪可能诱发山体滑坡、崩塌和泥石流的地区以及其他山洪多发地区的县级以上地方人民政府，应组织负责地质矿产管理工作的部门、水行政主管部门和其他有关部门对山体滑坡、崩塌和泥石流隐患进行全面调查，划定重点防治区，采取防治措施。

城市、村镇和其他居民点以及工厂、矿山、铁路和公路干线的布局，应当避开山洪威胁；已经建在受山洪威胁的地方的，应当采取防御措施。

平原、洼地、水网圩区、山谷、盆地等易涝地区的有关地方人民政府，要制订除涝治涝规划，组织有关部门、单位采取相应的治理措施，完善排水系统，发展耐涝农作物种类和品种，开展洪涝、干旱、盐碱的综合治理。

（二）防洪措施

防洪措施是指缩小洪水泛滥范围、减少洪水灾害损失的具体办法和手段，包括工程措施和非工程措施。一般河流或地区的防洪措施总体规划都是按照蓄泄兼筹、上下游兼顾、因地制宜和综合治理的原则，通过对江河治理的全面规划，选定不同河段或地区的防洪标准，采取不同工程措施与非工程措施相结合的办法，以达到规定防洪标准下的行洪安全，并对超标准洪水采取相应的应急措施，把灾害损失降到最低程度。

1. 防洪工程措施

防洪工程措施是指为控制和抗御洪水，以减免洪灾损失而修建的各种工程措施，主要包括堤坝、分洪工程、河道整治、水库等，水土保持因具有一定的蓄水、拦沙、减轻洪患作用，也可归入其中。

（1）筑堤防洪与防汛抢险。

筑堤是平原地区为了防护两岸免受洪灾损害而广泛采取的一种行之有效的工程措施。沿河筑堤，束水行洪，可加大河道泄洪能力。这一措施对防御常遇洪水较为经济，容易实行。但是筑堤也会带来一些负面的影响。如筑堤可能使原来散落于洪泛区的泥沙在河道淤积，从而抬高河床，恶化防洪情势；筑堤还缩窄河槽，造成同流量相应水位的抬高，使沿河地区排涝不畅。筑堤后当发生超标洪水时，如果漫堤和溃决，造成的损害会远大于洪水自然泛滥的情形，即对于超过堤防标准的洪水而言，堤防对防洪可能带来负效应。

需要特别指出的是：由于我国的堤防基本上是经过几十年的不断修建逐步形成的，再加上我国汛期长，防洪战线长，防洪标准低，非工程措施不够完善等原因，在考虑筑堤防洪时，必须与防汛抢险紧密结合起来，才能真正发挥已建堤防的作用。具体来说，就是在每年汛前维修加固堤防，发现并消除隐患；洪峰来临时监视水情，及时堵漏、护岸或突击加高培厚堤防；汛后修复险工、堵塞决口等等。堤防险情一般包括漏洞、管涌（又称泡泉、翻沙、鼓水）、渗水、穿堤建筑物接触冲刷、漫溢、风浪、滑坡、崩岸、裂缝、跌窝与堤防决口等。当险情发生时，应根据出险情况进行具体分析，然后决定实施抢险方案。如果重大险情发生，应迅速成立抢险专门组织，分析判断险情和出险原因，研究抢险方案，筹集人力、物料，立即全力以赴投入抢险工作，如重大险情得不到及时处理，往往会在很短的时间内造成严重的后果。

对于新建堤防，要严格按照设计标准进行建设，并保证施工质量。一般来说，筑堤要尽可能选在地势较高、土质较好的地段。对于透水性较强的地基，应考虑采取防渗及增强堤防稳定性的专门措施。对位于强地震区和险工险段的堤防，应采取必要的防震和护险措施。

（2）疏浚与整治河道。

疏浚与整治河道是河流综合开发中的一项综合性工程措施。可根据防洪、航运、供水等方面的要求及天然河道的演变规律，合理进行河道的局部整治。就防洪而言，其目的是使河床平顺通畅，提高河道宣泄洪水的能力，并稳定河势，护滩保堤。通常的做法包括拓宽和浚深河槽、裁弯取直、消除阻碍水流的障碍物等。疏浚是用人力、机械和炸药来进行作业，整治则是修建建筑物来影响或改变水流流态，二者常互相配合使用。内河航道工程也要疏浚与整治河道，但其目的是改善枯水通航条件，而防洪却是为了提高洪水时河床的过水能力。因此，它们的具体工程布置与要求不同，但在一定程度上可以互相结合兼顾。河道整治还可以通过修建挖导工程、丁坝挑流、险工险段的坝垛或护岸工程等措施来控制河道流势、保护堤岸安全。堤防只有通过与河道整治措施有机结合，才能稳定和充分发挥作用。

（3）分洪、滞洪与蓄洪。

平原地区依靠加高堤防、整治河道来提高江河的防洪能力是有一定限度的，一般只能解决常遇洪水。而对于较大的稀遇洪水，还必须修建水库或分蓄洪工程进行控制调节，才能保障行洪安全。

分洪、滞洪与蓄洪是我国长期使用的一项防洪措施，这三者都是为了减少某一河段的洪水流量，使其控制在河床安全泄量以下。分洪是在过水能力不足的河段上游选择适当地点，修建分洪闸，开挖分洪水道（又称减河），将超过本河段安全泄量的部分洪水引走，以减轻本河段的泄洪负担。分蓄洪区只在出现大洪水时才应急使用。对于分洪口下游的重点保护河段，启用分蓄洪区可承纳河道的超额洪量，这等于提高了该重点防护河段的防洪标准。新中国成立以来，经过几十年的防洪建设，河道行洪能力有了很大的提高，分蓄洪区的使用机会大大减少。分蓄洪区内经济发展很快，人口急剧增加，有些甚至修建了工厂，扩大了城镇，因此使分蓄洪区的损失和困难越来越大。如何保证分蓄洪时居民的安全，并妥善解决分洪的种种矛盾，是保证江河防洪安全的重大问题。

（4）水库工程。

水库是水资源开发利用的一项重要的综合性工程措施，是一种非常有效的蓄洪工程。水库具有调蓄洪水的能力，同时可以利用水库的有效库容调节河川径流，发挥水库的综合效益。通常在防洪规划中利用大江大河的有利地形，合理布置干支流水库，共同对洪水起有效的控制作用。特别是一些控制性水库，往往对整个流域的防洪起着决定性的作用。

（5）水土保持。

水土保持既是改变山区、丘陵区的自然和经济面貌，建立良好的生态环境，发展农业生产的一项根本性措施，也是防止水土流失，保护和合理利用水土资源的重要内容，还是治理江河、保持水利设施有效利用的关键因素。它有利于把雨水尽量截留和涵蓄在雨区，从而起到减少山洪、增加枯水径流、保护地面土壤、防止冲刷、减少下游河床淤积的作用，这不但对防洪有利，还能增加山区灌溉水源，改善下游河流通航条件，以及美化环境等。水土流失不仅导致水库、湖泊、河道中下游严重淤积，降低防洪工程的作用，而且改变自然生态，加剧洪旱灾害发生的频次。因此，搞好水土保持是防洪工程建设的一项根本性措施，应给予高度重视。

上述各种防洪措施，常常需要因地制宜地兼施并用，互相配合。往往对全流域的上、中、下游统一规划，蓄泄兼筹，综合治理，还要尽量兼顾水利部门的需要。通常，在选择防洪工程措施方案以及决定工程主要参数时，都应进行必要的水利计算，并在此基础上进行一定的方案分析比较，切忌草率从事。

2. 防洪非工程措施

由于任何防洪工程措施都是在一定的经济技术条件下修建的，其防洪标准的采用必须考虑经济上合理、技术上可行，因此，防洪工程防御洪水的能力总是有限的，一般只能防御防洪标准以下的洪水，而不可能防御超标准的稀遇洪水。洪水是一种自然现象，其发生和发展带有一定的随机性，当出现超过工程防洪标准的稀遇洪水时，在采用工程措施的同时，采取各种可能的非工程防洪措施来减轻洪灾的影响是十分必要的，也是切实可行的。

所谓防洪非工程措施，就是通过法令、政策、行政管理、经济手段和直接利用蓄泄防洪工程以外的其他技术手段，来减少洪灾损失的措施。防洪非工程措施并不能减少洪水的来量或增加洪水的出路，而是更多地利用自然和社会条件去适应洪水特性，减少洪水的破坏，降低洪灾造成的损失。其基本内容主要有：

（1）防洪设施的管理。除工程管理外，还要管好河道和天然湖泊，对河湖洲滩的利用要严格控制，保持正常的蓄泄能力。

（2）对分蓄洪区或一般洪泛区进行特殊的管理。

（3）对洪水经常泛滥地区的生活生产设施建设进行指导。

（4）建立洪水预报预警系统，以便更有效地进行洪水调度和及时采取应变计划，拟订居民的应急撤离计划和对策。

（5）制订超标准洪水的紧急措施方案，设立各类洪水标志，建立应变组织，准备必要设备和物资，确定撤退方式、路线、次序和安置计划。

（6）实行防洪保险。这属于减轻洪水泛滥影响的措施，洪水保险具有社会互相救助的性质，即社会以投保者身份按年（或季）拨一定的支出来补偿少数受灾者的集中损失，以改变洪灾损失的分担方式，减小洪灾影响。

（7）建立救灾基金和救灾组织以及临时维持社会秩序的群众组织等。多年的实践表明，只有把工程措施与非工程防洪措施紧密结合，才能缩小洪水泛滥的范围，大幅度地减少洪灾损失和人口伤亡。

作为防洪非工程措施中的一项关键技术——洪水预报预警系统越来越受到

人们的重视。它对防御洪水和减少洪灾损失具有特别重要的作用。有了洪水预报，才能据此制订防洪方案，并抢在洪峰到来之前，采取必要的防洪措施，如水库开闸预泄腾空库容、迅速加高加固堤防、转移可能受淹的群众和物资、动用必要的防洪设施等，把洪水灾害减小到最低限度。前面曾经提到的1998年8月长江中下游特大洪水，由于及时准确的洪水预报，对葛洲坝水库、清江隔河岩水库和漳河水库的科学调度，使从三峡以上来的洪水和清江、沮江洪水的洪峰互相错开，大大降低了荆江河段的洪峰水位，避免了荆江分洪损失，为战胜这场特大洪水作出了巨大贡献。

根据国内外的防洪经验，一个流域发生洪水，所造成的损失大小与发布洪水预报、预警的预见期的长短成反比，预见期长，抗洪抢险准备时间充裕，洪灾损失就小。我国目前基本上在大中河流都设置了水文报汛网，其大致有两种：一种是较先进的水文自动测报系统；另一种是由雨量站通过有线或无线通信，把雨情报给防汛部门，防汛部门再根据降雨和径流模型，经计算分析，预报流域各站洪水。传统的测报方法一般速度都比较慢。近年来，出现了一些利用水文气象基本资料和数学模型，并广泛应用现代电子技术如遥感、遥控、卫星定位和通信的新型洪水预报预测系统，其预报速度快、精度高、有效期长。

（三）国外防洪措施

1. 美国的防洪措施

1993年密西西比河流域大洪水，持续近两个月，沿河两岸洪水泛滥，造成200亿美元的巨大损失，改变了美国人对现有防洪工程能战胜一切洪水的观念。洪水过后，美国人对洪水的防治提出了新的对策，一是尽量避免人与洪水争地盘，即在洪水易泛滥地区不搞工程建设；二是将洪水高风险地区的人口及重要设施外迁；三是政府出钱买下洪泛区，将其改为自然保护区；四是明确并切实履行责任和义务，即联邦政府以防为主，州和地方政府以救为主，私人以避为主。同时加强水文、气象和通信系统的建设，提高对洪水的监测和预报精度并及时向公众发布。

美国联邦政府内设有针对灾害处理的12个行业主管部门，其中包括交通、通信、防火、食品、公共事务、健康与医药服务等部门，“联邦紧急事务管理局”（Federal Emergency Management Agency）是其中之一，负责综合处理全国各种紧急灾害（其中包括洪水灾害），指挥12个部门救灾，相当于这12个部门的指挥中心，另外还具体负责制订减灾计划和灾害信息处理。联邦紧急事务管理局由美国总统直接领导指挥。同时，在美国各州以及州以下的市、县，也设有相应的救灾部门，负责处理本州内发生的紧急灾害。美国防洪主要依靠州政府和州以下的市、县政府组织完成，联邦政府只负责协助并提供救灾物资与资金。对一般洪水灾害，各州政府均有相应的应急处理及减灾计划，并由各州自行处理。当洪水灾害超过州政府的处理能力时，由州政府向联邦紧急事务管理局报告，联邦紧急事务管理局立即派人到现场调查，在向总统报告灾害情况的同时，联邦紧急事务管理局协调 12 个部门做好进入灾区的一切准备工作，一旦总统宣布某个州发生洪水灾害后，联邦紧急事务管理局立即指挥 12 个部门救灾。联邦紧急事务管理局所调用的防汛物资都是预先与私人公司签订合同，救灾时由这些公司提供的。救灾物资费用由联邦紧急事务管理局承担。救灾抢险人员也是事先联系好，届时组织参与抢险，这些人员的抢险费用由政府承担。在美国历次洪水灾害抗御中，联邦军队并未直接参与抗洪，但曾经调动过州的警卫部队。

（1）防洪思想。

1986 年，美国提出的《防洪减灾总报告》，向公众公开了国家水灾历史、现状，以及防洪减灾国策，提出了亟待解决的重大问题及建议。对水灾的重新认识，主要有以下观点：

①水灾是最严重的自然灾害，洪水不可能完全被人类控制，洪水灾害损失仍将持续上升，人类可以通过非工程措施行为尽可能减少灾害损失。

②洪水保险是国家防洪减灾的主要政策，是筹集减灾理赔和减轻政府财政负担的主要渠道。实施保险可对区域开发进行有效管制。在高风险地区发生重复水灾后，不应再为洪水保险提供补贴，应超前考虑城市化和占用蓄滞洪区的后果。

③水灾预警和应急反应体系实现集权化管理，并将这一体系的基础建设扩展到社区，使社区与全国的预警和应急系统的互相联系更有效，使现有洪水预警体系的预测工作得到统一和加强。为此，应成立联邦应急管理局领导和协调防洪减灾工作，并提供充足的资金和技术支持。

（2）洪水预警。

洪水预警是美国防洪减灾非工程措施的核心内容之一。预测洪水并及时发出预警对于防洪减灾的意义重大。美国把全国划分为 13 个流域，每个流域均建立了洪水预警系统，每天进行一次洪水预报期（可实时预报），最长的洪水预报期是 3 个月。短期预报由国家海洋与大气管理局向社会发布，中长期预报一般不向社会发布，仅限于联邦政府内部公布。在全美 2 万多个洪水多发区域中，3 000 个在国家海洋与大气管理局的预报范围内，1 000 个由当地的洪水预警系统预报，其余由县一级系统预报。此外，还必须对洪水可能造成的灾害进行及时、准确的预测，发布警示信息，并建立以地理信息系统（GIS）、遥感系统（RS）、全球卫星定位系统（GPS）为核心的“3S”洪水预警系统。

（3）防洪技术现状。

美国共有10 000多个水文站，其中有4 000多个报汛站。有7 000多个卫星观测系统、400多个洪水自动测报系统、250个雷达站控制着美国本土。一台雷达的控制半径为230公里，5~6分钟内，能完成三维空间扫描，利用雷达波所测到的降雨强度推算出降雨量及其降雨过程，可精确获得4~4.5平方公里范围内的短历时降雨资料，随时校正预报洪水的参数，预报结果准确度高。

（4）防洪工程管理。

美国几乎在所有适于建坝的河流上都建有水坝，用于灌溉（供水）、防洪、发电和航运。全美现有水坝75 591座，其中1960年建成3 123座，是建成水坝数量最多的一年。水坝的设计寿命为40年。

美国的防洪由陆军工程师兵团（简称“师团”）直接对总统和国会负总责。师团是最大的水资源开发机构，总部设在华盛顿，共有4万人，其中有3万多名工程师，防洪工程的建设与管理是他们的主要任务。对水电站的调度原则是发电服从防洪，即使无防洪任务的私人水电站，在紧急情况下，也要服从师团命令。在水库洪水调度上，严格按设计防洪的各项指标运行，操作人员不负失误责任，由国家负责。

（5）联邦救灾组织形式。

美国联邦紧急事务管理局（简称FEMA）直接对总统负责，具有对洪水、火灾、龙卷风等自然灾害行使应急管理的职能，以达到减轻生命和财产损失并保护国家重要基础设施的目的。对水灾管理是这个机构的重要职能，其主要职责为制订洪水保险计划及负责水灾预防、灾时救援及灾后重建等。

FEMA的总部设在华盛顿，在全美设有若干个分部，分别协调本区域或若干州的紧急事务管理。各州设有州的紧急事务管理机构，负责本州的紧急事务管理。当灾害的规模超出了地方和州的抗灾能力时，州政府就向总统请求联邦政府动用国会设立的特别基金进行紧急救援。重大灾害发生时，有关的若干个部门如天气局、陆军工程师兵团等将迅速派出负责人和高级技术专家到应急指挥中心工作。各州州长可在本州的紧急事务管理局指挥本州的紧急抗灾工作。

2. 德、法、荷三国防洪减灾的措施

德国多年平均降水量约800毫米，降雨主要发生在夏季；冬季有大量降雪，山区积雪期长达3~6个月；在大雨或冰雪融化之后，经常出现洪水。1961年1—7月，在阿勒尔河及其支流莱讷河和奥克河接连出现洪水，有5.8万平方公里农田和草场受淹，许多村庄和公路被毁坏；由于排水不畅，农田和草场长时间浸泡在水中，阿勒尔河下游有的地方淹没历时长达200多天。1997年夏天，德国奥得河（位于德国和波兰边界）出现100年一遇的大洪水，高水位持续了4个星期，出动抢险兵力（消防队、警察、部队）达1万多人次，抢险用掉沙袋850万个。

法国多年平均降水量为700～1 000毫米。引起降水的主要原因：一是来自西边大西洋的水汽，时间较长，洪水历时也长；二是来自南部的地中海，时间短，洪水涨落快。在中部地区有时这两股气流相遇，产生大范围强降雨，形成大洪水。例如1910年塞纳河、马恩河同时发生超50年一遇的大洪水，巴黎市区25%的地方被淹，国会大厦受浸，经济损失严重。

荷兰多年平均降水量为750毫米。荷兰很大一部分土地处在海平面以下，海水入侵问题很严重。荷兰的洪涝灾害，西部来自北海的风暴潮，东部主要来自莱茵河、马斯河和斯海尔德河的涨水，历史上是一个洪涝和风暴潮灾害十分严重的国家。1953年2月1日，荷兰三角洲地区内河涨水与北海大潮相遇，洪水泛滥，圩堤数百处决口，20万平方公里农田受淹，1 835人丧生，7.2万人被迫离开家园，大量房屋和其他财产遭受破坏。

三国防洪减灾的主要做法和经验如下：

（1）从环境水利角度出发重视防洪治水。

德国、法国、荷兰三国在治水思路上，曾经较长时间沿袭单一目标进行治理。随着社会和经济的发展，人们物质生活水平的提高，三国对水环境提出了更高要求，在治水观念上由过去单一修建防洪工程来达到防灾减灾目的，转变为以保护水环境为重点的多目标综合治理。他们认为，单一目标治理，虽然取得了很大成效，但往往破坏了自然环境，给生态环境带来长时期的不利影响，从而严重威胁到人类自身的利益和安全。因此，对江河宜采取综合治理的办法，修建防洪工程应从生态保护和环境治理的全局考虑，把工程措施与水环境、社会环境结合起来。三国特别重视对环境的影响，将对河流的整治和居住点的保护纳入环境强制系统。他们认为洪水是自然现象，不可能不发生，也不可能人为完全控制住；对自然进行太多的干扰，人为改变洪水的自然条件，会加重洪水灾害。德国巴伐利亚州有意识地将原来规则的堤防断面改为不规则的断面，将原来直线河道改为弯曲的河道，让河流保持自然状态，就是一个非常典型的例子。他们认为，河流运动有其自然摆动的范围，在治水中必须要给洪水保留足够的通道。采取防洪措施，首先应以保护人的生命为主，其次是保护好可能给周围环境造成污染的企业工厂，其他设施，该淹的让它淹，不要为保护某块土地花太多的人力和物力。他们防洪抢险的主要任务是救人，只要人能安全撤离，可能造成污染的企业能得到保护就行了。如德国科隆市防洪标准为100年一遇，但在发生10年、50年或100年一遇洪水时，允许一些地区受淹。这三个国家都将水利工程规划建设与建造更加优美的环境紧密结合起来，普遍采取了还河道以原态的措施。经过多年的有效治理，三国的水环境有了很大改善，避免或减轻了洪水灾害。

（2）投入建设高质量防洪减灾工程。

德国、法国、荷兰三国都修建了许多防洪工程和设施，已建成由坝、闸、堤防、堰、渠道和泵站组成的庞大的防洪网络。在工程建设施工方面，三国有先进的机械设备和性能优良的建筑材料；土工织物运用比较广泛；在堤身的填筑、地基的处理、水下施工等方面技术先进。德国已开始运用活动堤坝技术；法国在卢瓦尔河、德国北威州在莱茵河，修建堤防时均运用了大坝的建造技术；他们对一些工程的构思、设计和建造都十分独特。

三国的防洪工程建设都实行业主负责制、招投标制、施工监理制，并规定在50年内堤防如果出现质量问题，设计、施工单位要承担法律责任。在防洪工程建设和管理上，三国通过税收，保证了稳定的经费来源。工程运行管理，除了有官方机构管理外，在受益地区还有民间协会组织，公民对工程的建设和管理，通过“协会”来实施监督。如荷兰的“水管会”、德国北威州民间的“堤防协会”等。他们重视工程设施建设，舍得投入并高度注重工程质量，能够按照社会发展的不同阶段提出对水环境安全的具体要求，做到工程设施的建设与社会经济的发展相适应。例如，荷兰在1927—1932年建成了世界闻名的阿夫斯勒特坝（即须德海工程），长达32公里。荷兰政府在1953年大水灾后开始全面制订三角洲防洪减灾规划并逐步实施，至今三角洲规划安排的项目已经全部完成，投入资金达180亿荷兰盾（约合人民币700多亿元）。

（3）防洪非工程措施作用大。

三国均重视防洪非工程措施的建设，非工程措施投入一般为工程措施的1/10。非工程设施比较完善，在防洪减灾中发挥了重要作用。德国各个州有洪水预报中心；法国全国有52个洪水预报中心，洪水预报中心与各个水文站、雨量站实行计算机联网，水情、雨情信息收集分析处理都用计算机进行。三国都有较完善的雷达测雨站点、快速的洪水自动测报设施、先进的通信传输设备和布局较广的数据网络。防洪设施的运用和管理均采用自动控制，他们对洪泛区的管理有具体明确的措施。法国在防洪政策主要文件中规定：保护洪水流经区域和扩展区域，禁止在洪水严重区域建设任何新工程与居民区，保护与水相关的景点和环境。三国都将城市地势较低的地区或河道两岸滩地开辟成公园、绿地、球场、停车场、道路等，平时为娱乐场所，当有洪水时作为调蓄洪水场所。他们对蓄滞洪区内的土地管理非常严格，不准开发建设就坚决做到不开发建设，决不含糊，所有的蓄滞洪区都能正常运用。他们重视提高公众的防灾意识，在中小学开展灾害预防教育。德国把洪水预警分为四级，并广泛宣传，告知居民风险程度和预防措施，洪水到来时，居民可自行判断危险程度，合理安排工作和生活。荷兰阿夫斯勒特坝和三角洲的重要工程，因周边环境和内部环境优美，已被当作旅游景点，供游客参观访问，使游客在休闲娱乐中接受防洪减灾知识教育。

（4）机构精简效率高。

德国、法国、荷兰三国十分重视水资源的统一管理，注重将水量和水质纳入统一的管理体系。德国、法国由环境部管理全国的水利，荷兰归口交通公共工程水管理部，水管理采取统一管理与分级管理相结合的体制。

德国是一个联邦制国家，下面有16个联邦州政府和3个州级市。防洪规划、项目建设、抗洪抢险等，由州政府决定。州政府下设环境部和内政部等机构，环境部归口管理水利业务，内政部负责抢险救灾。出现洪水灾害时，首先是消防队员和警察参加抢险，力量不足时，可请示国家内政部，经总统批准后调动军队参加抢险。军队到位后由州政府内政部长统一指挥，抢险救灾总指挥长由内政部长担任，如果涉及几个州，则由几个州的内政部长协调。涉及国际河流，有国际河流工作委员会，该委员会下设一个小组专管洪水方面的事务。法国在防洪抢险方面，由省长、市长调动消防队和警察，宪兵由省长请示总统调派。出现洪水灾害时，市长、镇长要对辖区内的公共安全负责。荷兰的主要水利工程，例如阿夫斯勒特坝、三角洲工程等，都由交通公共工程水管理部属下的公共工程及水资源管理总局统一管理和调度。此外，水利管理委员会是荷兰水管理系统所特有的机构。全国有60多个水管会，一个水管会管理一个或几个地区，建设和维修堤坝，监督用水和水质保护，协调土地和水的关系。水管会领导机构的成员由土地所有者中选出的代表和政府代表组成，每个水管会都有自己的章程、任务和权利。三国在防洪的组织管理和运作程序方面都有明确的规定。各地区、各部门在防洪工程的调度运用上都有严格的协议，各单位按职责行事。在近100万人口的德国科隆市的防汛中心，平时只有2名工作人员；德国巴登州莱茵河堤防管理处分管6个分洪区，涉及人口70万人，但堤管处只有4名职工，工作效率非常高。

（5）法律法规完善。

德国、法国、荷兰三国虽没有单独的“防洪法”，但防洪工程规划建设、防洪管理、洪水预警预报、抗洪抢险组织以及灾后救济等，都有相应的法律规定及相关执行部门。各部门依法行事，各司其职。德国联邦政府有关于水的法律法规，各州政府还有自己的水利法，但各州政府有责任、有义务贯彻联邦政府的法律。法国在1807年就有了关于水的法律法规，从20世纪30年代至60年代陆续颁布了关于在洪泛区修建防洪工程的法律、关于各有关方面在防洪工作中的职责的法令、关于一般防洪行政管理的法令等。由省长、市长对防洪负责，如属人为失职，法官按照法律追究市长、省长的责任。

（6）灾后复产为社会负责。

德国、法国、荷兰三国的洪水灾害和其他自然灾害的救灾经费和有关救灾工作，主要由保险公司、红十字会、教会和慈善机构承担。中央政府或联邦政府承担的救灾任务非常有限。法国于1982年和1984年分别颁布执行了《赔偿自然灾害损失法》和《农业灾害保险法律》，实行义务保险。由于经济基础雄厚，社会保障体系比较健全，他们的防灾抗灾能力强，灾后恢复生产、重建家园速度快。

3. 日本防洪减灾的措施

日本年均降雨1 800毫米，高于世界年均的800毫米，年径流量为6 700亿立方米。据1993年统计，70%的全国资产、50%的人口位于洪水位以下，洪水为日本重要的自然灾害之一。日本的洪水灾害主要是由台风引起暴雨而产生的，台风平均每年有3次在日本登陆；其次是梅雨季节降雨形成的洪水。河流特点是河短坡陡，峰高流急，易发生大洪水。20世纪最大的洪水灾害是1959年9月26日，伊势湾台风在纪伊半岛登陆，引起暴雨高潮，洪水泛滥，死亡、失踪人数达5 098人，房屋毁坏55.8万栋，经济损失达22 478亿日元。

（1）主要的防洪措施。

①工程措施。

日本已建成一套工程布局合理、管理制度完善、自动化程度较高的防洪工程体系，现建有堤防1.05万公里，已建500余座水库，以及数目众多的贮水池、堰、闸等。日本109条重要河流的防洪标准都比较高，其中8条河流防洪标准达到200年一遇，37条河流达到150年一遇，64条河流达到100年一遇。此外，还采取修堤、筑坝、疏浚河道、开辟蓄滞洪区等措施。

②超级堤防。

自1987年以来，日本在一些重要地区开始建设超级堤防，其特点是堤防断面宽大，堤防的宽度是高度的30余倍，一般堤防宽度可达300～500米，其目的是防御超标准洪水。在建设时为考虑土地的有效利用，还结合了公路、公园、建筑物的建设。

③地下分洪道。

日本土地价格昂贵，河道两侧土地已被利用，拓宽河道、增加泄洪已无余地，采用地下分洪道是一种不得已的办法，如东京“首都圈外部放水路”地下分洪道，分洪流量200立方米/秒，长6.3公里，总投资达1 000亿日元。这也反映出河道规划初期河宽预留不足的深刻教训。

④贮水池建设。

日本的贮水池建设是伴随着人口增加、城市发展而出现的。随着日本经济的高速发展，城市化率逐年提高，径流系数增大，汇流时间缩短，洪峰流量加大，这些都已成为防洪中日益突出的问题。为调节洪水，避免洪峰期间峰值过大，除在主河道两侧建有游水池（其作用相当于我国的蓄滞洪区）外，还在城市建筑密集的地方建设规模较小的贮水池。日本一些地方法规规定土地开发商开发土地时必须建设一定数量的贮水池。

⑤城区雨水渗漏措施。

在日本，由于城市面积的扩大，城市的“热岛”效应及城市的建筑、道路的不透水性对降雨径流的影响日益加大，同等降雨情况，径流系数增大，地下水补给减少。针对这一现象，自1980年以来，日本开始研究并实施城市雨水渗透措施，如在公园或建筑物之间修建渗水井、渗水池等。它对于增加地下水补给，减少洪峰流量有较好的效果。与一些地区的情况比较，洪峰流量明显减少。

（2）防洪非工程措施。

日本的防洪非工程措施主要有：

①信息系统。

为保证居民的安全和防洪的需要，日本建成并使用自动化程度高、信息量大的防洪信息系统，其中包括每50～100平方公里设有一个自动遥测雨量站、自动水位流量计、水质观测仪、覆盖全国的12个降雨雷达等，这些数据经东京总部每小时处理1次后传递给全国各地的有关部门。在此基础上，各地的洪水预报系统、报警系统也更加完善。

②洪水泛滥危险图。

20世纪90年代初，日本建设省绘制并发布了109条主要江河的洪水泛滥危险图，图中分别按200年、150年、100年一遇的洪水标明了淹没范围，同时标有避险楼、医院、水深等。在此基础上，市、区、村制定了更加详细的洪水危险图，并广泛宣传，增强了人们的防洪意识和避险知识，对于社会财产合理的分布、死亡人数的减少都起到了很大的作用，最终达到了减少灾害损失的目的。

（3）日本的防洪管理体制。

日本的防洪管理体制受到日本复杂而又严格的法律制约，各部门分工明确，各负其责。

日本建设省河川局是日本中央政府直接管理的和唯一的防洪管理部门，建设省下设9个地方建设局及众多的事务所、出张所负责日常工作。日本的河流分为A级河流和B级河流。A级河流109条，长8.7万公里，由国家直接管理，即由建设省下属的各事务所负责建设和管理。B级河流长3.5万公里，由地方管理。防洪保安的第一负责人是地方各级政府行政长官，地方政府建立了相应的组织，如东京都防汛组织由警视厅、消防厅、建设局、交通局、气象厅等若干部门组成，防汛出现紧急情况时按法律规定，各负其责。各级政府还成立水防团，全国水防团专职人员有1.9万人，兼职水防团成员101万人，占全国总人口的0.82%，他们是防汛抢险的主要力量。

四、洪灾的应急管理

（一）应急管理的四个周期

（1）减轻行动期，旨在减轻可能发生的紧急事件的严重程度和影响；

（2）防备行动期，旨在使防灾机构有能力处理紧急事件造成的后果；

（3）反应行动期，旨在控制紧急事件的负面影响；

（4）恢复行动期，旨在恢复基本服务和正常运行，时间几乎与反应行动期同步。

（二）应急管理的四个阶段

与应急管理周期划分相对应的是应急管理的内涵，包括预防、预备、响应和恢复四个阶段。尽管在实际情况中，这些阶段往往是重叠的，但它们中的每一阶段都有自己单独的目标，并且成为下一阶段内容的一部分。应急管理四个阶段的定义划分、内容和应对措施如下：

（1）预防，就是从应急管理的角度出发，为防止紧急事件或事故的发生所采取的应急行动。其对应的内容与应对措施主要包括：安全法律、法规、规定、标准，灾害保险，安全信息系统，安全规划，风险分析、评价，土地勘测，建筑物安全标准、规章，安全监测监控，公共应急教育，安全研究，税务鼓励和强制性措施。

（2）预备，又称准备，是在灾害发生前进行的工作，主要是为了建立应急管理能力。它把目标集中在发展应急操作计划及系统上。这一阶段的主要内容与应对措施包括：国家政策，应急预案（计划），应急通告与报警系统，应急医疗系统，应急救援中心，应急公共咨询材料，应急培训、训练与演习，应急资源，互助救援协议，特殊保护计划，实施应急救援预案。

（3）响应，又称反应，是在紧急事件发生之前以及灾害期间和灾后应立即采取的行动。响应的目的是通过发挥预警、疏散、搜寻和营救以及提供避难所和医疗服务等紧急事务功能，使人员伤亡和财产损失尽量减少到最小。与之相应的内容与应对措施主要包括：启动应急通告报警系统，启动应急救援中心，提供应急医疗援助，报告有关政府机构，对公众进行应急事务说明，疏散和避难，搜寻和营救。

（4）恢复，是在灾害发生之后立即着手进行的一系列工作安排。首先要使受灾害影响地区恢复最起码的服务，然后通过紧急状态下的自救或社会救助手段使灾区恢复到正常状态。要求立即开展的恢复工作包括：灾害损失评估，清理废墟，现场消毒、去污，食品供应，提供避难所、生活必需品和其他装备；长期恢复工作包括：保险赔付、贷款和核批、失业评估、应急预案的复查、灾区的灾后重建以及实施安全减灾计划。

（三）《广东省防汛抗旱防风应急预案》

洪灾的应急管理同样也包括预防、预备、响应和恢复四个阶段。《广东省防汛抗旱防风应急预案》对以上四个阶段的工作给出了明确的说明：

1. 预防预警机制

（1）预防预警信息。

①气象水文信息。

各地气象部门负责本地区实时气象信息的监测和报告。实测 24 小时降雨达到 150 毫米时，每 12 小时发布所在区域未来 24 小时或 12 小时的降雨预报；实测 24 小时降雨达到 200 毫米时，每 6 小时发布所在区域未来 12 小时的降雨预报；实测 24 小时降雨达到 250 毫米以上时，每 3 小时发布所在区域未来 6 小时的降雨预报。预测结果应及时向同级党委、政府和三防指挥部门报告。

西江、北江、东江、韩江干流：

预测的洪水标准	水情的报告和预报发布时限
小于 5 年一遇	每 12 小时或 24 小时报告一次水情，每 24 小时发布一次洪水预报
5～10 年一遇	每 12 小时报告一次水情，每 24 小时发布一次洪水预报
10～20 年一遇	每 8 小时报告一次水情，每 24 小时发布一次洪水预报或视洪水变化情况加密洪水预报的频次
20～50 年一遇	每 4 小时报告一次水情，每 12 小时发布一次洪水预报或视洪水变化情况加密洪水预报的频次
50 年以上一遇	每 2 小时报告一次水情，每 12 小时发布一次洪水预报或视洪水变化情况加密洪水预报的频次

西江（广东境内）、北江、东江、韩江支流及其他中小河流（流域面积大于2 000平方公里）：

预测的洪水标准	水情的报告和预报发布时限
小于5年一遇	每12小时报告一次水情和洪水预报
5~10年一遇	每12小时或6小时（流域较小或情况变化较快时）报告一次水情，每12小时发布一次洪水预报
10~20年一遇	每6小时或3小时（流域较小或情况变化较快时）报告一次水情，每12小时发布一次洪水预报或视洪水变化情况加密洪水预报的频次
20~50年一遇	每3小时或2小时（流域较小或情况变化较快时）报告一次水情，每12小时发布一次洪水预报或视洪水变化情况加密洪水预报的频次
50年以上一遇	每3小时或1小时（流域较小或情况变化较快时）报告一次水情，每12小时发布一次洪水预报或视洪水变化情况加密洪水预报的频次

流域面积小于2 000平方公里的重要河流：

预测的洪水标准	水情的报告和预报发布时限
小于5年一遇	每12小时报告一次水情
5~10年一遇	每12小时或6小时（流域较小或情况变化较快时）报告一次水情
10~20年一遇	每6小时或3小时（流域较小或情况变化较快时）报告一次水情
20~50年一遇	每3小时或2小时（流域较小或情况变化较快时）报告一次水情
50年以上一遇	每3小时或1小时（流域较小或情况变化较快时）报告一次水情

②堤防工程信息。

主要江河出现警戒水位以上洪水时，各级堤防工程管理单位应加强工程监测，并将防护面积达万亩以上的堤防及其涵闸、泵站等工程设施的运行情况向上级工程管理部门和同级三防指挥部门报告。

③水库工程信息。

水库水位超过汛限水位时，水库管理单位应加强对大坝、溢洪道、输水管等关键部位的监测，按照有管辖权的三防指挥部门批准的洪水调度方案进行调度，并向上级水行政主管部门和同级三防指挥部门报告工程运行状况。大、中、小型水库发生重大险情应在1小时内报告省防总。

④洪涝灾情信息。

洪涝灾情信息主要包括：灾害发生的时间、地点、范围，受灾人口以及群众财产，农林牧渔，交通运输，邮电通信，水电设施等方面的损失。

（2）预防预警行动。

预防预警准备工作包括组织准备、工程准备、预案准备、物资准备、通信准备。

①江河洪水预警。

当监测发现江河即将出现洪水时，应及时向各级三防指挥部门报告水位、流量实测情况和未来洪水趋势，为预警提供依据。

各级三防指挥部门按照分级负责原则，确定洪水预警区域、级别和洪水信息发布范围，按照权限向社会发布。

②热带气旋预警。

气象部门负责热带气旋的监测和预报工作。各级气象部门应密切监视热带气旋的生成、发展、登陆和消失全过程，做好未来趋势预报，及时以天气报告或重大气象信息快报等形式，向同级党委、政府和三防指挥部门报告热带气旋的中心位置、强度、移动方向和速度，并根据情况向社会发布热带气旋预警信号以及热带气旋消息、热带气旋警报、热带气旋紧急警报和热带气旋解除警报。

③渍涝灾害预警。

当气象部门预测未来将出现较大降雨时，各级三防指挥部门应按照分级负责原则，确定渍涝灾害预警区域、级别，按照权限向社会发布。

④山洪灾害预警。

对可能出现山洪灾害的地区，当地三防指挥部门应组织水利、国土资源、气象等部门编制山洪灾害防御预案，绘制区域内山洪灾害风险图，确定区域内易发生山洪灾害的地点及范围，制订安全转移方案，明确组织机构的设置及职责，及时发布预警预报。

山洪灾害易发区应建立专业监测与群测群防相结合的监测体系，落实观测措施。遇灾害性天气时应落实24小时值班巡逻制度，加密观测，加强巡逻。每个乡（镇）、村、组和相关单位都应落实信号发送员，一旦发现危险征兆，应立即通知相关人员转移，并报本地三防指挥部门组织抗灾救灾。

⑤蓄滞洪区预警。

蓄滞洪区所在地的县级以上人民政府应组织有关部门编制蓄滞洪区人员安

全转移预案，报有审批权的三防指挥部门审批。

蓄滞洪区管理单位应加强工程运行监测，发现问题及时处理，并报告上级主管部门和同级三防指挥部门。

因防汛工作需启用蓄滞洪区时，当地人民政府和三防指挥部门应迅速启动预警系统，进行广泛宣传，并按照安全转移方案实施人员转移。

⑥报警、接警、处警工作。

报警：省气象局及其下属的气象局和气象观测台站，省水文局及其下属的水文分局和水文监测站，各水利工程管理单位都是广东省洪水、热带气旋灾害的报警部门，负责对水灾害的监测和报警。

接警：各级人民政府的应急管理部门和三防指挥部办公室负责各级防汛抗旱防风报警的接警工作。

处警工作：各级人民政府的应急管理部门和三防指挥部办公室在接到洪水、热带气旋灾害预警后，应根据预警级别立即向上级应急管理部门和三防指挥部门报告，并通知本级三防指挥部门各成员单位。各成员单位应根据预警级别，做好人员、物资等方面的相应准备措施。

（3）预警支持系统：洪水风险图、防御洪水方案。

（4）预警级别及发布：由省防总统一发布。

按洪水发展趋势、严重性和紧急程度，洪水预警级别及发布洪水灾害预警级别可划分为Ⅰ级（特别严重）、Ⅱ级（严重）、Ⅲ级（较重）、Ⅳ级（一般）等四个级别。各地级以上市、县（市、区）可根据本地区实际情况制定适合当地情况的预警级别。

①Ⅰ级预警。

当预测、预报可能发生以下情况之一的，启动Ⅰ级预警：

北江、西江、东江、韩江以及珠江三角洲等某一流域发生100年一遇或以上的洪水，西、北江同时发生50年一遇或以上的洪水；

新丰江、西枝江、武江、浈江、梅江、漠阳江、鉴江、榕江、九洲江、练江等多个流域发生100年一遇或以上的洪水；

北江大堤、省十大堤围、顺德第一联围等堤围发生重大险情极可能溃堤；

大型水库及国家重点中型水库发生重大险情极可能垮坝。

②Ⅱ级预警。

当预测、预报可能发生以下情况之一的，启动Ⅱ级预警：

北江、西江、东江、韩江以及珠江三角洲等某一流域发生50～100年一遇的洪水；西、北江同时发生20～50年一遇的洪水；

新丰江、西枝江、武江、浈江、梅江、漠阳江、鉴江、榕江、九洲江、练江等多个流域发生 50～100 年一遇的洪水；

保护县城以上城市或 5 万亩以上耕地的堤围发生重大险情极可能溃堤；

中型水库及重点小型水库发生重大险情极可能垮坝。

③Ⅲ级预警。

当预测、预报可能发生以下情况之一的，启动Ⅲ级预警：

北江、西江、东江、韩江、漠阳江、鉴江、榕江以及珠江三角洲等某一流域发生 20～50 年一遇的洪水；

新丰江、西枝江、罗定江、贺江、武江、浈江、连江、绥江、潭江、增江、梅江、汀江、九洲江、练江等多个流域发生 20～50 年一遇的洪水；

保护中心城镇或 1 万亩以上耕地的堤围发生重大险情极有可能溃堤；

小型水库发生重大险情极有可能垮坝。

④Ⅳ级预警。

当预测、预报可能发生以下情况之一的，启动Ⅳ级预警：

东江、西江、北江、韩江、漠阳江、鉴江、榕江以及珠江三角洲等流域发生 5～20 年一遇的洪水；

新丰江、西枝江、罗定江、贺江、武江、浈江、连江、绥江、潭江、增江、梅江、汀江、九洲江、练江等流域发生 10～20 年一遇的洪水；

防护范围达 5 000 亩以上耕地的堤围发生重大险情极有可能引起溃堤；

小型水库发生重大险情极有可能垮坝。

2. 先期处置

先期处置就是洪水灾害或险情发生地的人民政府和三防指挥部门及时采取紧急措施，防止事态及其危害进一步扩大。同时根据事件的性质和危害程度，及时报告上级人民政府和三防指挥部门。

（1）江河洪水。

当江河水位超过警戒水位时，当地三防指挥部门应按照防洪预案的要求，组织专业和群众防汛队伍巡堤查险，严密布防，必要时按照有关规定和程序申请动用部队、武警参加重要堤段、重点工程的防守或突击抢险工作。

当江河洪水位继续上涨、危及重点保护对象时，各级三防指挥部门以及承担防汛任务的部门和单位，应根据江河水情和洪水预报，按照规定的权限和工作方案，实施防洪工程调度、水库拦洪错峰调节以及泄洪、抢排、清障、临时抢护，加高堤防以及启动分洪河道和蓄滞洪区等防洪措施。

当江河水情达到洪水调度方案规定的条件时，按照启用程序和管理权限由相应的三防指挥部门批准下达命令实施分洪。在实施蓄滞洪区调度运用时，根据洪水预报和批准的洪水调度方案，由三防指挥部门决定做好蓄滞洪区内人员转移、安置以及分洪设施的启用和无闸分洪口门爆破准备工作。

(2) 渍涝灾害。

当出现轻度的渍涝灾害时，当地三防指挥部门要及时实施水利工程调度和排涝工作，必要时可报请上一级三防指挥部门统筹协调。要正确处理排涝与防洪的关系，避免因排涝加大防洪的压力。

(3) 山洪灾害。

当山洪灾害易发区雨量观测点的降雨量达到可能致险的数量或观测山体有滑动趋势时，当地三防指挥部门以及国土资源行政主管部门应及时发出警报，视情况作出紧急转移受威胁地区群众的决定；转移决定作出后，应按照应急预案要求立即通知相关乡镇或村组按照预案组织人员安全撤离。

转移受威胁地区的群众，应本着“就近、迅速、安全、有序”的原则进行，先人员后财产，先老幼病残后其他人员，先转移危险区人员和警戒区人员，防止次生、衍生灾害以及人为意外事故的发生。

(4) 堤防决口、水闸垮塌、水库溃坝。

当出现堤防决口、水闸垮塌、水库溃坝前期征兆时，防汛责任单位要迅速调集人力、物力全力组织抢险，尽可能控制险情，并及时向下游发出警报；要按照应急预案要求立即组织受影响人员转移，并视情况抢筑二道防线，控制洪水影响范围，尽量减少灾害损失。出现大江大河干流堤防决口、水闸垮塌和小型以上水库垮坝的地方，其三防指挥部门应立即向省防总报告。

3. 应急响应

(1) 应急响应的总体要求。

水灾发生后，各级人民政府和三防指挥部门按照职责分工，组织实施抗洪抢险、排涝、抗灾救灾各项工作。

(2) 应急响应启动。

按洪涝灾害的严重程度和范围，将应急响应分为Ⅰ、Ⅱ、Ⅲ、Ⅳ四级。省防总统一指挥或指导有关地区、部门开展Ⅰ级、Ⅱ级、Ⅲ级、Ⅳ级应急响应的相关处置工作。

洪水Ⅰ级预警启动后，经省防总组织相关部门、专家会商研判，并报请省人民政府决定启动Ⅰ级应急响应，由省人民政府发布紧急动员令，宣布进入紧急防洪。

洪水Ⅱ级预警启动后，省防总组织相关部门、专家会商研判，视情况启动Ⅱ级应急响应。

洪水Ⅲ级预警启动后，省防总组织相关部门、专家会商研判，视情况启动Ⅲ级应急响应。

洪水Ⅳ级预警启动后，省防总组织相关部门、专家会商研判，视情况启动Ⅳ级应急响应。

（3）指挥和协调。

防洪应急响应的指挥和协调：

防洪Ⅰ级应急响应的指挥和协调由省防总总指挥主持会商，必要时由省委、省人民政府主要领导主持，省防总各成员和有关专家参加，分析汛情发展趋势，明确防洪工作重点，视情况启动经省人民政府批准的防御特大洪水方案，全面部署防汛应急工作。

防洪Ⅱ级应急响应的指挥和协调由省防总总指挥主持会商，省防总有关成员和专家参加，视情况启动经省人民政府批准的防御重大洪水方案，对防汛应急工作进行部署。

防洪Ⅲ级应急响应的指挥和协调由省防总有关领导主持会商，省防总有关成员、专家参加，加强工作指导和汛情研判工作。

防洪Ⅳ级应急响应的指挥和协调由省三防办负责同志在岗带班，组织水利、气象、水文等部门技术人员会商汛情，并提出应对措施。

（4）信息报送和处理。

汛情、险情、灾情等信息实行归口处理，分级上报，同级共享。

防汛信息的报送和处理应快速、准确，重要信息应立即上报。因客观原因无法立即准确掌握的信息，应及时报告基本情况，同时抓紧了解情况，及时补报详情。

全省性三防信息由省三防办统一审核，按规定适时向社会公布。各地级以上市三防指挥部门负责审核和发布本地区范围的三防信息。

（5）应急结束。

洪涝灾害得到有效控制后，由启动应急响应的政府或机构宣布应急响应结束，并通过媒体向社会发布。

应急保障包括：通信与技术保障、应急支援与装备保障、交通运输保障、医疗防疫保障、治安保障、物资保障、资金保障、社会动员保障、供电保障、紧急避难场所保障。

4. 善后与重建

特别重大、重大洪水灾害的善后与重建工作由灾害发生地地级以上市人民政府和省防总有关成员单位负责。较大、一般水灾害的善后与重建工作由县级以上人民政府参照省的相关做法进行。

灾害发生地的县级以上人民政府应组织做好灾区生活供给、卫生防疫、救灾物资供应、治安管理、学校复课、水毁工程修复、恢复生产和重建家园等工作。

本章小结

超过人们防洪能力或未采取有效预防措施的大洪水对人类生命和财产所造成的损害，称为洪灾。洪水大小常以洪峰水位（洪峰流量）、洪水总量、洪水历时来描述，统称为洪水三要素。

洪水按形成机理和环境分为溃决型洪水、漫溢型洪水、内涝型洪水、行蓄型洪水、山洪型洪水、风暴潮型洪水、海啸型洪水及城市洪水。

从发生频率来看，印度、中国、美国、印度尼西亚等10个国家重大洪水灾害发生次数居前10位；从受灾人口来看，世界上受灾人口累计最多的前10个国家是中国、印度、孟加拉国、巴基斯坦、越南、泰国、阿根廷、巴西、菲律宾、朝鲜。

洪灾的发生必须具备三个条件：一是存在诱发洪灾的主因即灾害性洪水；二是存在洪水危害的对象，即洪水淹没区内有人居住或分布有社会财产，并因被洪水淹没受到了损害；三是人们在洪灾威胁面前，采取回避、适应或防御洪水的对策。

一般洪灾损失评估内容包括：灾害影响的范围和强度、造成的经济损失、生命线受害统计、人员伤亡数目、环境污染及疾病传播情况、社会影响。

洪水灾害应急的管理措施主要有预防预警机制、先期处置、应急响应、善后与重建。

本章学习要点

1. 洪灾的形成及特征。
2. 防洪减灾应急管理的措施。
3. 洪灾的风险与评估。

关键术语

洪水　洪灾的风险与评估　洪灾对生命线工程的危害　应急处理

思考与练习

1. 什么是洪水？
2. 我国洪水灾害的主要影响因素是什么？
3. 简述我国的主要洪水灾害。
4. 广东省洪水灾害的主要类型是什么？

5. 简述广东省暴雨洪水的成因及特点。

6. 简述广东省风暴潮洪水的特点。

7. 简述进行防洪规划的指导思想、任务与作用。

8. 进行防洪规划的具体步骤是什么？

9. 什么是防洪措施，它分为哪两种？

10. 防洪工程措施的主要内容有哪些？

11. 什么是防洪非工程措施，它通常包含哪些内容？

12. 我国关于防洪减灾有哪些法律？

13. 洪灾损失评估的主要内容是什么？

14. 洪灾应急管理的主要内容是什么？

补充读物

1. 自然灾害学报（中国灾害防御协会、国家地震局主办）.

2. 灾害学（陕西省地震局主办）.

3. 灾害与防治工程（三峡大学、湖北省水力发电工程学会三峡分会主办）.

4. Natural Hazards（Springer Netherlands）.

5. Natural Hazards Review（The American Society of Civil Engineers）.

6. 中国水文信息网，http：//www. hydroinfo. gov. cn.

7. 中华人民共和国水利部官方网站，http：//www. mwr. gov. cn/.

8. 广东水文局官方网站，http：//www. gdsw. gov. cn/web/index. html.

9. 澳大利亚地球科学网河流洪水灾害数据库，http：//www. ga. gov. au/oracle/flood/.

10. 爱尔兰国家洪水灾情测绘网站，http：//www. floodmaps. ie.

第三章　风灾害及其应急处理

本章概述

自然灾害的类型多种多样，通过本章的学习，了解风灾害的相关基本概念，工程结构抗风设计与防风减灾技术，风灾害的应急预案与应急处理措施，风灾害损失评估。试图通过量化结果来区分灾害的灾情，并对风灾害应急管理提供一定的参考，为相关部门进行风灾防治、救援和制定各种规章制度提供咨询和建议。

第一节　风的基本概念与风灾害

一、风的基本概念

风是大气层中空气的运动。由于地球表面不同地区的大气所吸收的太阳能量不同，造成了各地空气温度的差异，从而产生气压差，气压差驱动空气从气压高的地方向气压低的地方流动，就形成了风。

对结构安全产生影响的是强风，可分为热带低压、热带风暴、台风或飓风、寒潮风暴、飑线风和龙卷风等。

（一）热带气旋和台风（飓风）

热带气旋是发生在热带海洋上的大气旋涡，是热带低压、热带风暴、台风或飓风的总称，以热带气旋中心附近的平均最大风力进行分类。热带气旋中心附近的平均最大风力小于 8 级的风称为热带低压，风力为 8 ~ 9 级的风称为热带风暴，风力为 10 ~ 11 级的风称为强热带风暴，风力为 12 级或 12 级以上的风称为台风或飓风。

事实上，几乎世界上位于大洋两岸的所有国家和地区，无不受热带海洋气旋的影响，在不同的地区人们给它的名称不同。在西北太平洋和南海一带的称台风，在大西洋、加勒比海、墨西哥湾以及东太平洋等地区的称飓风，在印度洋和孟加拉湾的称热带风暴，在澳大利亚的则称热带气旋。

热带气旋的形成随地区不同而异，它主要是由太阳辐射在洋面所产生的大量热能转变为动能（风能和海浪能）而形成的。海洋水面受日照影响，往往在离赤道 10°纬度地区生成热而湿的水汽并向上升起，形成庞大的水汽柱。热低压区和稳定的高压区气压之差产生空气流动，由于平衡产生相互补充的力使之呈螺旋状流动，气压高低相差越大，旋转流动的速度越快。旋转流动的中心即热带旋风中心，习惯上称为“眼”，在“眼”的范围内相对平衡，无风也无云层。“眼”的直径一般小于 10 公里，有时可以大于 50 公里，紧紧环绕在其周围的圆环形风带为强烈的暴风，并在旋转中向前水平移动。

图 3 – 1　台风气象云图

台风也是一个大而强的空气旋涡，平均直径为 600 ~ 1 000 公里，从台风中心向外依次是台风眼、眼壁，再向外边是几十公里至几百公里宽、几百公里至几千公里长的螺旋云带。螺旋云带伴随着大风、阵雨呈逆时针方向旋向中心区，越靠近中心，空气旋转速度越大，并突然转为上升运动。因此，距中心10～100公里范围内形成由一个强对流云团组成的约几十公里厚的云墙、眼壁，这里发生着摧毁性的暴风骤雨；再向中心，风速和雨势骤然减小，到达台风眼时，这里气压最低，湿度最高，天气晴朗，与周围的天气比较，相对安静。图3－1为一次台风的气象云图。

全世界每年平均有80～100次台风（这里将其他地区的热带气旋也称为台风）发生，其中绝大部分发生在太平洋和大西洋上。经统计发现，西太平洋台风的发生主要集中在以下四个地区：

（1）菲律宾群岛以东和琉球群岛附近海面，这一带是西北太平洋上台风发生最多的地区，全年几乎都会有台风发生；

（2）关岛以东的马里亚纳群岛附近；

（3）马绍尔群岛附近海面上（台风多集中在该群岛的西北部和北部）；

（4）我国南海的中北部海面。

台风在海上移动，会掀起巨浪，狂风暴雨接踵而来，对航行的船只造成严重的威胁。当台风登陆时，狂风暴雨会给人们的生命和财产造成巨大的损失，尤其对农业、建筑物的影响更大。但是，台风也并非全给人类带来不幸，除了其“罪恶”的一面外，也有为人类造福的时候。对某些地区来说，如果没有台风，这些地区庄稼的生长、农业的丰收就不堪设想。西北太平洋的台风、西印度群岛的飓风和印度洋上的热带风暴，几乎占全球强的热带气旋总数的60%，给肥沃的土地带来了丰沛的雨水，形成适宜的气候。

（二）龙卷风

龙卷风是出现在强对流云内的活动范围小、时间短，但风力极强、具有垂直轴的强烈涡旋。伴随龙卷风，常出现大雨、雷电、冰雹等，是一种破坏力极强的小尺度风暴。龙卷风（见图3－2）是一个猛烈旋转着的圆形空气柱，它的上端与雷雨云相接，下端有的悬在半空中，有的直接延伸到地面或水面，一边旋转，一边向前移动。龙卷风发生在海上，犹如“龙吸水”，称为“水龙卷”；出现在陆上，卷扬尘土，卷走房屋、树木等，称为“陆龙卷”。据统计，每个陆地国家都出现过龙卷风，其中美国是发生龙卷风最多的国家。加拿大、墨西哥、英国、意大利、澳大利亚、新西兰、日本和印度等国，发生龙卷风的机会也很多。

图 3－2　龙卷风

我国龙卷风主要发生在华南和华东地区，它还经常出现在南海的西沙群岛上。龙卷风的范围小，直径平均为 200～300 米，直径最小的不过几十米，只有极少数直径大的才达到 1 000 米以上。它的寿命也很短促，往往只有几分钟到几十分钟，最多不超过几小时。其移动速度平均 15 米/秒，最快的可达 70 米/秒；移动路径的长度大多在 10 公里左右，短的只有几十米，长的可达几百公里以上。它造成破坏的地面宽度，一般只有 1～2 公里。

一般情况下，龙卷风的风速在 50～150 米/秒；极端情况下，可达到 300 米/秒或超过声速。超声速的风能，可产生无穷的威力。尤其可怕的是龙卷风内部的低气压，这种低气压可以低到 40kPa，甚至 20kPa，而一个标准大气压是 101.3kPa。所以，在龙卷风扫过的地方，犹如一个特殊的吸泵一样，往往把它所触及的水和沙尘、树木等吸卷而起，形成高大的柱体，这就是过去人们所说的“龙倒挂”或“龙吸水”。当龙卷风把陆地上某种有颜色的物质或其他物质及海里的鱼类卷到高空，移到某地再随暴雨降到地面，就形成“鱼雨”、“血雨”、“谷雨”、“钱雨”了。

当龙卷风扫过建筑物顶部或车辆时，由于它的内部气压极低，使建筑物或车辆内外形成强烈的气压差，顷刻间就会使建筑物或交通车辆发生“爆炸”。如果龙卷风的爆炸作用和巨大风力共同施展威力，那么它们所产生的破坏和损失程度将是极端严重的。

（三）季风及寒潮风

早已被人类所认识并对人类日常生活影响最大的风气候是季风。季风在我国曾经有各种不同的名称，如信风、黄雀风、落梅风、舶风等。季风现象是否明显，与大陆面积大小、形状和所在纬度位置有关系。欧亚大陆是季风最明显和盛行的地区。季风形成的原因，主要是由于海洋和陆地之间的热力环流的季节性变化所引起的。

夏季，陆地表面的增热比海洋剧烈，大陆的温度较高而形成热低压，海洋的温度则相对较低，在底层大气形成海洋为高压、大陆为低压的压力梯度，空气从海洋流向大陆。而由于气流的垂直输送，在高空则产生从大陆指向海洋的水平气压梯度，形成了与低空方向相反气流，最终构成了夏季的季风环流。夏季季风在北半球盛行西南和东南风，尤以印度洋和南亚地区最显著，气流特别温暖而湿润，会带来大量的雨水。西南季风大部分源自南印度洋，在非洲东海岸跨过赤道到达南亚和东亚地区，甚至到达我国华中地区和日本；东南季风主要源自西北太平洋，以南风或东南风的形式影响我国东部沿海。夏季季风直接影响降雨的强度和地域，如我国每年出现的梅雨，与农业生产的丰歉及洪水灾害的发生有密切关系，但一般不会产生灾害性的风气候。

冬季，大陆表面迅速冷却，海洋表面的冷却相对较慢，因此海洋上的温度比陆地要高些，形成大陆为高压、海洋为低压的压力梯度，低层气流由大陆流向海洋，高层气流则由海洋流向大陆，形成冬季的季风环流。冬季季风在北半球盛行北风或东北风，尤其是亚洲东部沿岸，北向季风从中纬度一直延伸到赤道地区。这种季风起源于西伯利亚的冷高压区，它在向南暴发的过程中，在东亚及南亚产生很强的北风和东北风，气流寒冷而干燥。每年都会在中国、印度和日本出现的寒潮大风其实就是东北季风的一部分。

寒潮是一种源自极地或寒带向中纬度或低纬度侵袭的强烈冷空气活动，它的强度大、范围广。在冷空气的南下过程中，所经之地除了气温急降外一定伴有大风，这种大风就被称为寒潮风。寒潮风的范围较大，直径可达几千公里，高度也可伸展到数公里高空，因此持续时间也较长，一般持续 2 ~3 天。寒潮风一般有 5 ~6 级的风力，最大的可以达到 10 级甚至更大，是我国除台风以外的主要破坏性风气候。

（四）雷暴风

雷暴风也称为飑线风（Downburst），是由中小尺度的强对流天气雷暴或飑线引起的。飑线是指由若干个雷雨云单体排列而形成的一条狭长的雷暴雨带，是一种风向和风力发生剧烈变动的天气变化带。飑线的水平尺度一般为 5 ~100 公里，宽度由 1 公里至几公里，持续时间为 1 小时到十几小时，多发生在春夏过渡季节，是强对流系统中破坏性最强的天气现象之一。单个雷暴天气也可能形成雷暴风，尺度和持续时间要短一些，强风的破坏性相对也弱一些。我国是雷暴和飑线天气的多发地区，大部分地区都有可能出现雷暴风，在台风和寒潮风影响相对较小的中部和西南部地区，雷暴风往往就是当地主要的灾害性风气候。

雷暴风具有很强的突发性，白云朵朵的天空，有时眨眼之间就会变成乌云滚滚、排山倒海聚集到头顶的天空，接着便是雷电交加、狂风暴雨，使人们猝不及防。雷暴风的短时风力很大，瞬时风力一般可达到 8 ~ 9 级，个别能达到 11 ~ 12 级。由于雷暴风出现于强对流天气系统中，除了飑线水平移动产生的大风外，在其前侧有一股由暖湿空气组成的上升气流，同时在其后侧还存在一股夹带冷雨或冰雹的强下降气流，从高空冲至地面，在离地 50 ~ 80 米高度处出现最大风速，而且风向也随之急剧变化，具有很强的破坏性。

雷暴风是由小尺度天气系统产生，这类天气的形成发展过程十分迅速，因此大风可预报时间很短，很难作出准确的预报。目前国内外对这类天气最有效的预报工具是应用雷达或卫星进行跟踪预报，但预报时效还比较短，因此，像雷暴风这样的气象灾害具有不可抗拒性。此外，雷暴风往往夹带暴雨或冰雹，会增强风的破坏力。

二、风的强度表示

不同的风有不同的特征，但它的强度常用风速来表示。将风的强度划分等级，一般用风速范围来表示。常用的有蒲福风力等级表、福基达龙卷风风力等级表。

（一）蒲福风力等级表

英国人蒲福（F. Beaufort）于 1805 年拟定了风级，根据风对地面（或海面）物体影响程度而定出，称为蒲氏风级。由于最初根据地面（或海面）物体对风的影响程度比较笼统，后来逐渐采用以风速的范围来表示风级，几经修改，从 0 至 12 共分 13 个等级。自 1946 年以来，风力等级又作了某些修改，并增加到 18 个等级，如表 3 - 1 所示。其中前 13 个等级就是我们在气象广播中所听到的风的等级。可以看出，7 级或 7 级以上的风力才能对生活或工程结构造成不便或威胁。

表 3-1　蒲福风力等级表

风力等级	名称	海面状况浪高（m）		海岸渔船征象	陆地地面物征象	距地10米高处相当风速		
		一般	最高			km/h	nmile/h	m/s
0	静风	—	—	静	静，烟直上	<1	<1	0~0.2
1	软风	0.1	0.1	寻常渔船略觉摇动	烟能表示风向，但风向标不能转动	1~5	1~3	0.3~1.5
2	轻风	0.2	0.3	渔船张帆时，可随风移行，每小时2~3公里	人感觉有风，树叶有微响，风向标能转动	6~11	4~6	1.6~3.3
3	微风	0.6	1.0	渔船渐觉簸动，随风移行，每小时5~6公里	树叶及微枝摇动不息，旌旗展开	12~19	7~10	3.4~5.4
4	和风	1.0	1.5	渔船满帆时倾于一方	能吹起地面灰尘和纸张，树的小枝摇动	20~28	11~16	5.5~7.9
5	清劲风	2.0	2.5	渔船缩帆（即收去帆之一部分）	有叶小树摇摆，内陆的水面有小波	29~38	17~21	8.0~10.7
6	强风	3.0	4.0	渔船加倍缩帆，捕鱼须注意风险	大树枝摇动，电线呼呼有声，举伞困难	39~49	22~27	10.8~13.8
7	疾风	4.0	5.5	渔船停息港中，在海上下锚	全树摇动；迎风步行感觉不便	50~61	28~33	13.9~17.1

（续上表）

风力等级	名称	海面状况浪高（m）		海岸渔船征象	陆地地面物征象	距地10米高处相当风速		
		一般	最高			km/h	nmile/h	m/s
8	大风	5.5	7.5	进港的渔船皆停留不出	微枝折毁；人向前行，感觉阻力甚大	62～74	34～40	17.2～20.7
9	烈风	7.0	10.0	汽船航行困难	烟囱顶部及平瓦移动，小屋有损	75～88	41～47	20.8～24.4
10	狂风	9.0	12.5	汽船航行颇危险	陆上少见，出现时可将树木拔起或将建筑物摧毁	89～102	48～58	24.5～28.4
11	暴风	11.5	16.0	汽船遇之极危险	陆上很少，出现时必有重大损毁	103～117	59～63	28.5～32.6
12	台风（飓风）	14.0	—	海浪滔天	陆上绝少，其摧毁力极大	118～133	64～71	32.7～36.9
13	—	—	—	—	—	134～149	72～80	37.0～41.4
14	—	—	—	—	—	150～166	81～89	41.5～46.1
15	—	—	—	—	—	167～183	90～99	46.2～50.9
16	—	—	—	—	—	184～201	100～108	51.0～56.0
17	—	—	—	—	—	202～220	109～118	56.1～61.2

注：13～17级风力是当风速可以用仪器测定时用。

热带气旋是发生在热带海洋上的大气旋涡，是热带低压、热带风暴、台风或飓风的总称，直径一般几百公里，最大可达1 000公里。热带气旋区域内的风速，以近中心为最大。国际上常以近中心最大风速作为分类的标准。通常，在热带气旋中心位置不能精确确定时，我们把平均最大风力小于8级的风称为低压区；热带气旋中心附近的平均最大风力为8～9级的称为热带风暴；热带气旋中心附近的平均最大风力为10～11级的称为强热带风暴；热带气旋中心附近的平均最大风力为12级或12级以上的，在东亚称为台风，在西印度群岛和太平洋一带称为飓风。台风中心称台风眼，半径多为5~30公里，气压很低，风小浪高，云层裂开变薄，有时可见日月星光，其四周附近则是高耸的云壁，狂风暴雨均发生在台风眼之外。台风形成后，它一边沿逆时针方向快速旋转，同时又受其他天气系统（如副热带高压等）气流的引导或靠本身内力朝某一方向移动，从而形成台风移动的路径或轨迹。通常自东向西或西北方向移动，速度一般为10~20公里/小时，当进入中纬度的西风带后，即折向东或东北移动，这称为台风转向。袭击我国的台风，常发生在5—10月，以7—9月最为频繁。台风的破坏力很大，它不但可以吹倒或损害陆上各种工程结构，而且还大量损害海上物体。台风袭击的地区常有狂风暴雨，沿海岸则多有高潮、巨浪。

（二）福基达龙卷风风力等级表

龙卷风是范围小而时间短的强烈旋风。其范围的直径从几米到几百米不等，中心气压很低，风速通常可达每秒几十米到100米以上。龙卷风移动速度每小时约数十公里。所经路程，短的只有几十米，长的可超过100公里，持续时间可达几分钟到几小时。与热带气旋相比，龙卷风的特征可归纳为范围小、风力大、寿命短，并且运动呈直线，发生概率远低于热带气旋。美国芝加哥大学福基达（T. T. Fujita）教授曾于1970年提出龙卷风按最大风速划分为7个等级，其计算公式为：

$$v_F = 6.30 \times (F + 2)^{1.5}$$

到现在为止，有记录以来龙卷风级别未到6级。根据上式，1至6级范围风速如表3-2所示。从表中可以看出，0级龙卷风实际上就在蒲福风力等级表之内，因而是与蒲福风力等级表相呼应的。由于龙卷风作用时间短，因而在同样风速下破坏程度没有一般风严重。

表3-2　福基达龙卷风风力等级表

等级	名称	征象	距地10米高处的风速（m/s）
F_0	轻龙卷	风速 $v=20\sim32.2$m/s，有轻度破坏。烟囱、标志牌有一定损坏，树枝刮断，根浅树木被刮倒	<32.2

（续上表）

等级	名称	征象	距地 10 米高处的风速（m/s）
F_1	中龙卷	有中度破坏。屋顶表层被掀起，活动房屋被刮倒，行驶中的车辆被刮偏离道路	32.7～50.2
F_2	大龙卷	有相当程度破坏。屋顶被刮飞，活动房屋被摧毁，铁路闷罐车被刮翻，大树被连根拔起，轻物体被飞掷	50.4～70.2
F_3	强龙卷	有严重破坏。牢固的屋顶和部分墙壁被刮走，火车被刮翻，森林大部分树木被连根拔起，重型车辆被抛起	70.4～92.4
F_4	毁灭性龙卷	有毁灭性破坏。牢固的房屋被整体刮倒，地基不牢的结构被掀飞，汽车被抛起，重物体被飞掷	92.6～116.4
F_5	非常龙卷	有非常程度破坏。牢固的房屋被整体掀起，树木搬家，汽车大小的物体被抛入空中，能抛出达 100 米之远	116.7～142.3
F_6	极值龙卷	有极为惊人的破坏。目前尚未记录有这样的最大风速	142.6～169.8

虽然龙卷风破坏力大，但由于范围小、寿命短等，所以在风灾损失中最大的还是热带气旋，尤以台风最为严重。因为对风灾主要是考虑热带气旋所引起的损失，所以我们应该把较大的注意力集中在热带气旋所引起的风力上。

（三）台风的命名

我国从 1959 年起开始采用对台风编号的办法。凡是在东经 150°以西、赤道以北的太平洋和南海地区范围内有台风形成或侵入，就按照它出现的先后，顺次进行编号。例如，1999 年发生的第一次台风，编为 9901；第二次台风，编为 9902……以此类推。这种对台风编号的办法，目前已为许多国家和地区的气象台采用。有的国家考虑到国际上台风英文名称沿用已久的习惯，除了编号以外，还同时标明该次台风的英文名称。近年来因为海洋上可能同时出现多个台风，为了易于分辨，也为了与国外称呼一致，常加以台风名字。台风的命名由国际气象组织的台风委员会负责，由参与该组织的 14 个国家和地区（包括中国内地和澳门等地区）各提供 10 个名字分为 5 组列表，再根据热带气旋出现的先后依次、循环使用。根据有关规定，热带气旋要达到热带风暴及以上强度的才进行命名，命名是根据列表给予的名字（例如“麦莎”），并同时发布热带风暴或强热带风暴或台风的强度、名称、编号顺序以及编报理由。如某台风曾造成极严重损失，为记住这一标志性事件而不重复，可以改名。如2004年第十四号台风“云娜”曾带来重大损失，我国提议，经台风委员会一致通过，并由命名国韩国提出替代名字“几亚比”。

三、我国风气候的特点

我国是一个多风灾害的国家，几乎所有灾害性的风气候都会在我国出现。

台风是我国发生最频繁、受灾损失最大、影响范围最广的头号风灾。东南沿海、华南和海南地区是台风频繁登陆的地区，遭受台风灾害最严重，广西、山东、天津及辽宁等靠海省市也经常受灾。台风登陆后一般还要向内陆入侵，因此安徽、湖南甚至河南、河北等省也会受台风的影响。

受东南亚季风以及西伯利亚特殊地理条件的影响，我国也是寒潮最为频繁的国家之一，每年的冷空气活动都非常活跃。因此，寒潮风是我国华北、西北地区的主要大风气候，也经常造成灾害。尤其新疆的山口地区和内蒙古高原，是我国出了名的两个大风区，大风还经常伴随沙尘暴和暴风雪出现，造成严重的灾害。寒潮风可以一直从北方向南侵袭，影响我国大陆大部分地区，甚至香港、台湾也受到影响。

龙卷风在我国出现的区域不是很广，发生的概率也不算太大，主要集中在我国中东部地区，其破坏也主要集中在乡村和农业生产上。

雷暴风的发生几乎遍布全国各地，但是在长江中下游和西南地区，由于台风和寒潮风的影响相对较弱，雷暴风就成为这些地区的主要灾害性风天气，而且也经常造成破坏。

青藏高原由于地势高，常年的风势都较强。

四、风灾害及工程结构风灾害破坏

（一）历史上的大风灾害及其破坏

地球上风灾最严重的是加勒比海地区、孟加拉湾、东南亚等，我国也是风灾严重的国家之一。据统计，全球每年至少产生80多个风力达8级以上的热带气旋，历史上造成死亡人数达10万以上的飓风灾难就有8次，其他灾害性风气象事件更是不计其数。

1. 人类有史以来记录在案的国内外重大飓风（台风）灾难

1703 年 11 月 26 日，巨大风暴席卷英国南部，肆虐了整整一天，造成 8 000 多人丧生，1.7 万棵树被刮倒。风暴引发的洪水在萨塞克斯郡冲垮了乌斯河堤岸，并使该河河口沿海岸向西移动了 1.5 公里。

1737 年，在印度发生的“加尔各答”飓风，造成约 30 万人死亡。

1900 年 9 月，在美国发生的“加尔维斯顿”飓风，造成整座城市被毁，6 000 多人丧生，成为美国历史上危害最大的飓风侵袭。

1922 年 8 月 2 日，太平洋台风在我国广东汕头登陆，12 级大风持续了 24 小时，沿海 150 公里堤防悉数溃决，汕头城内水深超过 3 米，死亡 7 万余人。据记载，灾后瘟疫死亡约 20 万人，为中国 20 世纪十大气象灾害之首。

1970 年 11 月 12 日，在孟加拉国出现的飓风，以高达 240 公里的时速席卷孟加拉国，造成 30 多万人死亡，28 万头牛、50 万只家禽死亡，经济损失无法计量，成为 20 世纪世界最大的飓风灾难。

1974 年 9 月在洪都拉斯出现的“法夫”飓风，造成 1.1 万人丧生，60 万人无家可归。

1977 年 11 月 19 日，孟加拉湾偏西热带气旋袭击了印度的安德拉邦，47.5 万幢房屋在大风中成为瓦砾，死亡 5 万人，300 多万人无家可归。

1991 年 4 月 29 日，孟加拉国沿海地区遭受强台风袭击后，伴随而来的暴雨和海啸使全国 64 个县中的 16 个县沦为灾区，受灾居民达 1 000 万人，死亡人数 13.8 万人，经济损失达 30 亿美元。

1992 年，“安德鲁”飓风袭击美国，造成 265 亿美元的巨大经济损失，几乎将迈阿密近郊夷为平地。图 3－3 为“安德鲁”破坏后的迈阿密。

图 3－3　“安德鲁”破坏后的迈阿密

1994 年 8 月，台风“佛雷德”在西北太平洋形成，登陆温州瑞安。根据中国气象局判定的登陆风速达到 45 米/秒。该台风给温州带来严重影响和惨烈灾害，是我国近二十年内死亡人数最多的台风。浙江省受灾人口达 1 393 万人，成灾人口 836 万人，有 184 个城镇先后进水，217 万人被洪水围困，102 万人被迫紧急转移，因灾死亡 1 100 多人，直接经济损失达 178. 54 亿元人民币。

台风“贺伯”于 1996 年 7 月 23 日在关岛以东洋面形成，两天以后加强成为台风，最强时一度成为五级台风。7 月末台风靠近东南沿海，并在 7 月 31 日登陆台湾北部基隆，后袭击福建福清。“贺伯”登陆遇到大潮，风暴潮非常严重。福建、台湾受灾非常严重，“贺伯”进入内陆又给大半个中国带来罕见灾害，它的特大暴雨横扫十多个省市，全国 4 600 多万人受灾，700 多人遇难，受伤竟然达到 11 万人，经济损失高达 652 亿元人民币，9608 台风“贺伯”可以算得上 20 年来破坏力最强的台风了。

1997 年，全球出现的最强厄尔尼诺现象，导致全球气候异常。欧洲中部和南亚连续出现特大暴雨，发生世纪性洪水，造成数千人丧生，几百万人流离失所。

1998 年，“米奇”飓风横扫拉丁美洲，造成该地区近万人丧生，近 2 万人失踪，受灾居民超过 250 万人。仅在洪都拉斯死亡人数就达 5 000 多人，经济损失高达数十亿美元。

2005 年 8 月下旬，罕见的、最强风速（4 ~5 级）的“卡特里娜”飓风重创了美国南部新奥尔良等城市，成为美国历史上损失惨重的自然灾害之一，也是近半个世纪以来最严重的自然灾难之一。飓风造成新奥尔良市 80% 被淹没，上千人死亡，百万人流离失所，经济损失高达 1 000 亿美元。图 3 – 4 为“卡特里娜”飓风后的新奥尔良市。

图 3 – 4　“卡特里娜”飓风引发的洪水

2008 年 5 月 2 日早晨，热带风暴“纳尔吉斯”在缅甸的海基岛附近登陆，最高时速超过 190 公里。强热带风暴造成 84 537 人丧生，53 836 人失踪。

2. 龙卷风灾害

全世界每年遭受龙卷风袭击的次数超过 1 000 次，美国更是世界上龙卷风最多发的国家，平均每年发生几百起之多。密西西比河流域以西的广大平原，更因其龙卷风频发而被称为龙卷风胡同。其龙卷风次数较多的重要原因是著名的墨西哥暖流给美国南部输送了大量暖湿气流，给龙卷风的形成创造了条件。

1965 年 4 月 11 日，美国中西部经历了严重龙卷风灾害，共被 35 个龙卷风和 60 条飑线肆虐了。时速达 400 公里以上的暴风掀翻了几十节火车车厢，小汽车被抛到几十米以外，房屋刀切斧砍般被劈毁。6 小时后，印第安纳州一片废墟，伤亡数千人。

1985 年 5 月底，强烈的 211 号龙卷风袭击了加拿大南部的安大略省和美国北部的俄亥俄州、宾夕法尼亚州和纽约州。据不完全统计，加拿大的安大略省有 88 人死亡，伤残 1 000 多人；美国仅俄亥俄州的奈尔斯，一个 2. 5 万人的小城市，遭受的经济损失就达到了 400 万美元；被龙卷风扫荡的重灾区宾夕法尼亚州死亡人数高达 66 人，伤残 1 000 多人，直接经济损失高达 3 亿多美元。

2011 年 4 月 27 日美国南部地区 7 个州遭到龙卷风与强风暴袭击，造成至少 350 人死亡，数千人受伤，这是美国历史上死亡人数居第二位的严重龙卷风灾害。

我国也是龙卷风多发地区，根据中国气象局资料显示，从 1949 年到 1990 年，我国就发生了两百多起龙卷风灾害，江苏高邮是中国最著名的龙卷风之乡。本世纪以来，几乎年年夏天都有龙卷风光临。据气象专家介绍，高邮湖周边的里下河地区由于地理因素及东路冷空气影响，多年来一直是龙卷风多发地区。2007 年 7 月一个月之内就遭三次龙卷风袭击，共造成 7 人死亡，50 多人受伤，直接经济损失达 3 000 多万元。

龙卷风的影响范围虽有一定的限度，但其毁灭性的破坏力也给人们造成一定的恐惧心理。因此，在龙卷风多发地区作城市规划或小区规划时，应充分考虑龙卷风的影响，以期达到理想的经济效益和社会效益。

（二）建筑结构风灾害

高层和超高层建筑、大跨空间结构、高耸结构（烟囱、电视塔、桅杆等）、围护结构等工程结构对风的作用比较敏感，一旦发生风灾，将直接影响人类的正常生活，甚至威胁到人类生命。在历次风灾中，因建筑工程破坏而产生的人员伤亡和财产损失占据首要位置。

高层建筑是典型的长细型结构，在大风作用下，高楼不仅要承受很大的风力，还会产生令人不适的晃动。由于工程师们在设计中一般都十分重视考虑风荷载的作用，迄今为止还没有发生过高层建筑被大风吹倒的事例。

大跨度屋盖结构受风灾破坏的实例有很多，如8807号台风造成杭州笕桥机场航站楼、杭州市体育馆屋顶严重破坏；9417号台风在浙江温州登陆，造成温州机场屋盖严重受损等。

包裹在建筑物外表的墙、屋面等称为围护结构，是建筑结构的重要组成部分。建筑幕墙尤其是玻璃幕墙是最典型的容易招致风灾破坏的围护结构，有时候被人们称为“空中的定时炸弹”。此外，风灾中围护结构的破坏不仅会带来直接的经济损失，还能够导致二次破坏，飞舞的碎片会伤害行人，还会砸坏其他建筑物，从而造成更大的间接损失。2004年“云娜”台风在浙江温岭地区造成大量工业厂房屋顶的破坏，漏雨造成内部设施损坏，损失严重。

高耸结构主要涉及一些桅杆和电视塔，其中桅杆结构更容易遭受风灾害。桅杆结构具有经济实用和美观的特点，但它的刚度小，在风载下便产生较大幅度的振动，从而容易导致桅杆的疲劳或破坏，且结构安全可靠度较差。近50年来，世界范围内发生了数十起桅杆倒塌事故。例如，1955年11月，捷克一桅杆在风速达30米/秒时因失稳而破坏；1963年，英国约克郡Emley Moor高386米的钢管电视桅杆被风吹倒；1985年，联邦德国Bielstein一座高298米的无线电视桅杆受风吹倒塌；1988年，美国Missouri一座高610米的电视桅杆受阵风吹倒塌，造成3人死亡。

（三）桥梁结构风灾害

大跨度桥梁是跨越大江、大河以及海峡的重要交通基础设施，属于细长轻柔的风敏感结构。最有名桥梁风灾事件是美国塔科马（Tacoma）大桥的倒塌，该桥1940年7月1日通车，全长5 939英尺（约1.8公里）。但是在通车后仅仅4个多月，1940年11月7日，就在一阵每小时42英里（约67.62公里）的并不算太大的“和风”吹拂下坍塌了（见图3－5）。

事故发生后，研究人员在风洞试验中模拟了该桥在风作用下的运动。从试验结果来看，风经过桥梁断面后，气流从桥梁断面边缘脱落后产生了规则的旋涡，在旋涡作用下桥梁发生竖向振动。当风速超过某一数值时，这种旋涡脱落的频率与桥梁的自振频率接近，此时，只要模型受到轻微扰动就像受到严重打击一样，发生强烈振动。由于系统无法消耗吸收振动的能量，使得振幅逐步增大，振动系统处于不稳定状态，是典型的颤振现象。颤振的发生与桥梁断面的外形以及桥梁的结构特性有密切关系。

图 3－5　美国塔科马大桥风毁事故

斜拉桥作为一种拉索体系，比梁式桥的跨越能力更大，是大跨度桥梁的最主要桥型。随着斜拉桥跨径的不断加大，斜拉桥拉索越来越长，拉索的振动问题也日益突出。工程师观察到，在风雨交加的天气下，斜拉桥的拉索会产生大幅振动，振动幅度比有风无雨天气下的振动幅度大得多。国内外有关斜拉索风雨激振的事例很多，如在荷兰 Erasmus 桥（见图 3－6）上观测到拉索在风雨天气下发生大幅振动，最大振幅达 70 厘米，同时桥面也发生振幅为 2.5 厘米的振动。1997 年，我国杨浦大桥拉索发生大幅风雨激振。2000 年，杨浦大桥拉索再次发生风雨激振，并造成部分拉索锚具的破坏。2001 年，在南京第二长江大桥通车前，斜拉索发生大幅风雨激振，振动造成了部分安装在拉索根部的油阻尼器损坏。2001 年，在 8 级大风和中等降雨条件下，我国洞庭湖大桥的斜拉索发生了严重风雨激振，通过现场录像分析，拉索的最大振幅超过了 40 厘米，拉索的振动还激起了桥面的振动，并且拉索在振动时还不断撞击桥面上的钢护筒。1998 年在丹麦召开的国际桥梁空气动力学学术会议上，将拉索风雨激振确定为四大重点问题之一。

图 3－6　荷兰 Erasmus 桥

（四）输电线路风灾害

大跨越输电塔线体系是一种重要的高耸结构，作为生命线工程的电力设施，输电线系统的破坏会导致供电系统的瘫痪，对社会和人民生命财产可能造成严重的后果。大跨越输电体系的线与塔两者在风力作用下相互影响，形成输电塔—线耦合体系，共同作用尤为显著。2003 年 4 月 12 日，广东河源遭受罕见的龙卷风袭击，输电系统遭到重创，205 座高压输电线杆塔、440 条线杆被折断或者刮倒。2005 年 7 月 16 日，龙卷风袭击了湖北黄州城区附近，造成黄冈电网 220kV 线路杆塔、110kV 杆塔受损 22 基，其中倒塌的 220kV 杆塔 3 基，110kV 杆塔倒塌 16 基。2005 年 5 月 26 日，青海省贵德县遭受狂风袭击，共造成 330kV 输电塔 3 基破坏。除了龙卷风和飑线风造成的输电塔倒塌之外，台风对我国东南沿海电网所造成的破坏也时有发生。例如：2003 年 9 月 2 日台风“杜鹃”在广东登陆，许多电力设备遭破坏，破坏程度历史少有，共造成 220kV、110kV、10kV 输电线路共 227 条次出现故障，导致很多地区停电。2004 年 8 月 12 日“云娜”台风在浙江登陆，损坏的输电线路达到 3 342 公里。受这次台风影响，浙江电网 500kV 线路跳闸 10 次，全省共有 9 座 220kV 变电所失电，110kV 系统线路跳闸 68 次，主变压器跳闸 5 台次。图 3－7 为高压输电线塔的被风破坏情况。

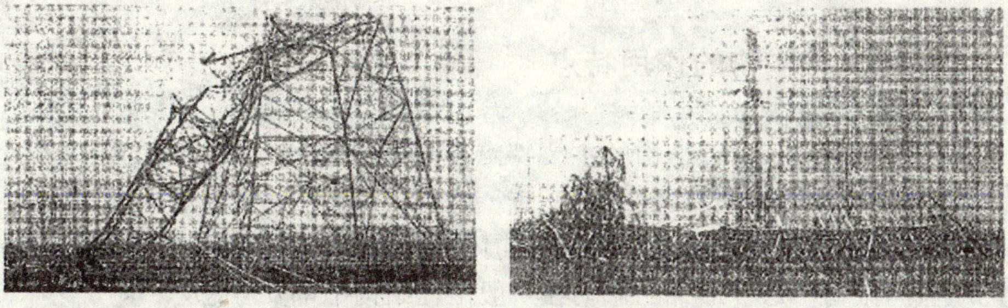

图 3－7　高压输电线塔被风破坏

第二节　工程结构抗风减灾技术

一、风对工程结构的作用

风对工程结构的作用受到风的自然特性、结构的动力特性以及风和结构的相互作用的制约。从工程抗风设计的角度来看，可把自然风分为不随时间变化的平均风和随时间变化的脉动风两部分，分别考虑它们对结构的作用。在风作用下结构上的风力含有顺风力（阻力）、横风力（升力）和扭力矩 3 种：

第一，顺风向效应：它是结构风工程中必须考虑的效应，在一般情况下起主要作用。

第二，横风向效应及共振效应：在横风力作用下，由于空气的黏性和流速，在结构的尾部会产生流体旋涡脱落。它的产生与结构的截面形状和雷诺数（Reynolds Number）有关。工程科学家发现：不同的雷诺数范围，出现不同形式的流体的旋涡脱落和结构的风致振动。

①$Re<3\times10^5$ 为亚临界范围，出现周期性旋涡脱落振动；

②$3\times10^5\leqslant Re<3.5\times10^6$ 为超临界范围，出现不规则的随机振动；

③$Re\geqslant3.5\times10^6$ 为跨临界范围，出现规则的周期振动。

当旋涡脱落的频率等于结构的自振频率时，引起涡激共振。

第三，空气动力失稳：当风速达到某一临界值时，结构运动会无限制地增大，产生空气动力失稳。

二、风对结构物的作用特点

由于高层建筑和高耸结构的主要特点是高度较高和水平方向的刚度较小，因此水平风荷载会引起较大的结构反应。风对结构物的作用具有如下特点：

（1）作用于建筑物上的风包含平均风和脉动风，其中脉动风会引起结构物的顺风向振动，这种形式的振动在一般工程结构中都要考虑。

（2）风对建筑物的作用与建筑物的外形直接有关。如结构物背后的旋涡引起结构物的横风向（与风向垂直）的振动，对于烟囱、高层建筑等一些自立式细长柱体结构物来说，都不可忽视这种形式的振动。

（3）风对建筑物的作用受周围环境影响较大，位于建筑群中的建筑有时会出现更不利的风力作用，即由别的建筑物尾流中的气流引起的振动。

（4）风力作用在建筑物上分布很不均匀，在角区和立面内收区域会产生较大的风力。

（5）相对于地震来说，风力作用持续时间较长，往往达到几十分钟甚至几个小时。

因此，由于风对结构物的作用，会产生以下结果：

（1）使结构物或结构构件受到过大的风力或不稳定。

（2）风力使结构开裂或留下较大的残余变形，塔桅、烟囱等高耸结构还存在被风吹倒和吹坏的实例。

（3）使结构物或结构构件产生过大的挠度或变形，引起外墙、外装修材料的损坏。

（4）由于反复的风振动作用，引起结构或结构构件的疲劳损坏。

（5）气动弹性的不稳定，致使结构物在风运动中产生加剧的气动力。

（6）由于过大的振动，使建筑物的居住者或有关人员产生不舒适感。

三、抗风减灾（风工程）研究的方法

（一）抗风设计的目的和手段

抗风设计的目的在于保证结构在施工阶段和建成后的使用阶段能够安全承受可能发生的最大风荷载和风振引起的动力作用。由于自然风会引起各种风致振动，在结构的抗风设计中，首先要求发生危险颤振和驰振的临界风速与结构的设计风速相比具有足够的安全度，以确保结构在各个阶段的抗风稳定性。同时要求，把涡激振动和抖振的最大振幅限制在可接受的范围之内，以免产生结构疲劳或引起人体感觉不适。如果结构的最初设计方案不能满足抗风要求，应通过修改设计或采取气动措施、结构措施和机械措施等控制方法提高结构的抗风稳定性或减小风致振动的振幅。由于大气边界层紊流风特性和结构的不规则钝体的气动特性具有相当的复杂性，目前无法建立起完善描述风和结构相互作用的数学模型，只能通过半实验或纯实验的途径求近似的解答。因此，对于某些特殊的结构，风洞试验是结构抗风设计中必不可少的手段。

（二）地面风特性及建筑物风效应实测

现场测量是研究大气边界层内风特性的重要手段。现场测量可以采用系留气球、低空探空仪、测风塔等仪器设备进行，其中测风塔是最常用的方法。世界上很多国家建立了专门用于研究大气边界层内风特性的测风塔。我国在北京竖立了一个 325 米高的测风塔，测风塔上设有 15 层平台，在每层平台上沿北京地区的盛行风向，即西北和东南风向分别安装测量传感器，根据需要可测量风向、风速、温度、湍流强度等参数。现场测量的主要内容偏重于大气边界层的风速廓线和湍流结构，同时也测量温度廓线和温度层结构。

除了采用专用的测风塔等设备外，还可以在建（构）筑物上进行大气边界层风特性的测量，也可以对建筑结构的风效应进行现场观测。例如，中国建筑科学研究院于 20 世纪八九十年代在广州白云宾馆、深圳世贸中心、深圳地王大厦等高层建筑进行了风压和风振实测研究，取得了大量珍贵的实测数据与研究成果。

为了研究建筑结构风效应的需要，研究人员甚至还建造了专门的模型建筑用于现场实测。美国德州理工大学进行的 TTU 建筑模型试验，是研究低矮建筑风效应机理的最有影响的例子。他们在空旷的场地上建造了一个永久性的金属建筑，尺寸为 9.1 米 ×13.7 米 ×4.0 米，整个建筑放置在一个转盘上，可通过液压装置发生 360°的转动，并在模型建筑的表面安装感知风压力的传感器，通过建筑内部的仪器记录这些测点的数值。同时，在模型建筑的边上竖立一座 45.7 米高的气象观测塔，用于风速和风向的测定。

（三）风洞模型试验

由于建筑结构或桥梁结构的形体的多样性，用纯理论的方法分析结构上的气动力和风致振动响应相当困难，采用风洞试验是结构抗风设计的一个重要手段。在风洞试验中要尽量满足相似准则。这种相似不仅指结构模型的相似，还应该使结构所处的流场特性和风洞流场的特性具有一定的可比性。因此，风洞试验有两大前提，一是对边界层风场环境的正确模拟，二是对结构物本身的正确模拟，前者需要在专门的边界层风洞试验室中才能实现。风洞，顾名思义就是一个有风吹过的洞体，这种风往往是由人工生成的。风洞一般由动力段、整流段和试验段组成。动力段是风的来源，一般都采用风扇来生成风；整流段主要由整流罩和网片组成，其用途是要使气流达到稳定；试验段则是形成边界层风特性和进行模型试验的关键部位，设有可转动的试验平台（转盘），试验时将模型放置在转盘上，以旋转转盘来模拟模型所受的不同风向。

风工程的风洞试验技术是借鉴航空领域的技术和方法发展起来的。航空风洞出于飞行器试验的需要，注重试验段流场的均匀性和方向性，试验段长度往往较短，但这种“短风洞”难以形成边界层风场的湍流和风速剖面，不能很好地模拟实际大气边界层风的结构。“边界层风洞”这个概念最早于1958年提出，现在已经普遍使用。关键的改进是加大试验段的长度，要在试验段的气流入口处设置尖塔，在试验段底面上放置可调整的粗糙元，使风在运动中逐渐形成边界层剖面和湍流特性。模型试验的转盘放置在试验段的后端，使得风在到达模型前能够达到大气边界层风的各项模拟指标。

20世纪60年代和70年代在世界范围内相继建成了一批专门的边界层风洞试验室，其中著名的有美国科罗拉多州立大学和加拿大西安大略大学的边界层风洞。目前我国的大气边界层风洞建设起步较晚，早期的建筑模型风洞试验多在航空风洞中完成。1974年，在国内首先利用北京大学2.25米风洞进行了大气边界层风洞模拟试验。国内真正开始建造专门用于建筑和桥梁结构试验的风洞始于20世纪80年代，其中90年代在土木工程防灾国家重点实验室建成的边界层风洞最具代表性。进入21世纪以来，我国的边界层风洞试验室建设进入高速发展期，目前已建成20余座边界层风洞试验室。世界各国的边界层风洞已达上百座。

（四）计算风工程

20世纪80年代以来，结构风工程研究除继续采用风洞试验这一传统手段外，研究者基于空气动力学原理，开始采用计算流体动力学（Computational Fluid Dynamics，CFD）技术研究风工程问题，从而形成一门新兴的交叉学科——计算风工程（Computational Wind Engineering，CWE），目前已成为风工程研究极具前景的方向之一。

形象地说，数值模拟方法就是在计算机上建立“数值风洞”，进行计算机仿真试验。伴随着计算机速度的迅速提升以及数值计算科学的发展，依托高性能超级计算机平台，对大气边界层风场环境中的建筑结构流场进行数值模拟已经成为可能。数值风洞不仅可以计算结构物所承受的风荷载，还能模拟结构的动力响应和建筑的风环境等。

相对于试验研究方法，数值模拟技术具有一些明显的优势。它费用低、周期短、效率高，试验模型和参数变化方便，还可以进行全尺度模拟。同时也应该看到，数值模拟有其局限性，如在脉动压力或瞬态风速的模拟、结构大变形时的流固耦合作用模拟等方面还存在一些困难。数值模拟方法目前还没有像风洞试验技术那样成熟，无法完全取代风洞试验研究，但两者可以相互补充、相互验证。例如上海铁路南站工程和新广州火车站工程等，就采用了风洞试验与数值模拟相结合的方法，对其进行了风荷载的研究与设计优化。

在风环境问题的研究中，由于风洞试验测试技术相对比较困难，而对风速场的数值模拟结果误差则比较小，同时还可以运用丰富的可视化工具生动、形象地展示绕流场的细节，因此数值风洞更具优势。

数值模拟技术正在不断向绿色建筑、节能环保等方面扩展，借助这一强大的工具，设计人员可以详细模拟和分析居住区从室外风环境到室内自然通风的状况，模拟废气和污染物的扩散和传播途径，模拟和比较各类门窗、外墙的节能效果，使得小区规划和建筑设计更加舒适、环保、绿色、节能。

（五）高层建筑和高耸结构的抗风设计要求

由于高层建筑的主要特点是高度较大和水平方向刚度较小，因此水平风荷载会引起较大的结构反应。风速的脉动以及横风向涡流的频繁作用将引起结构的顺风向振动、横风向振动和扭转振动。因此，对于高层建筑和高耸结构，风荷载常常起着控制作用，抗风设计是结构设计中必不可少的一部分。为了使高层建筑在风力作用下不会发生倒塌、结构开裂和过大的残余变形等现象，必须使结构的抗风设计满足强度、刚度和舒适度的要求。

首先，为了使高层建筑不会发生破坏、倒塌、结构开裂和残余变形过大等现象，以保证结构的安全，结构的抗风设计必须满足强度要求。也就是说，要在设计风荷载和其他荷载的组合作用下，使结构的内力满足强度设计要求。

其次，为了使高层建筑在风力作用下不会引起隔墙开裂，建筑装饰及非结构构件的损坏，结构的抗风设计还必须满足刚度设计的要求。也就是说，要使设计风荷载作用下的结构顶点水平位移和各层相对位移满足规范要求。但是目前水平位移限值指标还没有一个可被广泛接受的值，不同国家使用的水平位移设计限值通常在 $H/1\ 200 \sim H/400$ 范围内。对于一般惯用结构形式可直接在 $H/650 \sim H/300$ 范围内取值，随着建筑物高度的增加，相应水平位移限值指标取值降低直到下限值。我国《高层建筑混凝土结构技术规程》规定，按弹性方法计算的楼层层间最大位移与层高之比 $\Delta u/h$ 宜符合以下规定：

（1）高度小于150米的高层建筑，其楼层层间最大位移与层高之比 $\Delta u/h$ 不宜大于表3-3的限值。

表3-3　楼层层间最大位移与层高之比的限值

结构类型	$\Delta u/h$ 限值
框架	1/550
框架—剪力墙、框架—核心筒、板柱—剪力墙	1/800
筒中筒、剪力墙	1/1 000
框支层	1/1 000

（2）高度等于或大于250米的高层建筑，其楼层层间最大位移与层高之比 $\Delta u/h$ 不宜大于1/500。

（3）高度在150~250米之间的高层建筑，其楼层层间最大位移与层高之比 $\Delta u/h$ 的限值按第（1）条和第（2）条的限值线性插入取用。

再次，高层建筑在强风力作用下由于脉动风的影响将产生振动，这种振动有可能使在高层建筑内生活或工作的人在心理上产生不舒服感，因此，结构的抗风设计还必须满足舒适度的设计要求。根据国内外医学、心理学和工程学专家的实验研究结果可知，影响人体感觉不舒适的主要因素是振动频率、振动加速度和振动持续时间。由于持续时间取决于阵风本身，而结构振动频率的调整又十分困难，因此一般采用限制结构振动加速度的方法来满足舒适度的设计要求。舒适度和风振加速度的关系如表3-4所示。

表3-4　舒适度和风振加速度的关系

不舒适的程度	建筑物的加速度
无感觉	$<0.005g$
有感觉	$0.005g\sim0.015g$
扰人	$0.015g\sim0.05g$
十分扰人	$0.05g\sim0.15g$
不能忍受	$>0.15g$

我国《高层建筑混凝土结构技术规程》规定高度超过150米的高层建筑结构应具有良好的使用条件，满足舒适度要求，按现行国家标准《建筑结构

荷载规范》规定的10年一遇的风荷载取值计算的顺风向与横风向结构顶点最大加速度 a_{max} 不应超过表3－5的限值。

表3－5　结构顶点最大加速度限值

使用功能	a_{max}（m/s^2）
住宅、公寓	0.15
办公、旅馆	0.25

此外，除了使结构的抗风设计满足上述的强度、刚度和舒适度的设计要求外，还需对高层建筑上的外墙、玻璃、内墙及其他装饰构件进行合理设计，以防止风荷载引起此类构件的局部损坏。

（六）桥梁结构的抗风设计要求

桥梁特别是大跨度桥梁是城市的重要交通和生命线工程，保证它的安全可靠是设计者的重要任务。除顺风向外，横风向涡流脱落共振应该引起注意。1940年，最著名的美国跨径为851.2米的塔科马大桥，建成数月后即被风速不足20米/秒的大风所摧毁。它是由于空气动力失稳所致，在这以后，桥梁设计在分析风振基础上，首先把桥梁抗风的主要任务落在驰振或颤振分析上，以使临界风速远小于该桥在一定保证率下可能达到的最大风速，一般应在20%以上，以保证它的安全。

四、城市建筑及构筑物的抗风减灾对策

城市建筑物抗风减灾主要解决两大问题，一是保证其具备足够的抵抗风灾害的能力，主要结构和围护构件不会受到灾难性破坏；二是保证其在日常使用过程中的舒适性和适用性，不致产生令人不适的振动和过大的变形。

（一）高层建筑和高耸结构抗风

由于高层建筑能有效弥补现代城市建设中土地资源不足的缺陷，得到了众多大中城市的青睐。我国在最近二十年建造了大量高层、超高层建筑及高耸结构。随着人们审美要求的提高，变截面和非对称的高层建筑和高耸结构逐渐增多，例如上海环球金融中心，其总高度达492米，竖向立面变化多，顶部还有一个大开口；新广州电视塔总高度约为610米，塔身的各水平截面为上下两头大而中间小的非对称椭圆（见图3－8）。

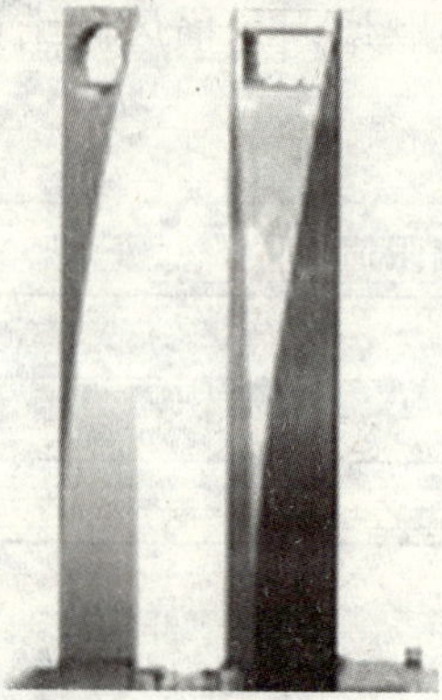

（a）上海环球金融中心（492 米）

（b）新广州电视塔（610 米）

图 3－8　现代超高层建筑及高耸结构

风吹过一个建筑物时，就像气流通过一个障碍物，流动方向会发生变化，还会出现气流的分离和旋涡，从而引起气流和压力的变化（见图 3－9）。实际的建筑物是一个三维空间物体，若将各个立面上的压力进行集成，可得到作用于建筑物两个正交方向的风力和扭矩，但它们产生的机理是各不相同的。通常将与风向一致的力定为顺风向作用力 P_x，垂直于风向的为横风向作用力 P_y，与它们垂直的扭矩为 M［见图 3－9（c）］。顺风向动态风力主要是由气流中的纵向紊流分量产生的；横风向风力主要是由气流绕过建筑断面后产生的，综合了风的紊流及旋涡脱落的影响；扭矩是由于建筑物各立面压力的不对称分布以及顺风向力和横风向力的联合作用所致。

（a）流线

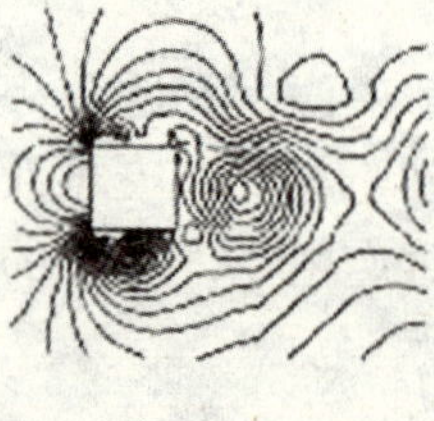

（b）压力场

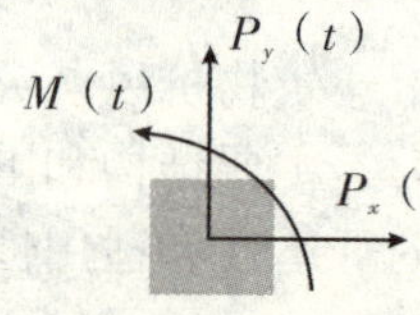

（c）风力

图 3－9　气流通过二维正方形时的流线、压力场和风力

实际的高层建筑很少是孤立的，因周边建筑的存在而引起的对风力的影响称为群体效应，这是高层建筑结构抗风设计中应当引起重视的地方。图 3－10 分别给出了孤立单体建筑各个立面的平均风压系数，以及上游有一个干扰建筑情况下的风压场。对比两幅图我们可以发现，当附近有另一个建筑时，风荷载就变得复杂起来，风场流线及建筑物周围的压力分布有了较大的改变。如何合理地确定这些风力的大小，并通过适当的计算分析得到结构的响应，正是风工程研究人员和工程师们面临的问题，一般要通过风洞试验或者凭借以往的设计经验来解决。采取以下一些措施可以有效地减小风灾害对建（构）筑物的影响。

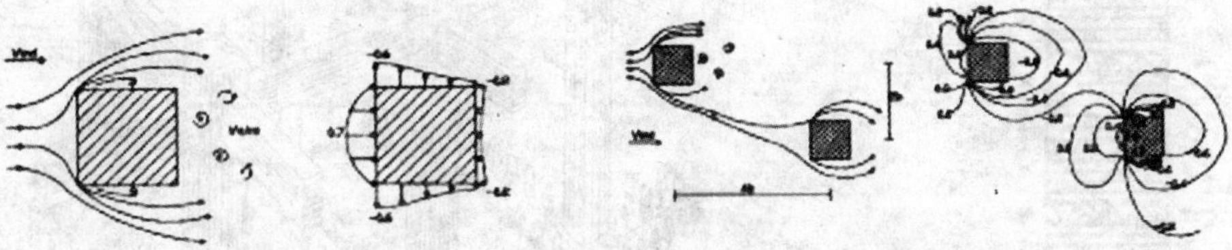

（a）孤立建筑上的风荷载　　（b）相邻建筑上的风荷载

图3　10　高层建筑群体效应

1. 合理的建筑体形

（1）流线型平面。采用圆形或椭圆形等流线型平面的楼房，有利于减少作用于结构上的风荷载。圆柱形楼房，垂直于风向的表面积最小，表面风压比矩形棱柱体楼房要小得多。因此，有些规范规定，圆柱形高楼的风荷载，可以比同一尺度矩形棱柱体高楼的常用值减少 20% ~40% 。

（2）截锥状体形。高楼若采用上小下大的截锥状体形，由于顶部尺寸变小，可以减少楼房上部较大数值的风荷载，并能减小风荷载引起的倾覆力矩。此外，由于外柱倾斜，抗推刚度增大，在水平荷载作用下将产生反向水平分力，能使高楼侧移值减少 10% ~50%，从而使风振时的振幅和加速度得以较大幅度地减小。

（3）不大的高宽比。房屋高宽比是衡量一幢高楼抗推刚度和侧移控制的一个主要指标。

（4）透空层。高楼在风力作用下，迎风面产生正压力，背风面产生负压力，使高楼受到很大的水平荷载。如果利用高楼的设备层或者结合大楼“中庭”采光的需要，在高楼中部局部开洞或形成透空层（见图 3 – 11），那么，在迎风面堆积的气流，就可以从洞口或透空层排出，减小了压力差，也就减少了因风速变化而引起的高楼振动加速度。

（5）并联高楼群。目前建造的高楼，都是一座座独立的悬臂式结构。如果在某一新开发区，把拟建的多幢高楼，在顶部采用大跨度立体桁架（用作高架楼房）连为一体，在结构上形成多跨刚架（见图 3－12），就可以大大减小高楼顶部的侧移，也就大大减少了高楼顶部的风振加速度。据粗算，若就单跨刚架而论，在水平力作用下，其顶点侧移值仅为独立悬臂结构的 1/4 左右。

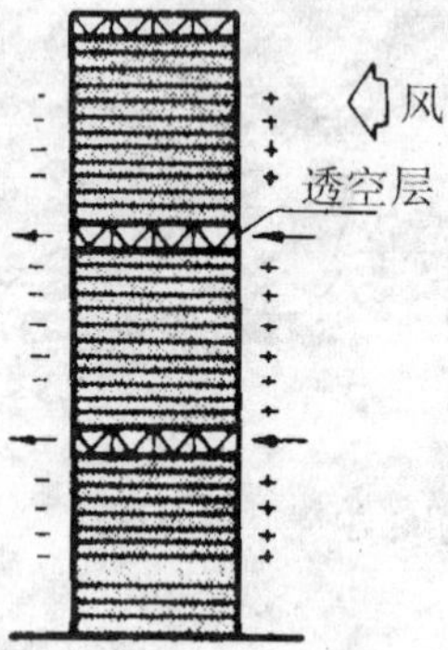

图 3－11 减小风振的透空层

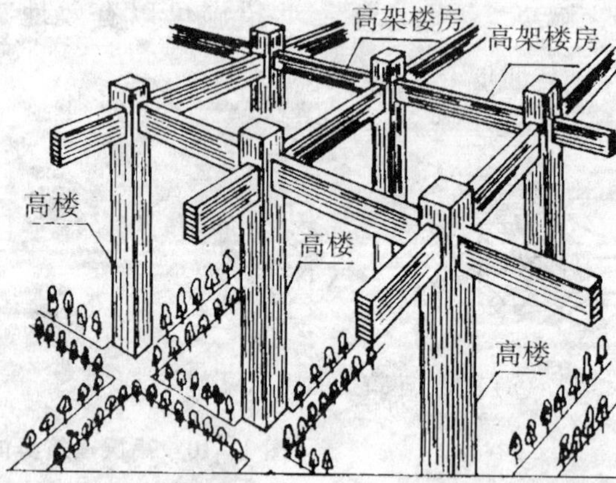

图 3－12 设想的空中城市的并联高楼群

此种“并联高楼群”方案在城市规划方面也是可取的。这种建筑方式构成了“空中城市”，使部分建筑由地面移向高空，增大了城市空间和绿化面积，城市交通得到分流，从而减少了地面交通量。

2. 控制装置

由于科技的进步，高层建筑和高耸结构正向着日益增高和高强轻质的方向发展。结构的刚度和阻尼不断地下降，结构在风荷载作用下的摆动也在加大。这样，就会直接影响到高层建筑和高耸结构的正常使用，使得结构刚度和舒适度的要求越来越难满足，甚至有时威胁到建筑物的安全。

传统的结构抗风对策是通过增强结构自身刚度和抗侧力能力来抵抗风荷载作用的，这是一种消极的、不经济的方法。近三十多年来发展起来的结构振动控制技术开辟了结构抗风设计的新途径。结构振动控制技术就是在结构上附设控制构件和控制装置，在结构振动时通过被动或主动地施加控制力减小或抑制结构的动力反应，以满足结构的安全性、使用性和舒适度的要求。结构振动控制是传统抗风对策的突破与发展，是结构抗风的新方法和新途径。

自从 20 世纪 70 年代初提出工程结构控制的概念以来，结构振动控制理论、方法及其实践越来越受到重视。从控制方式上，结构振动控制可分为被动控制（passive control）、主动控制（active control）、半主动控制（semi-active control）和混合控制（hybrid control）。其中，被动控制无须外部能源的加入，其控制力是控制装置随结构一起运动而被动产生的；主动控制是有外加能源的控制，其控制力是控制装置按最优控制规律，由外加能源主动施加的；半主动控制一般为有少量外加能源的控制，其控制力虽也由控制装置随结构一起运动而被动产生，但在控制过程中控制机构能由外加能源主动调整本身参数，从而起到调节控制力的作用；而混合控制是主动控制和被动控制有机结合的控制方法。一般来说，主动控制的效果最好，但由于高层建筑和高耸结构本身体型巨大，主动控制所需外加能源很大，实际操作起来比较困难。半主动控制系统结合了被动控制的可靠性和主动控制的适应性，通过一定的控制律可以接近主动控制的效果，是一种极具前途的控制方法，也是目前国际控制领域研究的重点。

3. 反向变形

高楼在风荷载作用下基本上是按照结构基本振型的形态向一侧弯曲，顶点侧移最大。因而结构在风的动力作用下产生振动时，顶点的振幅和加速度也将是最大的。如果在高楼中设置一些竖向预应力钢筋束，当高楼在风力作用下向一侧弯曲时，传感器就可以启动千斤顶控制器，对布置在高楼弯曲受拉一侧的钢筋束施加拉力，从而产生一个反向力矩 M_2，其与风力弯矩 M_1 叠加后，使高楼结构下半部的弯矩值大大减少，并使结构的侧向变形由单弯型变成多弯型（见图 3－13）。风荷载作用下结构顶点的侧移值减少了，结构顶点的振动幅值和振动加速度也就随之减少。

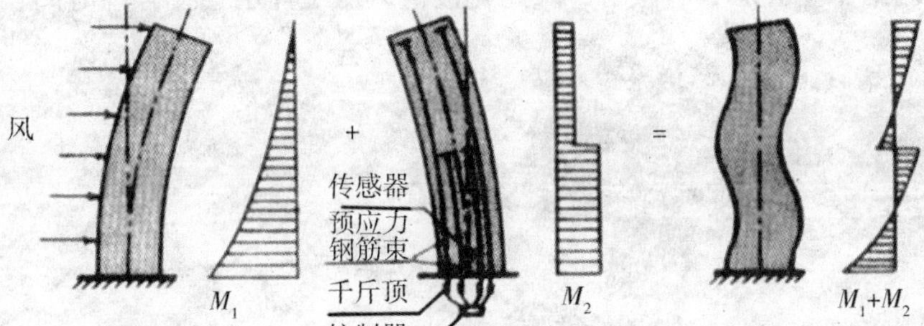

图 3－13　竖向预应力的反变形作用

（二）大跨屋盖结构抗风

大跨度空间结构，凭借其风格明快的建筑外形和轻质节材的优势，被广泛应用到重要的公共建筑中，如2008年北京奥运会主会场“鸟巢”和国家游泳馆“水立方”等，都属于大跨度的空间结构。这些大跨度结构的特征是柔度较大并且阻尼较小，由于自身的振动频率和风的主要脉动频率比较接近，必然对风的作用十分敏感。

从空气绕流特征来看，大跨度空间结构处于靠近地面的高紊流区内，流场十分复杂，而且实际大跨度空间结构的形式各异，风压的分布很不均匀，这就加大了大跨度空间结构抗风研究的难度。对于大变形柔性屋盖结构，振动幅度比较大，还必须考虑结构和气流之间的耦合作用，如在膜结构设计时，气动弹性效应不可忽略。

（三）围护结构抗风

与主体结构相比，建筑物的围护结构重量轻、刚度小，而且直接承受风的作用，很容易遭到风的破坏。从过去发生的事故中可以看出，绝大多数围护结构在强风中遭受的破坏都是由局部的极值吸力引起的。当风从某些方向直接吹向建筑物时，很容易在其表面气流的分离区域形成较强的锥形涡，在墙面的某些部位产生很大的吸力。

在围护结构的抗风设计中往往采用局部的极值风压，它们来自现场实测或风洞试验。如图3－14所示，在结构的不同位置，风的流动状态是不一样的，导致任意时刻的风压值大小不一，应当根据各个点上风压随时间的变化曲线，选择适当的统计函数来求出合理的极值风压。不同的围护结构材料对风作用的持续时间的反应也是不一样的，因此在极值风压统计中选择合理时间长度很关键。

图3－14　某一时刻方柱在不同高度位置的涡流

五、输电线路风灾防御对策

我国近些年来高压输电塔频发的倒塌事故，国内的研究者做过很多研究。从目前的研究结果来看，我国近些年风致倒塔的主要原因有：

（1）研究的相对滞后是我国风致倒塔频发的一个主要原因。“输电塔—线”体系是一种复杂的空间耦联体系，这种耦合效应使得对输电塔的动力特性和风振响应的评估十分困难、复杂，是国际国内风工程界长期关注且至今未能解决的重大研究课题。实际风场资料的匮乏，“输电塔—线”耦联体系的风振实际测试数据以及试验数据的缺乏，给研究带来了巨大的困难，严重阻碍了我国输电塔抗风研究。

（2）高压输电塔抗风设计标准较低是风灾影响严重的另一个主要原因。我国仅对大跨越输电塔抗风设计采用50年一遇的风重现周期，对于普通的高压输电塔采用的是30年的风重现周期。而国际上其他国家的设计规范中对于设计风速的重现周期最小都是50年，有些规范还分不同的设计标准考虑100年、200年甚至500年的重现周期。

（3）对风致倒塔事故的重视程度不够。对于抗风存在侥幸心理，使得每一次大规模的倒塔之后并未引起足够的重视，往往归结为风速超过了设计规范，没有从根本上解决问题。

根据高压输电塔倒塌事故的原因分析，对输电线路风灾防御可采取以下一些对策：

（1）加强输电线路防灾研究，建立预警、应急与快速恢复机制。以已有的灾害性事故的信息和研究成果为基础，对输电线路在重大风灾下的系统响应进行全面的风险评估，特别是加强台风、飑线风等强风灾害可能造成的电网大面积瘫痪的研究和评估工作，建立相应的事故预警机制、应急机制以及灾后快速恢复和重建机制。

（2）积极开展输配电系统抗风研究，防止出现大面积的倒塔和大电网事故。强风是输配电系统的主要威胁，对此，应积极主动地开展以下研究工作：

①风的危险性分析。基于中长期的风域风场危险性分析与数值模拟，研究强风风场，特别是台风和飑线风等对输电塔威胁最大的强对流天气的危险性分析，为输配电系统的抗风设防提供合理化依据。

②进行“输电塔—线”耦联体系现场测试的研究，为深入了解输电塔抗风特性提供真实可靠的数据。

③加强“输电塔—线”耦联体系风洞试验的相关研究，如输电塔的塔身

风荷载的静力天平风洞试验，足尺寸单相四分裂导线的风洞试验，两塔三线模型的风洞试验研究等。

④以现场的风振实测数据和风洞试验的研究结果为基础，进行输电塔抗风的合理化设计方法研究。

⑤对于在役输电线路的抗风加固和改造方法的研究。

（3）研究和推广使用先进可靠的新技术和新装备，提高输电线路的抗风能力。加强科技投入力度，与气象部门充分合作，做好输电线路在风灾发生前的预警工作，采用先进可靠的新技术和新装备，以提高输电线路风灾防御能力，研究在极端气候灾害后的快速恢复和重建机制。

第三节　风灾害的应急管理

一、风灾的预报及预警

加强台风的监测和预报，是减轻台风灾害的重要措施。对台风的探测主要是利用气象卫星。在卫星云图上，能清晰地看见台风的存在和大小。利用气象卫星资料，可以确定台风中心的位置，估计台风强度，监测台风移动方向和速度，以及狂风暴雨出现的地区等，对防止和减轻台风灾害起着关键作用。当台风到达近海时，还可用雷达监测台风动向。另外，气象台的预报员，根据所得到的各种资料，分析台风的动向及其登陆的地点和时间，及时发布台风预报、台风警报或紧急警报，通过电视、广播等媒介为公众服务，同时为各级政府提供决策依据，发布台风预报或警报是减轻台风灾害的重要措施。

台风是我国波及面积最广、破坏最大的风灾。目前台风预报需要依靠两种手段：客观预报和主观预报。数值预报是客观预报的主要手段，也就是在高性能计算机上用数值模拟天气变化然后作出预报，它是主观预报的基础。由于所模拟对象具有“蝴蝶效应”，只要多一点点或少一点点信息，计算机就会给出截然不同的预报。我国目前对台风的预报准确率接近世界最高水平，已达到“48 小时的路径预报误差为 200 ~ 300 公里，24 小时的路径预报误差为 100 ~ 200 公里”。

秋末冬初和冬末春初，影响我国的主要天气现象之一是寒潮风和沙尘暴。每年我国寒潮风在时间和区域分布上存在一定规律，因此对寒潮风和沙尘暴的预报相对比较准确。

龙卷风是典型的区域性短时灾害风气候，它极具破坏性。但要像预报台风、寒潮风那样，提前数小时甚至提前几天来预报龙卷风几乎不可能。即使是美国这样的龙卷风预警先进的国家，龙卷风的预警时间也只有10分钟。因为龙卷风雹云团是稍纵即逝的，常规气象雷达一般一小时预报一次，很有可能龙卷风在雷达扫描的间隔里就发生、发展、消失了。气象卫星对于龙卷风也无能为力，只有建立专业化的预警通报系统才能把灾害减到最小。目前，国际上广泛使用多普勒雷达预警，它移动方便，可以跟踪监测，为龙卷风的预报及减灾提供了科学的手段。在美国，已经建立了由100多部多普勒雷达构成的雷达网，密切关注美国各地的强对流天气，并对龙卷风进行预报以防灾。我国的北京、上海、厦门、福州等地也建成了多普勒雷达观测站，最终还将在全国建成雷达观测网。

二、政府风灾应急体系

突发性和不可抗拒性是灾害性风气候的最大特点。因此，在努力提高探测手段和预警能力的同时，各地政府还要建立高效的风灾应急体系，提高政府处理自然灾害的反应速度，提升政府处理救灾事务的效率和能力，力求最大限度地减小风灾造成的损失。

一般来说，应急体系应当以当地气象局为中心，加强气象局在“测、报、防、抗、救、援”应急防灾体系中的首要环节作用。同时要联合水务、民政、房地产、物业管理企业等多部门形成共用的防灾信息平台及救援联动平台；建立快速畅通的信息渠道，让信息及时向社会辐射，让人们第一时间收到警告；与交通和建设部门合作，建立公共场所灾害性风气候的应急信息发布系统，例如电子显示屏、移动电视、楼宇电视等。此外，还应该探索建设多灾种综合、多机构联合、分阶段一体化响应的早期预警系统，以提高风灾防护的有效性。

另外，在应急管理中要强化以基层为主体的“自下而上”的管理机制，与政府主导的“自上而下”的应急管理机制相互促进，以加强风灾应急体系的实施力度，建立预报预警产品制作、信息发布、社区救助的联动机制。在条件允许的前提下，在加强社区、农村、学校、企业等基层应急管理单元的防灾知识宣传的同时，进行适当的风灾防护演练。

为建立、健全应对突发重大自然灾害的紧急救助体系和运行机制，规范紧急救助行为，提高紧急救助能力，迅速、有序、高效地实施紧急救助，最大限度地减少人民群众的生命和财产损失，维护灾区社会稳定，我国政府于2006年1月10日颁布实施了国家层面的《国家自然灾害救助应急预案》，从总体原则、启动条件、组织指挥体系及职责任务、应急准备、预警预报与信息管理、应急响应、灾后救助与恢复重建等七大方面对自然灾害的政府应急反应和救助行为进行了规范。根据突发性自然灾害的危害程度等因素，国家设定了四个响应等级，其中Ⅰ级响应最高，Ⅳ级响应最低。各地方政府根据实际情况有针对性地对应急预案进行了细化。例如，2004 年初，浙江省政府办公厅印发了《浙江省重特大自然灾害救助应急预案》，初步形成了从省到市、县（市、区）的多层级救灾预案系统。此后，结合“云娜”台风等救灾工作的经验教训，浙江省再次进行救灾预案的修订、完善工作，提升救灾预案层次，完善部门应急规程，规范救灾各个时段的工作程序，开展救灾演练。浙江省应急救助预案系统在防灾救灾的实践中经受了台风灾害的考验，并得到不断完善，在提升应急救助的反应速度方面起到了重要作用。

三、风灾害应急预案

依据《中华人民共和国水法》、《中华人民共和国防洪法》、《中华人民共和国气象法》、《中华人民共和国防汛条例》等法律、行政法规以及《国务院关于实施国家突发公共事件总体应急预案的决定》（国发〔2005〕11 号）、《关于印发国家防汛抗旱应急预案的函》（国办函〔2005〕35 号）、《国家自然灾害救助应急预案》和《印发广东省突发公共事件总体应急预案的通知》（粤府〔2006〕16 号）等规范性文件，广东省政府制定了《广东省防汛抗旱防风应急预案》。该预案关于热带气旋应急预案的主要内容为：

（1）气象部门负责热带气旋的监测和预报工作。各级气象部门应密切监视热带气旋的生成、发展、登陆和消失全过程，做好未来趋势预报，及时以天气报告或重大气象信息快报等形式向同级党委、政府和三防指挥部门报告热带气旋的中心位置、强度、移动方向和速度，并根据情况向社会发布热带气旋预警信号以及热带气旋消息、热带气旋警报、热带气旋紧急警报和热带气旋解除警报。

海洋行政主管部门负责台风暴潮的监测预报和海浪预报工作；水文部门负责江河水情及风暴潮监测和预报工作。相关情况应及时向三防指挥部门报告。

（2）各级水务行政主管部门应根据热带气旋影响的范围，及时通知有关水库、湖泊和河道堤防管理单位做好防范工作。各水利工程管理单位应组织人员分析水情和热带气旋带来的影响，加强工程检查，必要时实施预泄预排措施。

（3）可能遭受热带气旋袭击或受热带气旋影响的地区，三防指挥部门应加强值班，密切跟踪热带气旋动向，及时通知相关部门和人员做好防御工作，并将有关信息及时向社会公布。

(4) 加强对城镇危房、在建工地、仓库、交通道路、电信电缆、电力电线、户外广告牌等设施的检查并采取加固措施，组织船只回港避风，提前做好沿海养殖人员、海上作业人员以及居住在低洼地、易发生山体滑坡和泥石流地区人员的撤离工作。

四、应对风灾害的措施

(一) 制订常备不懈的防灾预案

通过在国家、省、市、区以及企事业单位、社区、学校等制订与演练应急预案，形成预防和减轻自然灾害的有条不紊、有备无患的局面。应急预案应包括对风灾害的应急组织体系及职责、预测预警、信息报告、应急响应、应急处置、应急保障、调查评估等机制，形成包含事前、事发、事中、事后等各环节的一整套工作运行机制。坚持预防与应急相结合，常态与非常态相结合。政府应鼓励社区制订紧急防灾预案、开展救灾演练、装备专门的通信设备在紧急条件下替代常用的通信方式，并保证必要的紧急储备物资和设施。积极做好装备、技术、人员等方面的应急准备。

(二) 以人为本的避灾减灾

以人为本，把保障公众生命财产安全作为防灾减灾的首要任务，最大限度地减少风灾害造成的人员伤亡和对社会经济发展的危害。面对风灾害，科学防御，从早期的盲目抗灾到近年来的主动避灾，体现了在防灾减灾中的科学发展观。

(三) 依靠科技的监测预警

在防灾减灾中坚持“预防为主”的基本原则，把灾害的监测预报预警放到十分突出的位置，并高度重视和做好面向全社会，包括社会弱势群体的预警信息发布。风灾害是具有较长预警时效、较高预测预报准确率的一类突发公共事件，加强灾害性天气的短时、临近预报，加强气象预警信息发布工作，是提高防灾减灾水平的重要科技保障。要依靠科技，提高防灾减灾的综合素质。通过加强防灾减灾领域的科学研究与技术开发，采用与推广先进的监测、预测、预警、预防和应急处置技术及设施，并充分发挥专家队伍和专业人员的作用，提高应对自然灾害的科技水平。新一代天气雷达和自动气象站、移动气象台，以及气象卫星等现代化探测手段，提高了对台风的最新动态进行实时监测的能力；数值预报产品，为准确预报台风未来的路径提供了参考依据，使预报员对台风等灾害性天气的预报更有信心、更有把握，为准确超前地预报提供了科学依据。

（四）全民普及的防灾意识

社会公众是防灾的主体。增强忧患意识，防患于未然，防灾减灾需要广大社会公众广泛增强防灾意识、了解与掌握避灾知识。在风灾害频发地区，有关部门应编写风灾害防御宣传手册与宣传材料，广泛宣传与普及风灾害知识、应急管理知识、防灾减灾知识，提高基层群众参与应急管理能力与自救能力。社会公众要充分认识到灾害预警信息的重要作用，了解各类预警信息的含义，在收到灾害预警信息时，根据不同的预警信息、不同的预警级别，采取积极有效的应对。需要建立广泛、畅通的预警信息发布渠道，利用广播、电话、手机短信、街区显示屏和互联网等多种形式发布预警信息，重要预警信息在电视节目中能即时插播和滚动播出。有关部门能确保灾害预警信息在有效时间内到达有效用户手中，使他们有机会采取有效防御措施，达到减少人员伤亡和财产损失的目的。

（五）快速响应的应急机制

政府、相关部门需要建立“统一指挥、反应灵敏、功能齐全、协调有序、运转高效”的应急管理机制。“快速响应、协同应对”是应急机制的核心。防灾减灾涉及方方面面，需要政府的组织领导以及各个部门的积极响应。在风灾害应急管理中，气象部门在内部上下联动的同时，也加强了与新闻、水利、民政、安全监督、海洋、农业、林业、环境等部门的横向联动和紧密协作。建立应急联动机制，把气象工作纳入各级政府的公共服务体系。需要加强以属地管理为主的应急处置队伍建设，建立联动协调制度，充分动员和发挥乡镇、社区、企事业单位、社会团体和志愿者队伍的作用，依靠公众力量，形成规范、高效的灾害管理工作流程。

（六）未雨绸缪的风险评估

自然灾害风险指未来若干年内可能达到的灾害程度及其发生的可能性。开展风灾害风险调查、分析与评估，了解风灾害的致灾因子对自然、社会、经济和环境所造成的影响，以及影响的短期和长期变化方式，并在此基础上采取行动，降低风灾害风险，减少风灾害对社会经济和人民生命财产所造成的损失。风灾害的风险评估包括灾情监测与识别、确定风灾害分级和评定标准、建立灾害信息系统和评估模式、灾害风险评价与对策等。

不同发展水平的地区对灾害的敏感性和脆弱性不同，其防灾救灾能力也各不相同。灾区的经济实力与发展水平、社会制度、灾区自组织能力都是影响区域自救能力和恢复能力的重要因素。经济发达地区，一旦遭受重大自然灾害，灾后恢复能力强，速度快，但其损失也大；不发达地区抵御自然灾害的能力很弱。当致灾因子与自然、社会、经济和环境的脆弱性相结合，灾害风险也随着增加。

通过风灾害的综合风险评估，并应用评估结果，可以进一步探讨风灾害风险管理模式和预防措施，可以有针对性地控制灾害，规范对易灾地区的利用，提高对灾害的认识。

五、风灾害的经济损失评估

风灾害是影响非常广泛的一种自然灾害。风灾害发生频率高，范围广，次生灾害严重，由风灾害引起的经济损失占自然灾害总损失的40.5%。而台风灾害又是风灾害中破坏力最大、造成损失最严重的一种。中国东南沿海地区是受台风灾害影响十分严重的地区，仅对广东省而言，平均每年影响广东省的热带气旋有10个（最多达17个），其中登陆的有4个（最多达7个），占全国的一半左右，造成的灾情也高居全国之首。对风灾害的损失进行估算与测算是制订防灾、抗灾、救灾及灾后重建方案的重要依据。风灾害损失可分为直接经济损失和间接经济损失两大类，风灾害评估按灾害发展过程可分三种：一是灾前预评估，二是灾期跟踪或监测性评估，三是灾后实测评估。

灾前预评估要考虑三个因素：一是未来灾害可能达到的强度；二是本区历史上的灾度与成灾率；三是灾区的人口密度、经济发达程度和防灾抗灾能力。灾期跟踪或监测性评估主要是根据灾害发展的情况和灾区的承灾能力，对已经发生的灾害损失和可能继续遭受的损失进行评估。风灾害常常引发一系列次生洪水灾害，因而对可能发生的次生灾害也要进行预评估。灾后实测性评估是在灾后现场对直接的和间接的灾害损失逐区、逐片、逐点、逐项的实际测算。同时对可能发生的衍生灾害进行预评估。

风灾害损失是根据风灾害对人类生存和发展造成的危害和破坏程度而进行度量的，分为经济损失和非经济损失。由风灾害事故导致的既得（或预期）经济利益的减少（或丧失）是风灾害经济损失。根据风灾害发生时间的延续性，灾害经济损失可以分成灾前经济损失、灾时经济损失和灾后经济损失三种。

（一）灾前经济损失的评估

灾前经济损失只有防灾投入这一项。在灾害经济中要想取得正效益，就必须用人力、物力和技术的投入去减少灾害的损失或创造直接的经济收益，从而使防灾投入既是经济发展中的必要付出，也是经济发展的助长因素。因此，防灾投入不能笼统地认为是损失，对此项可以不进行评估。

（二）灾时经济损失的评估

对风灾害经济损失进行评估，按照风灾害事故发生的疏密关系分为灾害直接经济损失和灾害间接经济损失。方法有以下几种：调查评估法、专家评分评价法、人力资本法、影子价值法（恢复费用法）、市场价值法等。风灾害经济损失评估的内容主要包括：

1. 企业财产物资损失的评估

企业财产物资繁多，根据性质、估价以及损失的不同，企业财产物资损失又可分为固定资产损失和物化流动资产损失。

企业固定资产主要指房屋建筑物、机器设备、公共设施、交通运输工具和其他固定资产。这些资产的特点是具有不可移动性。在灾害事故中，固定资产可能全部报废，也可能得以修复。因此，固定资产损失要分这两种情况进行评估。当固定资产全部报废时，其损失为资产净值与残存价值之差值；当固定资产可修复时，损失为固定资产修复费用。

企业的物化流动资产损失主要包括农产品损失、原材料损失、燃料损失、在产品与产成品损失，可按市场价值法分类进行评估。

2. 居民人身财产损失的评估

对人的生命价值损失，可采用人力资本法进行量化评估。假定人损失的工作时间或失去的寿命等于个人劳动的价值，那么一个人的劳动价值就是他未来的收入经贴现折算的现值。而房屋破坏的直接损失则采用重置法进行计算。

3. 社会公共设施损失的评估

社会公共设施是政府部门为了服务群众而设立的一系列设施，如公用电话亭、小区的健身广场等。在大风灾害中，这些设施也常会遭到破坏，对这些设施的损失采用影子价值法（恢复费用法）进行评估。

4. 各类自然资源损失的评估

风灾害常常造成土地资源损失和森林资源损失。对土地资源损失一般利用恢复费用法进行评估，即土地资源损失 = 恢复该块土地原状的恢复费用或重置相同的土地重置费用。对森林资源损失可采用以下公式评估：

$$V = S \times Q \times V_1$$

式中，V 指森林资源损失，S 指损失面积，Q 指每单位木材蓄积量，V_1 指单价。单价可按当时木材每立方米的市场价扣除相应的人工费用（即将森林中的立木经过砍伐加工变成可供出售的木材所耗费的人工费用等）后计算。

（三）灾后经济损失评估

风灾害会引起一些企业停减产，同时也会造成一些产业关联受损，这两类损失的评估方法如下：

1. 停减产损失的评估

企业停减产损失是指由于资本和劳动力受到自然灾害的直接破坏而导致减少，使得生产能力下降从而引起的经济损失。灾害造成产业部门内企业的资产毁损、流失时，企业在更换和恢复这些毁损、流失的资产之前，可能全部或部分丧失对原有资产的运作，不得不暂停生产经营或减少生产经营规模。目前，国内外对停减产损失的评估方法多种多样，一种较常用的评估方法是根据企业的停产、减产时间和企业正常日均产值和减产后的日均产值来计算的，其计算公式为：

$$L = N_s \times P_s + (N_r \times P_s - N_r \times P_r)$$

式中，L 为停减产损失，N_s 为企业停产天数，P_s 为企业正常日均产值，N_r 为企业减产天数，P_r 为企业减产后的日均产值。

2. 产业关联损失的评估

产业关联损失是指某一个产业部门受灾后，对相关其他产业部门间接造成的损失。一般采用投入产出模型进行评估。投入产出分析是通过编制投入产出表来研究整个国民经济各部门、各地区、各行业之间或一个部门、一个地区、一个企业内部产品的投入与产出之间数量关系的一种平衡方法。假设整个经济体系在灾前、灾后均能处于最优的均衡运行状态，使各种有限的资源得到充分的利用，则产业关联损失可按如下公式进行运算：

$$L = R/r$$

式中，L 为产业关联损失，R 为有灾、无灾时的国民生产总值（GNP）的差额，r 为社会平均折现率。

本章小结

本章分为三节。第一节主要介绍了风的基本概念、风力强度表示、国内外的一些著名风灾害及工程结构风灾害破坏实例。第二节从风工程学的角度介绍了工程结构的抗风减灾技术，主要内容包括风对结构的作用、风工程研究方法、工程结构的抗风设计要求、城市建筑及构筑物的抗风减灾措施和输电塔—线的风灾防御对策。第三节主要介绍了风灾的预报及预警方法、政府风灾害应急体系、台风灾害的应急预案内容、风灾害的应对措施，简要介绍了风灾害的经济损失评估内容和评估方法。应对风灾害的主要措施有：制订预案，积极做好装备、技术、人员等方面的应急准备；坚持以人为本，把保障公众生命财产安全作为抗风减灾的首要任务；加强防风减灾领域的科学研究与技术开发，采用与推广先进的监测、预测、预警、预防和应急处置技术及设施，提高应对风灾害的监测预警能力；普及风灾害知识、应急管理知识、防灾减灾知识，提高公众参与应急管理能力与自救能力；建立"统一指挥、反应灵敏、功能齐全、协调有序、运转高效"的应急管理机制。

本章学习要点

1. 风的基本概念与类型，风灾害与结构物的风灾害。
2. 风对结构物的作用特点。
3. 工程结构抗风设计要求。
4. 防风减灾对策。
5. 风灾害的应急预案。
6. 风灾害的应急处理措施。

关键术语

气旋　台风　龙卷风　风荷载　防风减灾　抗风设计　应急预案

思考与练习

1. 风是如何形成的？风的类型有哪些？
2. 台风是如何命名的？
3. 风对结构有什么危害？
4. 基本风压是如何确定的？风速与风压有何关系？

5. 影响基本风压的主要因素有哪些？

6. 产生横风向风振的原因是什么？什么条件下需考虑结构横风向风效应？

7. 如何进行抗风设计？

8. 减小风振的措施有哪些？

9.《广东省防汛抗旱防风应急预案》关于热带气旋应急预案的主要内容有哪些？应对风灾害有哪些具体措施？

补充读物

1. 马宗晋，方蔚青，高文学，高庆华．中国减灾重大问题研究．北京：地震出版社，1992.

2. 国家科委全国重大自然灾害综合研究组．中国重大自然灾害及减灾对策．北京：科学出版社，1994.

3. 埃米尔·希缪，罗伯特·H. 斯坎伦．风对结构的作用——风工程导论．刘尚培，项海帆，谢霁明译．上海：同济大学出版社，1992.

4. 黄本方．结构抗风分析原理及应用．上海：同济大学出版社，2001.

5. 自然灾害学报（中国灾害防御协会、国家地震局主办）．

6. 灾害与防治工程（三峡大学、湖北省水力发电工程学会三峡分会主办）．

7. Natural Hazards（Springer Netherlands）．

8. Natural Hazards Review（The American Society of Civil Engineers）．

9. 市民公共安全应急指南，http：//www. gov. cn/ztzl/yjzn/content_556885. htm.

第四章　地质灾害及其应急处理

本章概述

本章介绍了地质灾害的分类、特点，重点讨论了滑坡、崩塌、泥石流等地质灾害的形成条件及影响因素，详细描述了广东省地质灾害的特征，概述了地质灾害的风险与评估，强调了地质灾害对生命线工程的危害，以及地质灾害应急管理的措施。

第一节　地质灾害的分类及危害

一、地质灾害的概念

地质灾害是指自然变异和人为作用导致地质环境或地质体发生变化，当这种变化达到一定程度时所产生的后果，给人类和社会造成危害。

滑坡、崩塌、泥石流、地面沉降、地面塌陷、地裂缝、岩爆、坑道涌水、瓦斯爆炸、黄土湿陷、岩土膨胀、沙土液化、土地冻融、土地沙漠化、土壤盐碱化、地震、火山等都是地质灾害，其中滑坡、崩塌、泥石流、地面沉降和地面塌陷等为主要的地质灾害。

地质灾害经常造成巨大的经济损失和人员伤亡（全球发生滑坡频率和死亡率分布见图4－1和图4－2）。自然灾害经常诱发一些地质灾害事故。

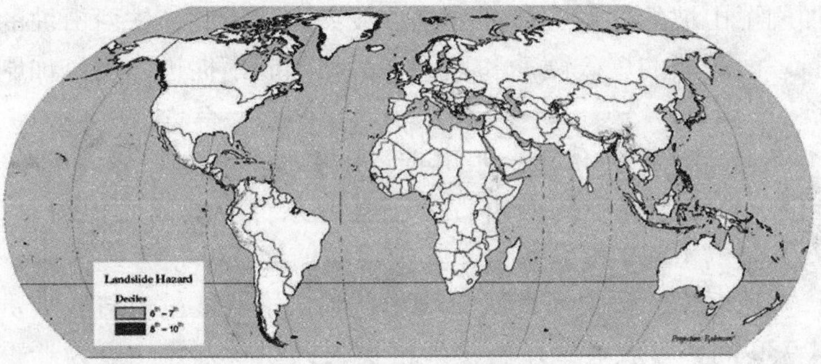

图 4－1　全球发生滑坡频率分布

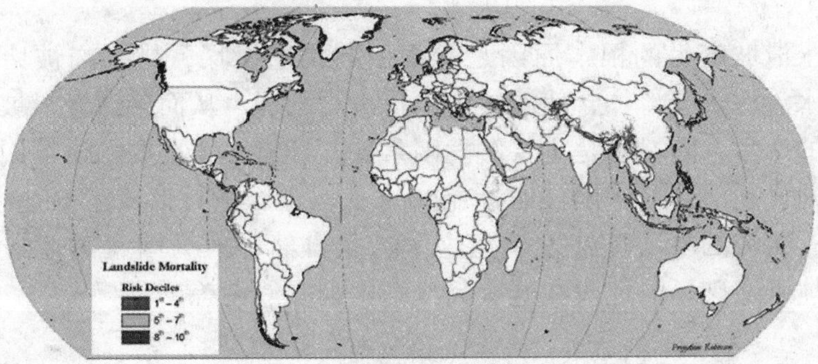

图 4－2　全球发生滑坡死亡率分布

成昆铁路铁西车站内 1980 年 7 月 3 日 15 时 30 分发生的铁西滑坡，可以说是迄今为止发生在我国铁路史上最严重的滑坡灾害，被称为“铁西滑坡”。该滑坡位于四川省越西县凉山牛日河左岸谷坡上，滑坡体从长 120 米、高 40～50 米的采石场边坡下部剪切滑出。剪出口高出采石场坪台和铁路路基面 10 米。滑坡体填满采石场后，继续向前运动，掩埋铁路涵洞、路基，堵塞铁西隧道双线进洞口，堆积在路基上的滑坡体厚达 14 米，体积为 220 万立方米。越过铁路达 25～30 米，掩埋铁路长 160 米，中断行车 40 天，造成严重的经济损失，仅工程治理费就达 2 300 万元。铁路滑坡的地层为侏罗系砂岩、页岩及泥岩。岩层倾角 40°～50°，倾向铁路及牛日河。

据调查，铁西采石场每天有 100 余人对山坡岩体进行频繁的爆破，不断采石。截至 1974 年底，已累计采石 70 300 立方米，使岩体结构日益遭受破坏和松弛。导致 1976 年在山坡上方出现明显的开裂、下错等蠕动变形。雨水和沟水渗入滑坡体内，这不仅给滑体增加了水压力，也对滑坡面碳质岩起了软化作用，从而加剧了山坡的变形，最终酿成滑坡灾害。因此，铁西滑坡的诱发因素主要是采石。而频繁的爆破震动和地下水活动则起了促进作用，加剧了滑坡的形成和发展。

1982 年 7 月 17 日至 18 日，四川省云阳县发生滑坡。该滑坡称为“鸡扒子滑坡”，位于长江河谷中的四川省云阳县城东，滑坡体面积约 0.77 平方公里，总土石方量约 1 500 万立方米，其中滑坡前缘 230 余万立方米，土石坠入长江河道，直达对岸，最大滑距约 200 米。鸡扒子滑坡虽未造成人员伤亡，但毁坏房屋 1 730 间，工农业生产直接经济损失共 600 万元。更为严重的是，由于大量石块坠入长江中，江床淤高 30 余米，形成了 600 米长的急流险滩，给长江航运带来了极大的困难，造成约 1 000 万元的间接经济损失，航道整治费高达 8 000 万元。

鸡扒子滑坡产生的根本原因是暴雨引起沟壁滑塌，排水沟被堵、排水失效，大量水流渗入老滑体，使滑体内部抗滑力削弱，从而导致老滑坡复活。鸡扒子滑坡的产生，除暴雨是主要触发因素外，还有一个重要的诱发因素，即在滑坡发生前，老滑体前缘因江水冲刷和人工取土、采石形成了高达 40 余米的江边陡坎，滑坡的复活正好发生在这个遭受自然和人为因素破坏最严重的部位。老滑体未遭破坏的地段在这次大暴雨中则安然无恙。

二、地质灾害的分类

（一）按灾害的成因对地质灾害分类

地质灾害的种类很多，分类方法十分复杂。按灾害的成因可以分为：

（1）主要由自然变异导致的地质灾害，如火山爆发、地震、地面塌陷等。

（2）主要由人为作用诱发的地质灾害，如修路切坡、建筑切坡、兴修水利设施、过量开采地下水、矿山开采、坡地灌溉等导致的山体滑坡、地面塌陷。

（3）由于气候条件变化导致的地质灾害，如大雨和极端降水事件增多，将导致滑坡、崩塌、泥石流等灾害加剧。

（4）按地质灾害发生区的地理或地貌特征，可分为山地地质灾害、平原地质灾害、近海海岸地质灾害、高原地质灾害、沙漠干旱地区地质灾害等。

（5）按地质环境或地质体变化的速度可以将地质灾害分为突发型与缓变型两大类。前者如滑坡、崩塌、泥石流、地震、火山爆发、岩土工程事故；后者如水土流失、土地沙漠化及沼泽化、土壤盐碱化等，又称为环境地质灾害。

（6）按诱发地质灾害的机理可将地质灾害分为物理型地质灾害和化学型地质灾害。

①泥石流、滑坡、崩塌、地面沉降、地裂缝、地震、荒漠化等地质灾害，有一个共同的特点，就是诱发这些地质灾害的机理，或是力的失衡所致（即作用在灾害体上的各种应力相互间失去平衡导致灾害的发生），或是热胀冷缩的物理作用所致。这些现象都应归属于物理作用（现象），因此，可以称这类地质灾害为物理型地质灾害。

②化学型地质灾害的内涵是指组成地壳的岩石、土壤及沉积物中含有各种化学元素，其组成与含量各不相同，往往会形成一些影响人类健康与生物生长的有害元素富集区和生命必需元素的贫化区，它们都成为影响人类健康与生物生长的隐患，也称其为原生地质灾害体。缺乏生命必需元素必然会直接影响人体的健康与生物的生长，而有害元素在一定的外部条件下，会被活化而游离出来，同样会直接危害人体的健康或生物的生长，从而诱发影响人类或生物生长的地质灾害。此外，人们的生产、生活活动常常向土壤或沉积物中倾入化学物质，使得土壤或沉积物中的有害物质不断积累，这种被倾入有害物质的土壤或沉积物给人类健康与生物成长带来了隐患，也称其为次生地质灾害体。土壤的容纳能力是有限的，对有害物质只有一定的承受能力，超过这个限度，承受的有害物质就会游离出来，从而给人类健康或生物生长造成极大危害。上述这类地质灾害的主体是化学元素，又因其游离过程往往都是化学反应过程，因此常称这类地质灾害为化学型地质灾害。人们又称前者为原生化学型地质灾害，后者为次生化学型地质灾害。

从广义上讲，地质灾害既包括由于各种原因引起的地质环境和地质体的变异所导致的灾害，即狭义的地质灾害，也包括由于地质作用和地质条件的变异所衍生的灾害，范围相当大。

（二）我国地质灾害种类

由于我国所处的地质构造部位较为特殊，2/3 为山地，地质灾害分布广、类型多，按致灾地质作用的性质和发生处所进行划分，常见地质灾害共有 12 类、48 种（国土资源部地质环境管理司等宣传材料，1998）。它们分别是：

（1）地壳活动灾害，如地震、火山喷发、断层错动等；

（2）斜坡岩土体运动灾害，如崩塌、滑坡、泥石流等；

（3）地面变形灾害，如地面塌陷、地面沉降、地面开裂（地裂缝）等；

（4）矿山与地下工程灾害，如煤层自燃、洞井塌方、冒顶、偏帮、鼓底、岩爆、高温、突水、瓦斯爆炸等；

(5) 城市地质灾害，如建筑地基与基坑变形、垃圾堆积等；

(6) 河、湖、水库灾害，如塌岸、淤积、渗漏、浸没、溃决等；

(7) 海岸带灾害，如海平面升降、海水入侵、海岸侵蚀、海港淤积、风暴潮等；

(8) 海洋地质灾害，如水下滑坡、潮流沙坝、浅层气害等；

(9) 特殊岩土灾害，如黄土湿陷、膨胀土胀缩、冻土冻融、沙土液化、淤泥触变等；

(10) 土地退化灾害，如水土流失，土地沙漠化、盐碱化、潜育化、沼泽化等；

(11) 水土污染与地球化学异常灾害，如地下水质污染、农田土地污染、地方病等；

(12) 水源枯竭灾害，如河水漏失、泉水干涸、地下含水层疏干（地下水位超常下降）等。

本章内容仅涉及滑坡、崩塌、泥石流、地面沉降等，另一种地质灾害——地震灾害将在第五章中介绍。

三、地质灾害的危害

地质灾害是自然灾害中破坏力较强的灾种之一。我国地质和地理环境复杂，气候条件时空差异大，地质灾害分布广、类型多、频度高、强度大，每年都造成众多人员伤亡和严重经济损失，已成为影响我国城乡建设和人民生存环境的重大问题。据估计，我国因地质灾害所造成的损失占各种灾害总损失的35%。由于崩塌、滑坡、泥石流及人类工程活动等诱发的浅表生地质灾害造成的损失占一半以上，每年约损失200亿元。

1. 滑坡、崩塌、泥石流灾害

全国除上海外各省（区、市）均存在滑坡、崩塌、泥石流灾害，其中，云南、四川、重庆、贵州、陕西、湖南、湖北、江西、广东、广西、山西和福建等省（区、市）最为严重。

据国土资源部2003年统计，全国共发现有较大型崩塌3 000多处、滑坡2 000多处、泥石流2 000多处，中小规模的崩塌、滑坡、泥石流则有多达数十万处。全国有350多个县的上万个村庄、100余座大型工厂、55座大型矿山、3 000多公里铁路线受崩塌、滑坡、泥石流的严重危害。近十年来我国因崩塌、滑坡和泥石流等自然地质灾害事故造成近万人死亡，每年造成1 000人死亡，有70多座城市和460多个县受到直接威胁，年经济损失达200多亿元。

我国铁路全线分布着大中型滑坡 1 000 余处，平均每年中断交通运输 44 次，中断行车超过 800 小时，经济损失 7 480 万元，每年投入整修费 6 600 万元。全国有近千座水电站及数百座水库受到崩塌、滑坡和泥石流灾害的严重威胁，仅云南省已毁坏水电站 260 座、水库 50 座。矿山采掘造成的压占、采空塌陷所损毁的土地面积已超过 2 万平方公里。

例如，1985 年 6 月 10 日凌晨，湖北省新滩镇北发生了总体积为 3 000 万立方米的大型滑坡，摧毁新滩古镇，毁坏房屋 569 间，约有 1/10 的土石下滑入江，激起涌浪高达 54 米，波及长江水面约 42 公里，浪沉 8 公里，水域内 176. 52kW（240 马力）以下的机动船 13 艘、木船 64 只，造成长江航道堵塞半个多月。

2003 年 7 月 13 日凌晨，湖北省秭归县沙镇溪镇千将坪发生特大山体滑坡，滑坡造成滑坡体总方量约 2 400 万立方米，形成的堆石坝高程达 149 ~ 178 米。巨大的滑坡体隔断了清干河，河上的 22 艘船舶被滑坡形成的涌浪打翻。这次滑坡灾害殃及两个村民小组、1 200 人和 4 家企业，造成 14 人死亡，10 人失踪，直接经济损失达 8 000 多万元。

2. 地面塌陷灾害

地面塌陷主要包括岩溶塌陷和采空塌陷。除北京、天津、上海、河南、甘肃、宁夏、新疆以外的 25 个省（区、市）300 多个县（市），都发现有岩溶塌陷灾害，黑龙江、山西、安徽、山东等省最为严重，塌陷坑总数达 4. 5 万多个，塌陷面积大于 300 平方公里。中南、西南地区最多，约占总数的 70%。据不完全统计，在全国 20 个省、区内，共发生采空塌陷 180 处以上，塌陷面积大于1 000 平方公里。

3. 地裂缝灾害

全国有 24 个省（区、市）发现地裂缝 1 200 多处，地裂缝在河北、陕西、山西、江苏等省最为发育。

4. 地面沉降灾害

地面沉降灾害主要发生在我国中东部的平原和盆地内，全国共有上海、天津、江苏、浙江、陕西等 16 个省（区、市）的 46 个城市出现了地面沉降问题，其中天津、上海、西安、太原、北京、大同等地比较严重，总沉降面积达到 48 700 平方公里，有的地方地面沉降速率最大可达 188 毫米/年。地面沉降对这些城市建筑物也构成了威胁。由于长期干旱，地下水位降低，加之过量开采地下水和地质形变，导致地面沉降十分严重。

5. 其他

我国水土流失面积已达 150 万平方公里以上，每年流失土壤 50 亿吨，经济损失20亿~30亿元，并导致下游河道、水库淤积和洪水发生。地面水体面积缩小，沙漠化土地已达17.6万平方公里，且以每年1 560平方公里的速度在增长。水质污染严重，全国每年排放污水363亿吨，有82%的江河湖泊受到不同程度的污染。与地质因素有关的地方病发病率亦有增高的趋势。一些沿海城市因地下水下降出现了海水倒灌或咸潮现象，使地下水的水质急剧恶化，居民用水告急。

国土资源部从1999年至2000年进行了全国性的地质灾害调查研究工作。这项调查遍布全国30个省、自治区、市的700个县（市），覆盖面积208万平方公里，涉及人口4.4亿，在共计11万处地质灾害调查点中，最终确定了地质灾害隐患点10.4万处。调查发现，地质灾害隐患点主要集中分布于我国东南丘陵区和西南山区。西南山区是目前受威胁人口最多的地区，达3 070 731人，占受威胁人口总数的46%，其次为东南丘陵区、黄土高原区和青藏高原区，分别占总数的15%、14%和16%。受威胁财产最多的区域仍然是西南山区，占受威胁财产总数的36%；其次为东南丘陵区，占总数的21%。更值得注意的是，由于近几年经济发展和人类活动空间的不断加大、城镇化加剧，特大型灾害的发生数量和灾情呈现上涨趋势。项目组在地质灾害人口和财产易损性评价的基础上，结合全国滑坡、崩塌、泥石流易发程度评价结果，分别对我国滑坡、崩塌、泥石流人口风险和财产风险进行了评价，其中人口高风险区面积约占全国总面积的10%。这种大规模的地质灾害摸底调查不仅在我国历史上是首次，在国际上也没有先例。

四、地质灾害险情和灾情分级

国务院于2006年1月发布的《国家突发地质灾害应急预案》中将地质灾害按危害程度和规模大小分为以下四级：

（1）特大型地质灾害险情和灾情（Ⅰ级）。

（2）大型地质灾害险情和灾情（Ⅱ级）。

（3）中型地质灾害险情和灾情（Ⅲ级）。

（4）小型地质灾害险情和灾情（Ⅳ级）。

2006年1月国务院发布了《国家突发地质灾害应急预案》后，各省、市政府均发布了突发地质灾害应急预案。广州市政府于2008年1月2日发布的《广州市突发地质灾害应急预案》中对地质灾害险情和灾情分级与国务院发布的地质灾害险情和灾情分级不同的是，在每一级地质灾害险情和灾情的定级中都增加了地质灾害险情和灾情对大江大河、铁路繁忙干线、国家高速公路网线路、民航和航道等的破坏，威胁群众生命财产安全、产生重大社会影响的内容。

第二节　地质灾害形成的影响因素

一、滑坡灾害及形成的影响因素

斜坡上的部分岩体或者土体由于自然或人为因素的影响，在重力作用下沿某一明显的界面发生剪切破坏、向下运动的现象称为滑坡（见图 4－3）。一般规模的滑坡是缓慢地往下滑动，但有些滑坡滑动速度很快，甚至表现为急剧的运动，以每秒几米甚至几十米的速度下滑。

图 4－3　福建建瓯 2006 年滑坡（左）和湖北秭归 2003 年滑坡（右）

滑坡是山区铁路、公路、水库及城市建设中经常遇到的一种地质灾害。由于山坡或路基边坡发生滑坡，常使交通中断，影响公路正常运输。大规模的滑坡可以堵塞河道、摧毁公路、破坏厂矿、掩埋村庄，对山区建设和交通设施危害很大。

（一）滑坡的分级、分类

按滑坡的体积大小可将滑坡强度或规模分为四级，见表 4－1。

表 4－1　滑坡分级表

强度或规模	滑坡体积（$1\times10^4 m^3$）	死亡人数（人）	直接经济损失（万元）
巨型	>1 000	>100	>100
大型	100～1 000	10～100	10～100
中型	10～100	1～9	<10
小型	<10	0	0

受自然环境、地质条件、地质年代、人类活动或其他因素影响，自然界的滑坡种类多种多样。滑坡分类的目的在于对滑坡的各种环境和现象特征以及产生滑坡的各种因素进行概括，以便正确反映滑坡作用的某些规律。滑坡分类的依据不同，分类结果也不同。表 4－2 列出了从多角度进行滑坡分类的方法。

表 4－2　滑坡分类表

分类原则	滑坡名称	特征
按滑动性质划分	牵引式滑坡	前缘段首先发生滑动，向后缘牵引，滑坡规模较小，滑速较慢
	推动式滑坡	中上部滑体挤压推动前缘滑体，滑体整体性较好，滑速快，危害性大
	混合式滑坡	上述两种情况皆具有的滑坡
按滑动面和地质特征的关系划分	均质滑坡	发生在均质（非成层的）岩层中的滑坡
	顺层滑坡	沿着由于某些地质作用早已形成的面而产生的滑坡
	切层滑坡	滑动面与层面相切割的滑坡
按滑坡物质组成划分	黏土滑坡	黏土层中滑坡，多沿裂隙面和下伏基岩面滑动，多为平缓弧形滑面
	黄土滑坡	发生在各时期的黄土层中，并多群集出现，常见于高阶地边缘斜坡上
	堆积层滑坡	各种成因堆积层内的滑坡，或沿下伏基岩面或沿堆积间歇面滑动
	膨胀岩（土）滑坡	多呈弧形、倒椅子形，浅层牵引滑坡
	风化带滑坡	多在全风化带、强风化带中发生滑坡，滑面常呈倒椅子形
	断层带滑坡	滑面多为弧形和折线形，多群集出现
	岩层滑坡	主要沿结构面发生滑坡，滑面有楔体形、阶梯形、直线形和折线形

（续上表）

分类原则	滑坡名称	特征
按滑面形态划分	船底形滑面	由后缘段、主滑段和前缘段三部分组成的完整滑坡的滑动面
	椅子形滑面	船底形滑面缺失前缘段的滑坡，多出现在风化带和顺层地段的工程滑坡中
	倒椅子形滑面	滑面形似倒放椅子形态，滑面位置多受强风化带控制
	直线形滑面	在滑面倾角陡于自然斜坡中发生，常出现在岩层顺坡发育地区的工程滑坡中
	折线形滑面	在发育两组以上不利稳定陡缓结构面岩质斜坡中常见
	圆弧形滑面	主要分布在较均质的土质滑坡中
按滑动速度划分	极快的	>3 米/秒
	很快的	0.3 米/分钟 ~3 米/秒
	快的	1.5 米/天 ~0.3 米/分钟
	中等的	1.5 米/月 ~1.5 米/天
	慢的	1.5 米/年 ~1.5 米/月
	很慢的	0.06 米/年 ~1.5 米/年
	极慢的	<0.06 米/年

（二）滑坡的形成条件及影响因素

1. 滑坡的形成条件

滑坡的发生，是斜坡岩（土）体平衡条件破坏的结果。由于斜坡岩（土）体的特性不同，滑动面有各种形状，一般有平面形和弧形两种。两者的表现虽有不同，但平衡关系的基本原理相同。

2. 影响滑坡形成和发展的因素

斜坡平衡条件的破坏与否，也就是说滑坡发生与否，取决于下滑力（矩）与抗滑力（矩）的对比关系。而斜坡的外形基本上决定了斜坡内部的应力状态（剪切力的大小及其分布），组成斜坡的岩土性质和结构决定了斜坡各部分抗剪强度的大小。当斜坡内部的剪切力大于沿途的剪切强度时，斜坡将发生剪切破坏而滑动，自动地调整其外形来与之相适应。因此，凡是引起改变斜坡外形和使岩土性质恶化的所有因素，都将是影响滑坡形成的因素。滑坡发生时，必须具备内部条件和外部条件。在内部条件中，边坡岩土的性质、结构、构造和产状对边坡的稳定性往往起着决定性的作用。但是，没有一定的外部条件的补充和触发，滑坡是不会发生的。这些因素概括起来主要有以下几个方面：

第一，滑坡发育的内部条件。

①边坡岩土的性质。

不同的岩土具有不同的抗剪强度、抗风化和抗水能力。如坚硬致密的硬质岩石，抗剪强度与抗风化的能力都比较高，在水的作用下岩性基本没有什么变化，因此，由它们所组成的边坡往往不容易发生滑坡。而页岩、片岩、易亲水软化的土层和一些软岩的岩性变化很大，由它们所组成的边坡就较易发生滑坡。

②岩土的结构构造与产状。

边坡内岩土层的层面、断层面、节理面和片理等产状影响滑坡的发育，且这些部位本身易于风化，抗剪强度也较低。当它们的倾向与边坡面的倾向一致时，易发生顺层滑坡，或在堆积层内沿着基岩面滑动。此时，这些软弱面组合成为滑动面。

③边坡外形。

边坡的存在和边坡前缘临空，是滑坡产生的先决条件。边坡越陡、高度越大以及当斜坡中上部凸起而下部凹进且坡脚无抗滑地形时，其稳定性就越差，越易发生滑动。如果在边坡下部设置一个平台，由于平台对边坡起了反压作用，就增加了边坡的稳定性。山区河流的冲刷、沟谷的深切以及不合理切坡都能形成高陡的临空面，为滑坡的发育提供了良好条件。

显然，边坡的内部因素对其稳定性起着决定性的作用。当然，仅满足内部条件还不至于发生滑坡，需要具备一定的外部因素才能使滑坡发生。

第二，滑坡发育的外部条件。

滑坡的形成主要与诱发滑坡的各种外界因素有关，如降雨、地震、冻融、海啸、风暴潮及人类活动等。

①水的作用。

水的来源包括大气降水、地表水、地下水、农田灌溉的渗水、高位水池和排水管道等的漏水。不管水的来源如何，一旦水进入斜坡岩（土）体内，它就会增加岩土的重度和软化作用，降低岩土的抗剪强度，产生静水压力和动水压力，冲刷或潜蚀坡脚，对不透水层上的上覆岩（土）层起到滑润作用。水进入边坡岩（土）体内不仅增加了岩土的重量，而且使岩土软化、抗剪强度降低，促使岩土体加速风化。如地表水可以使坡脚侵蚀冲刷，地下水位上升增大了水力坡度，都能诱发滑坡发生，这说明水对滑坡的重要性。调查表明，90%以上的滑坡与水的作用有关。不少滑坡在旱季时候接近于稳定，但遇到雨季就急剧活动，表现出“大雨大滑，小雨小滑，无雨不滑”的特点。

贵州省曾调查了24个滑坡，其中有14个是在雨季或暴雨时发生的。哥伦比亚道路边坡滑动调查结果表明：70.3%的直接原因是高降雨量；24.4%是由人工削坡脚、侵蚀或水流切割引起；其余因素是滑坡顶部超载、排水系统堵塞、滑带中水的排出、小溪流河床侵蚀、植被破坏等，所占百分比很小。

②外部扰动。

振动对滑坡的发生和发展也有一定的影响。如大地震或火山爆发时往往伴有大滑坡发生，采矿、大爆破有时也会触发滑坡。

③人为因素。

人类活动也会诱发滑坡的发生。如由于不合理的开挖坡脚，斜坡的支撑被破坏；在斜坡上方任意堆填岩土、建造房屋或堆置废料增加了荷载；人为地破坏表层覆盖物，引起地表水下渗作用的增强，或破坏自然排水系统，或排水设备布置不当，泄水断面大小不合理而引起排水不畅，漫溢乱流，使坡体含水量增加；引水灌溉或排水管道漏水将会使水渗入斜坡内，都会破坏原来边坡的稳定性，诱发滑坡发生。

实践表明，在下列地质条件下最容易发生滑坡：

（1）当较陡的边坡上堆积有较厚的土层，其中有遇水软化的软弱夹层或结构面时。

（2）当边坡上有松散的堆积层，而下伏基岩是不透水的，且岩层面的倾角大于20°时。

（3）当松散堆积层下的基岩易于风化或遇水会软化时。

（4）当地质构造复杂，岩层风化破碎严重，软弱结构面与边坡的倾向一致或交角小于45°时。

（5）当黏土层中网状裂隙发育，并有亲水性较强的软弱夹层（如伊利土、蒙脱土）时。

（6）当原古老滑坡地带可能因工程活动而引起复活时。

二、崩塌灾害及形成条件

崩塌是较陡坡上的岩（土）体在重力作用下突然脱离母体崩落、滚动、堆积在坡脚（或沟谷）的地质现象（见图4-4）。它的破坏活动是急剧的、短促的，称为山崩。当其发生在河流、湖泊和海岸上时，称为岸崩。

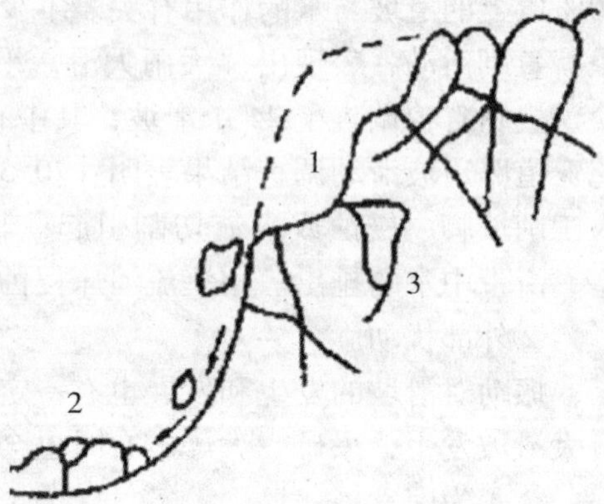

图 4－4　崩塌示意图

（1. 崩塌体；2. 堆石块体；3. 裂隙切割的边坡岩体）

崩塌发生时，巨大岩块在重力作用下突然而猛烈地向下倾倒、翻滚和崩落，常对崖路、路堑边坡下的房屋、道路和其他建筑物带来威胁（见图 4－5），尤其是对各种线性工程（公路、铁路）的危害严重。

图 4－5　瑞士玛特洪峰崩塌

（一）崩塌的分类

1. 按照崩塌体的物质组成分类

（1）岩崩。崩塌体基本上是由岩块组成的。

（2）土崩。崩塌体基本上是由土和沙土组成的。

2. 按照一次崩塌形成的崩落体的体积分类

（1）小型崩塌。岩土崩落的体积小于1×10^4立方米。

（2）中型崩塌。岩土崩落的体积为$1\times10^4\sim10\times10^4$立方米。

（3）大型崩塌。岩土崩落的体积为$10\times10^4\sim100\times10^4$立方米。

（4）特大型崩塌。岩土崩落的体积大于100×10^4立方米。

3. 按照崩塌体的规模、范围、大小分类

（1）剥落。剥落岩石的块度大于0.5米者占25%，山坡角一般在30°~40°范围内。

（2）坠石。坠石的块度较大，块度大于0.5米者占50%~75%，山坡角在30°~40°范围内。

（3）崩落。崩落的岩石块度更大，块度大于0.5米者占75%以上，山坡角多大于40°。

崩塌的分类见表4－3。

表4－3　崩塌的分类

分类原则	崩塌名称	特征
按照崩塌体的物质组成	岩崩	崩塌体基本上是由岩块组成的
	土崩	崩塌体基本上是由土和沙土组成的
按照一次崩塌形成的崩落体的体积	小型崩塌	岩土崩落的体积小于1×10^4立方米
	中型崩塌	岩土崩落的体积为$1\times10^4\sim10\times10^4$立方米
	大型崩塌	岩土崩落的体积为$10\times10^4\sim100\times10^4$立方米
	特大型崩塌	岩土崩落的体积大于100×10^4立方米
按照崩塌体的规模、范围、大小	剥落	剥落岩石的块度大于0.5米者占25%，山坡角一般在30°~40°范围内
	坠石	坠石的块度较大，块度大于0.5米者占50%~75%，山坡角在30°~40°范围内
	崩落	崩落的岩石块度更大，块度大于0.5米者占75%以上，山坡角多大于40°

（二）崩塌的形成条件

1. 地貌条件

崩塌多产生在陡峻的斜坡地段，一般坡度大于45°，高度在30米以上，坡面多不平整，上陡下缓。如高陡的斜坡、孤立的山嘴或凹形陡坡等都是崩塌形成的有利地段。

2. 岩性条件

一般而言，各类岩（土）体都能发生崩塌。通常，岩性坚硬的各类成因的岩石，如花岗岩、石灰岩、砂岩、结构密实的黄土等多组成高陡山坡，在节理裂隙发育、岩（土）体破碎的情况下容易产生大规模的崩塌。如果陡峻山坡是由软硬岩层互层或松散岩土组成，因软岩层易于风化，那么其上部陡壁因失去支撑往往发生小型坠落和剥落。

3. 构造条件

各种构造面，如岩层层面、断层面、错动面和节理面等，对坡体的分割与分离，为崩塌的形成提供了脱离山体的边界条件。坡体中裂隙越发育，越易产生崩塌。另外，各种构造面的产状对斜坡稳定性产生重要影响。当岩体中各种软弱结构面的组合位置处于下列最不利的情况时易发生崩塌。

（1）当岩层倾向山坡、倾角大于45°而小于自然坡度时。

（2）当岩层发育有多组节理，其中一组节理倾向山坡、倾角为25°～65°时。

（3）当两组与山坡走向斜交的节理（X形节理），组成倾向坡脚的楔形体时。

（4）当节理面呈弧形弯曲的光滑面或山坡上方不远有断层破碎带存在时。

（5）在岩浆岩侵入接触带附近的破碎带或变质岩中片理片麻构造发育的地段，风化后形成软弱结构面，容易导致崩塌的产生。

4. 其他条件

昼夜的温差或季节的温度变化，能够促使岩石风化。地表水的冲刷、溶解和软化裂隙充填物形成软弱面，或者水流冲刷坡脚，都会削弱坡体支撑能力，使山坡上部失去稳定。在暴雨或久雨之后，水分沿裂隙渗入岩层，降低了岩石裂间的黏聚力和摩擦力，水的渗透增加了静水压力和岩体的重量。强烈地震、火山爆发和人工爆破或强烈的机械振动使土石松动。水库蓄水初期和河流洪峰期，会浸没库岸和河岸岩土体，造成上部岩土体失稳。人为开挖坡脚中或者滞后一段时间，可使边坡变高变陡而破坏了山体平衡。公路路堑开挖过深过陡，或者使软弱结构面暴露，都会使边坡上部岩体失去支撑。上述情况都容易发生崩塌。

崩塌具有明显的地域性。我国西南地区，地貌高差大、降雨量大、地形复杂、构造运动频繁，是我国崩塌分布的主要地区。

（三）崩塌的野外识别

对于可能发生的崩塌体主要根据坡体的地形地貌和地质结构的特征进行识别。通常，可能发生崩塌的坡体在宏观上有如下特征：

（1）坡度大于50°，且高差较大，或坡体成孤立山嘴，或为凹形陡坡。

（2）坡体内部裂隙发育，尤其是垂直和平行斜坡延伸方向的陡裂缝发育或顺坡裂隙或软弱带发育，坡体上部已有拉张裂缝发育，并且切割坡体的裂隙、裂缝有可能贯通，使之与母体（山体）形成了分离之势。

（3）坡体前部存在临空空间，或有崩塌物发育，这说明曾经发生过崩塌，今后还可能再次发生。

具备了上述特征的坡体，即是可能发生的崩塌体。尤其是当上部拉张裂缝不断扩展、加宽，速度突增，小型坠落不断发生时，预示着崩塌很快会发生，处于一触即发状态。

（四）崩塌的特征及与滑坡的区别

崩塌现象与滑坡现象有相似之处，但它们属于两种灾害现象，可以依据以下几点将二者区分开：

（1）崩塌面的坡度一般大于50°，而滑坡面的坡度则小于50°。

（2）崩塌面与滑坡面的运动形式不同。崩塌属于倾倒、坠落，具有突发性，崩塌物运动速度快，崩塌后重心降低很多，垂直位移量远大于水平位移量；而滑坡则属于剪切滑动，运动速度比崩塌慢，一般水平位移量大于垂直位移量。

（3）崩塌物完全脱离母体，堆积在山坡脚，一般结构层次零乱；而滑坡堆积物一般还能保持滑坡前的岩层上下层关系，外形的整体性较好，多数总有一部分滑体残留在滑床上。

（4）崩塌堆积物表面一般不见裂缝存在；而滑坡体表面，尤其是新发生的滑坡，其表面有很多具有一定规律性的纵横裂缝。

三、泥石流灾害及形成条件

泥石流是洪水侵蚀山体夹带大量固体物质（泥、沙、石），沿陡峭山涧沟谷下泄而成的特殊洪流。

泥石流具有突然暴发与流速快、流量大、物质容量大和破坏力强的特点。泥石流暴发时，大量泥沙、石块沿山沟奔腾而下，在很短的时间内，冲进乡村和城镇，冲毁铁路、公路和航道等交通设施，淹没农田，淤埋矿山坑道等，造成灾害。泥石流发生于山区，全世界有60多个国家受泥石流灾害影响。我国是多山国家，有20多个省、市、自治区受泥石流灾害威胁，是泥石流发育多、灾害重的国家之一。

（一）泥石流的类型

1. 按流域的地质地貌特征分类

（1）标准型泥石流。

这是比较典型的泥石流。流域呈扇状，流域面积一般为十几至几十平方公里，能明显地分出泥石流的形成区（多在上游地段，形成泥石流的固体物质和水源主要集中在此区）、流通区和堆积区。

（2）沟谷型泥石流。

流域呈狭长形，流域上游水源补给较充分。形成泥石流的松散固体物质主要来自中游地段的滑坡和崩塌。沿河谷既有堆积，又有冲刷，形成逐次搬运的“再生式泥石流”。

（3）山坡型泥石流。

它是指发育在斜坡面上的小型泥石流沟谷。流域轮廓呈哑铃形，沟坡与山坡基本一致，沟浅、坡短，流通区很短，甚至没有明显的流通区，形成区和堆积区往往直接相贯通。沉积物棱角明显，粗大颗粒多搬运在锥体下部。

2. 按泥石流流体的物质组成分类

（1）泥石流。

泥石流是由浆体和石块共同组成的特殊流体，固体成分从直径小于0.005毫米的黏土粉沙到几米至10~20米的大漂砾。它的级配范围之大是其他类型的夹沙水流所无法比拟的。这类泥石流在我国山区的分布范围比较广泛，对山区经济建设和国防建设的危害十分严重。

（2）泥流。

泥流指发育在我国黄土高原地区，以细粒泥沙为主要固体成分的泥质流。泥流中黏粒含量大于石质山区的泥石流，黏粒重量比可达15%以上。泥流含有少量碎石、岩屑，黏度大，呈稠泥状，结构比泥石流更为明显。

（3）水石流。

水石流指发育在大理石、白云岩、石灰岩、砾岩或部分花岗岩山区，由水及粗沙、砾石、大漂砾组成的特殊流体，黏粒含量小于泥石流和泥流。水石流的性质和形成类似于山洪。

3. 按泥石流流体性质分类

（1）黏性泥石流。

它是含大量黏性土的泥石流或泥流，黏性大，固体物质占40%～60%，最高达80%。水不是搬运介质，而是组成物质，黏性大，石块呈悬浮状态，暴发突然，持续时间短，破坏力大，堆积物在堆积区不散流，停积后石块堆积成“舌状”或“岩状”。

（2）稀性泥石流。

水为主要成分，黏性土含量少，固体物质占10%～40%，有很大分散性。水为搬运介质，石块以滚动或跃移前进，有强烈的下切作用，堆积物在堆积区呈扇形散流，停积后似“石海”。

4. 按成因分类

（1）暴雨型泥石流。

它是以暴雨形成的地表径流为主要水源的泥石流。暴雨型泥石流是我国分布最广泛、数量最多、活动最频繁的泥石流类型。它主要分布在我国东部和中部，即我国人口较集中、经济较发达的地区，因而造成的危害最大。暴雨型泥石流的规模相差悬殊，最大的一次冲出土石数百万到上千万立方米，小的仅数立方米到数十立方米，而小于1万立方米的占80%以上。暴雨型泥石流一次持续时间一般仅数十分钟到一两个小时，具有暴发突然、来势凶猛、破坏力强的特点。

（2）冰川型泥石流。

冰川型泥石流指以冰川和积雪消融为主要水源的泥石流。其疏松物质来源主要是古今冰川堆积物。它主要分布在我国西部高原、高山地区，如青藏高原、昆仑山、天山、祁连山等地。冰川型泥石流大多为典型的沟谷泥石流，固体物质储量十分丰富，暴发猛烈而频繁，一次泥石流过程可以持续很长时间，冲出沟口的堆积物数量多、颗粒粗大。冰湖溃决产生洪水引起的泥石流是冰川型泥石流的一种特殊类型，主要分布在喜马拉雅山北坡及藏东海洋性冰川与大陆性冰川的过渡带上，规模一般都很大，泥石流和洪水可以威胁到下游几十公里到上百公里的居民区。冰川型泥石流在大雨、暴雨天气或无雨高温的晴天都可以暴发，它比暴雨型泥石流更具突发性。由于冰川型泥石流分布区大多人烟稀少，除局部地区外，其危害状况远比暴雨型泥石流轻。

（3）冻融型泥石流。

它主要分布在青藏高原腹地和东北大兴安岭北段的多年冻土地区，是坡地冻土表层在消融过程中形成的塑性流体，规模小、流动缓慢，危害较轻。

天山、祁连山、藏南等一些地区，冰雪融水和暴雨均为形成泥石流的重要水源，两类泥石流都较发育，属多成因型泥石流分布地区。

（二）泥石流的形成条件

泥石流的形成必须具备地形、地质和气象三个基本条件，即具有陡峻的便于集水、堆积物的地形地貌，大量的松散堆积物和短时间内大量的水源。

1. 地形地貌条件

泥石流总是发生在陡峻的山丘地区，一般是顺着纵坡降较大的狭窄沟谷活动，其流域的形状便于松散物质和水汇集，分为形成区、流通区和堆积区三部分。形成区位于上游，地形比较开阔、周围山高坡陡，大多在30°~60°，多为三面环山、一面出口的瓢状或漏斗状。这样的地形条件有利于汇集周围山坡上的水流和固体物质。它的面积大者达数平方公里至数十平方公里，一般面积愈大、坡面愈多、坡度愈陡，泥石流的规模和强度愈大；反之愈小。流通区位于中游，地形多为狭窄陡深的峡谷，谷床纵坡降大，使泥石流能够迅猛通过。下游的堆积区多为山口外地形较开阔地段，泥石流至此流速变缓，大量固体物质呈扇形堆积。

2. 地质条件

泥石流发育的区域常为地质构造复杂、岩性软弱、新构造运动活跃、断裂皱褶发育、地震频发和岩层风化强烈地区。由于这些原因，导致岩层破碎，滑坡和崩塌时有发生，为泥石流提供了丰富的碎屑来源。此外，人类砍伐树木造成的水土流失，采矿、采石的废弃堆积物等，也为泥石流提供了松散碎屑物质。

3. 水文条件

水既是泥石流的重要组成部分，又是泥石流的重要激发条件和搬运介质（动力来源）。泥石流的形成必须有强烈的地表径流。地表径流来源于暴雨、高山冰雪的短期强烈消融，或高山湖、水库等的突然溃决。

四、地面沉降灾害及分布规律

地面沉降是指由于自然动力因素，如地壳的下降运动、地震、火山活动、溶解、蒸发作用等，或受地下开采、地下施工或灌溉等人工活动的影响，造成地下空洞或使地下松散土压缩固结，导致地面标高下降的现象。

（一）我国地面沉降现状

我国地面沉降灾害始于20世纪20年代的上海及天津市区，到60年代两市地面沉降灾害已十分严重。70年代，长江三角洲主要城市及天津市平原区、河北平原东部相继产生地面沉降。80年代以来，这些地区的中小城市、农村地下水开发利用量大幅度增加，地面沉降范围也因此从城市向农村扩展，并在区域上连片发展，地面沉降范围扩大。据初步统计，20世纪90年代初，上海、天津、北京、江苏、浙江、河北等16个省（区、市）地面沉降面积约为48 700平方公里，到2003年已达到93 855平方公里，形成了长江三角洲、华北平原及汾渭断陷盆地等地面沉降灾害严重区。发生地面沉降的城市主要有长江三角洲的上海、苏州、常州、无锡、扬州、泰州、南通、杭州、嘉兴、湖州、宁波、绍兴、温州、温岭、台州，华北平原的北京、天津、石家庄、沧州、保定、衡水、任丘、南宫、霸州、大城、曲周、唐海、晋州、德州、济宁、滨州、东营、徐州，汾渭地堑的西安、太原、大同、临汾、榆次、运城以及安徽阜阳等50多个城市。其中沉降中心累计最大沉降量超过2米的有上海、天津、太原、西安、无锡、沧州等城市，天津塘沽最大沉降量已达3.1米。西安、太原、沧州、常州为地裂缝灾害严重区，严重威胁了当地人民生命财产安全。我国三大地面沉降区基本状况如下：

1. 长江三角洲地区

长江三角洲是我国地面沉降最为严重的地区。其中，上海地区是我国发生地面沉降现象最早、影响最大、危害最深的城市；20世纪80年代以来，江苏的苏（州）—（无）锡—常（州）及扬州—泰州—南通地区与浙江的杭（州）—嘉（兴）—湖（州）及宁（波）—绍（兴）地区相继发生了地面沉降灾害。90年代末，苏—锡—常、杭—嘉—湖及上海市累计沉降超过200毫米的面积近10 000平方公里，为总面积的1/3，并在区域上有连成一片的趋势。上海市于20世纪60年代初期开始建立地面沉降监测网络，采取多种措施进行防治，使地面沉降得到了有效控制。90年代以来，由于大规模的城市建设，高层建筑荷载及城市周边地区增加开采地下水，致使中心城区地面处于新的加速沉降阶段。在苏—锡—常地区，虽然近年来已实行地下水禁采，大部分地区地下水位已开始有所回升，但沉降速率仍然较大。1990年后苏—锡—常地区发生了地裂缝灾害，已发现20余处地裂缝灾害，规模较大地区地裂缝带长数千米、宽数十米不等，地裂缝带沉降差异还在继续发展，仍处于高发时期。杭—嘉—湖平原地面沉降不断向区域性发展，形成多个沉降中心。

2. 华北平原地区

华北平原是我国地面沉降灾害严重的地区。以天津、沧州和北京近郊形成

3个沉降中心。天津地面沉降与上海同步，始于20世纪20年代，新中国成立以来，地面沉降严重加剧，最大沉降量已经超过3.1米，为全国之最。天津的地面沉降问题非常复杂，特别是沉降中心向海岸线迁移，反映出有深层石油开采的叠加作用。沿海一带已出现负海拔标高地区近20平方公里，淤积突出，风暴潮灾害非常严重。向西与河北平原沉降已连成一体，与华北地下水开采形成的大漏斗相吻合。近些年随着区县、乡镇经济的发展，出现了武清区、西青区、津南区、静海县、宁河县等新的沉降发育中心，其发展速度比当年老沉降区还快。河北平原区地面沉降主要形成于20世纪80年代，随着地下水水位的下降和地下水水位降落漏斗的形成，河北平原逐渐形成了沧州、保定、衡水、任丘、南宫、霸州、大城、曲周、唐海等9个主要地面沉降区。截至1998年，河北平原地面沉降大于200毫米的面积达48 550平方公里。沧州地面沉降累计已达2 250毫米，由于基底断块差异升降，出现了20多条地裂缝，最长达4公里。

3. 汾渭地堑主要城市

汾渭地堑沿陕西渭河、山西6大盆地斜列展布，是我国构造强烈活动区，基底构造差异升降大。由于地下水的开采，不仅引发了地面沉降，而且形成了多条顺构造线展布的地裂缝，逐渐形成了西安、大同、太原3个严重地面沉降及地裂缝区。其中，太原地面沉降累计大于3米，近年地裂缝灾害有加剧趋势，长度已达15公里；大同、榆次、临汾、运城等盆地已出现地面沉降和多条地裂缝。西安地面沉降与地裂缝自20世纪60年代初发现至今已有近40年的历史。山西省太原市的沉降范围南北长约40公里，东西宽约15公里，形成多个沉降中心。目前，该沉降区正在向东部的高新技术开发区发展。1980年太原市盆地内沉降量大于100毫米的面积为108平方公里，沉降中心吴家堡一带，累计沉降量达819毫米。1990年吴家堡累计沉降量为2 600毫米。10年间下沉了1 781毫米。2002年累计为3 700毫米。太原市地裂缝分布在清徐县上固驿—平泉—武家坡一带大运高速公路清徐段南侧，长度约1 515公里，影响带宽度200米左右，基本贯穿清徐县西部边山全境。山西省大同市地面沉降出现于20世纪70年代末，沉降中心累计地面沉降量一般为40~50毫米，最大累计沉降量为124毫米。大同市地面沉降与地下水降落漏斗在时空分布上有较好的对应关系。大同市地裂缝1983年刚发现时长不到5公里，其后日益加剧，1990年已形成长1 015公里的地裂缝带；截至2002年已发展到10条，总长度达3 415公里的地裂缝带。

（二）地面沉降的诱发因素

就地面沉降的自然地质因素而言，一种情况是由于第四纪以来的新构造运动的影响；另一种情况是第四纪沉积物在温度、压力作用下成岩过程中由于体积收缩而导致的地面沉降。自然地质因素产生的地面沉降具有大区域性，年沉降率不超过1毫米/年，占总沉降量的3%左右。通常所说的地面沉降主要是人类工程活动引发或诱发的一定范围内对已有建筑物和构筑物破坏严重，甚至危及人民生命和财产安全、恶化城市建筑环境的地面沉陷。

1. 自然动力地质因素

（1）地球内动力作用。

近期地壳运动、地震和火山运动等都能引起地面沉降。在漫长的地质历史时期中，地壳运动引起的地面下降是非常缓慢的，其沉降速率较低，一般不会造成灾害性后果。例如，我国天津地区第四纪以来的地壳平均年沉降0.17～0.2毫米。但地壳运动的地面沉降在不同地点下降速率是不同的，因此常出现不均匀沉降。

地震或火山活动常引起地面陷落与开裂速度加快。一些已发生地面沉降的地区，在大震后可能会在短期引起沉降速率增加，但震后趋于稳定，一般不会造成长期后果。1976年唐山发生7.8级地震后，在附近地区出现了三个沉降中心和许多地裂缝，其展布方向与发震主断裂一致，最大沉降速率达1 358毫米/年，但震后一年即转为平稳。

（2）地球外动力作用。

地球外动力作用包括溶解、氧化和冻融等。地下水对土中易溶盐类的溶解，土壤中有机成分的氧化，地表松散沉积物中水分的蒸发等，均可能造成土体孔隙率或密度的变化，促进土体自重固结过程而引起地面下降。

大气变暖将引起冰川融化和海水的热膨胀。100年来，世界海平面上升了10.16～12.7厘米，平均每年上升1.02～1.27毫米。这不仅导致了大陆沿海地带的地面相对降低，出现现代海进和海退现象，而且海水基准面的变化给陆地水准测量带来误差，直接影响了对地面沉降量的精确测定。

2. 人类活动因素

人类活动因素是诱发高速率地面沉降的重要因素。在诸多人类活动因素中，对地面沉降的发生和发展关系最为密切的因素是抽取地下液体的活动，这是因为各种形式抽取地下液体而导致地面下沉的实例，占当前世界范围内地面沉降全部实例的绝大部分。由于这种情况下的地面下沉是逐渐演变的，其后果往往表现为灾害之后才被认识，因而其危害性也最大。其中包括以下几种典型情况。

（1）过量开采地下流体。

引发地面沉降的地下流体主要有地下水、石油、天然气和含卤水资源等。

其中又以地下水引起的地面沉降最为严重。

（2）开采地下固体矿藏资源。

我国北方煤矿都存在不同危害程度的地面塌陷灾害，引起矿区及周边地面开裂、沉降和塌陷，造成地面建筑物、农田、道路和通信设施毁坏，给国家和人民造成了巨大财产损失。如果发生暴雨或洪水，时常还在沉陷区发生洪涝灾害。以我国产煤大省——山西为例，由采矿引起的地质灾害非常严重。据统计，目前山西省各类矿山采空区已达2×10^4平方公里，以全省1.5×10^5平方公里的土地面积计算，全省超过1/7的地面已经悬空，地质灾害分布面积达6×10^4平方公里，采煤造成地表沉陷甚至塌陷达1 842处。

另外，有些固体矿的开采必须要排出大量地下水，其引起地面沉降的机理与开采地下水引起的地面沉降机理相同。

（3）高层建筑群集中。

由于城市规模扩大，高大建筑物不断增加，且地面高层建筑物相对集中，其静荷载超过土体极限荷载，或在静荷载长期作用下，岩土体的蠕变引起地基缓慢变形，加之铁路、桥梁等交通设施及运输荷载的影响，地表荷载加重，也加速了地面的沉降，导致地面不均匀沉降。20世纪90年代以来，上海市区部分地段因高层建筑群相对集中，高层建筑等城市工程建设对中心城区地面沉降的影响比例上升到约占总体影响的30%；高楼林立的陆家嘴地区的沉降达12~15毫米/年，且无减缓趋势。据此推算，每10年累计沉降可达0.12~0.15米，约等于1级台阶的高度。

（4）动荷载诱发土体变形。

地面施工，在一定条件下因动荷载（如振动作用）引起土体压密、变形，或者地下空间开发过程中（如地铁施工）顶板岩土变形，造成地面不均匀沉降和地裂缝。如地铁施工过程中经常会发生大面积塌陷面，造成地面与建筑物开裂、倾斜等现象。

（5）特殊土的压缩变形。

大面积农田灌溉引起敏感性土的水浸压缩导致的地面沉降。2003年6月27日，郑州市中原区沟赵乡宫寨村的玉米田里突然出现了一条长约160米、最宽处2米、最深处近3米的大裂缝。其原因是由于大雨浸泡黄土形成塌陷裂缝，属于湿陷性黄土塌陷。

（6）软土地基变形。

当建筑物静荷载超过软土极限荷载，会引起软土蠕变导致地基缓慢变形，造成地面不均匀沉降和建筑物倾斜或坍塌。如2004年4月13日，广州市海珠区南屏广昌村居民违章在一条河涌边建房，造成6座新建房屋倾斜、坍塌和下陷。

（7）地下管道、基坑或边坡开挖造成地面移动或失稳。

随着高层、超高层建筑和地铁站的大量兴建，基坑工程项目越来越多，基坑开挖的深度由一般的5~10米，已逐步达到10~20米，目前已超过20米，随之带来的降水问题、基坑支护问题也日益突出，基坑周边的地面沉降问题也得到更多的关注。2005年7月21日，广州市海珠区江南大道中海珠城广场B区进行基坑施工时，发生了一起基坑坍塌事件，造成3人死亡、8人受伤的重大安全事故。

五、地裂缝灾害及特征

在内外动力作用下岩土层发生变形，当力的作用与积累超过岩土层内部的结合力时，岩土层就会发生破裂，其连续性遭到破坏，形成裂隙（含节理和断层），进而出露于地表，成为地裂缝。

（一）地裂缝灾害的分类及特征

地裂缝的形成原因复杂多样。地壳活动、水的作用和部分人类活动是导致地面开裂的主要原因。按地裂缝的成因，常将其分为如下几类：

（1）地震裂缝：各种地震引起地面的强烈震动，均可产生这类裂缝。

（2）基底断裂活动裂缝：由于基底断裂的长期蠕动，使岩体或土层逐渐开裂，并显露于地表而成。

（3）隐伏裂隙开启裂缝：发育隐伏裂隙的土体，在地表水或地下水的冲刷、潜蚀作用下，裂隙中的物质被水带走，裂隙向上开启、贯通而成。

（4）松散土体潜蚀裂缝：由于地表水或地下水的冲刷、潜蚀、软化和液化作用等，使松散土体中部分颗粒随水流失，土体开裂而成。

（5）黄土湿陷裂缝：因黄土地层受地表水或地下水的浸湿，产生沉陷而成。

（6）膨胀土地裂缝：由于气候的干、湿变化，使膨胀土或淤泥质软土产生胀缩变形发展而成。其规模较小，长度一般在数十米之内，超过100米者极少。平面上呈不规则的锯齿状，延伸方向多与房屋的排列方向平行；剖面上，地裂缝上宽下窄，地表裂口宽一般为一至数厘米，切割深度一般为3~5米。

（7）陷落与塌陷地裂缝：因各类地面塌陷或过量开采地下水、矿山地下采空引起地面沉降过程中的岩土体开裂而成。局限于可溶性岩石分布区，特别是岩溶发育区，一般规模小，长5~200米，但数量较多，方向规律差，形态多为弧形、直线形、封闭圆形或同心圆形，常围绕地面塌陷及地面沉陷区分布。

（8）滑坡和崩塌地裂缝：由于斜坡滑动造成地表开裂或崩塌而成。拉张裂缝分布在滑坡体上部，出现在滑塌前几天至几年，由多条弧形裂缝组成，与滑坡壁方向大致平行，单条长数十至数百米。

（9）煤矿塌陷地裂缝：主要是由地下采动引起的地表拉伸变形生成。单独出现或成组出现，或伴随塌陷坑及其他类型塌陷出现。

（10）构造地裂缝：以断层运动和区域微破裂开启为动力，一般规模较大，具有延伸长、深度大、连通好等特点。

（二）地裂缝形成的因素

地裂缝的形成可分为主导、诱发和影响三个因素。

（1）主导因素：控制地裂缝孕育、发展、活动性质和展布格局的决定因素，含新生代构造环境、构造基础和产生地裂缝的动力源。

（2）诱发因素：决定和影响地裂缝发生时间、地段、强度的因素，主要有降水、干旱、重力、地震等自然因素和抽取地下水甚至造成地面沉降、农灌等人为因素，诱发现存的隐伏地裂缝延及地表成缝。

（3）影响因素：影响地裂缝发育程度的因素，如土质、地形、气候、水体等因素。

（三）地裂缝灾害的等级

地裂缝灾害可分为3个等级：

（1）小规模地裂缝：地裂缝累计长度100米，影响范围小于0.5平方公里。

（2）中等规模地裂缝：地裂缝累计长度100~1 000米，影响范围为0.5~5.0平方公里。

（3）大规模地裂缝：地裂缝累计长度大于1 000米，影响范围大于5.0平方公里。

六、地面塌陷灾害

地面塌陷是指地表岩、土体在自然或人为因素作用下向下陷落，并在地面形成塌陷坑（洞）的一种动力地质现象。

（一）地面塌陷的分布规律

1. 地面塌陷在我国的分布

地面塌陷在我国的分布发育具有一定的时间和空间规律性。岩溶塌陷主要分布于岩溶强烈及中等发育的覆盖型碳酸盐岩地区，采空塌陷广泛分布于我国各地的矿山及其周围地区，其中又以煤矿塌陷最为突出，黄土湿陷则主要分布于湿陷性黄土发育的地区。在时间上，近10~20年发育增多，尤其是近年来随着经济发展，地面塌陷愈来愈多，危害也愈来愈大。

2. 岩溶塌陷

我国岩溶塌陷分布广泛，从南到北，从东到西都有发育。目前已见于除北京、天津、上海、河南、甘肃、宁夏、新疆以外的25个省市区，但主要分布于辽宁、河北、江西、湖北、湖南、四川、贵州、云南、广东、广西等省区。另外，华南岩溶塌陷多而强，华北相对少且弱一些。

3. 采空塌陷

黑龙江、山西、安徽、江苏、山东等省是采空塌陷的严重发育区。但几乎在全国的采煤、采矿区均有出现，尤其是个体采矿业比较发达，而法律制度不健全且执行不力的地区更容易发生。

4. 黄土湿陷

黄土湿陷主要见于河北、青海、陕西、甘肃、宁夏、河南、山西、黑龙江等8个黄土分布省区。

（二）地面塌陷的分类

地面塌陷所形成的单个塌陷坑洞的规模不大，直径一般为数米至数十米，个别巨大者达百米左右。一般分为4个等级。

1. 小型塌陷

塌陷坑洞1~3处，合计影响面积小于1平方公里。如黄土塌陷，其规模都比较小。

2. 中型塌陷

塌陷坑洞4~10处，合计影响面积1~5平方公里。

3. 大型塌陷

塌陷坑洞11~20处，合计影响面积5~10平方公里。

4. 特大型塌陷

塌陷坑洞超过20处，合计影响面积10平方公里以上。一般情况下，采空塌陷形成的塌坑较大。如湖南杨梅山煤矿塌陷，就形成长2公里、宽1公里、深12米的塌坑。

（三）地面塌陷影响因素

引起地面塌陷的动力因素有自然因素和人为因素，如地震、降雨、地下开挖采空、大量抽水等。其中，人为因素诱发的地面塌陷占大多数。某地岩溶塌陷调查资料显示，在632处岩溶塌陷中，自然塌陷192处，占总数的30.4%；人为因素诱发的432处，占68.4%。

1. 自然因素

自然因素引起的塌陷数量较少，危害一般不大。有时大规模的塌陷还形成独特的岩溶景观。

（1）地震作用和地质构造。

地震会引起地面开裂，甚至地面塌陷。如1976年唐山地震曾造成多处岩溶地面塌陷。有些地面塌陷受到地质构造、水文地质条件、岩土理化性质等因素综合影响（如构造破碎带、褶皱核部、岩层软弱，或者坚硬岩层中夹有软弱岩层、岩层透水性好、岩层产状平缓等），可能为地面塌陷灾害发生的广泛性、多发性和严重性提供了基础地质条件。

（2）连续降雨和地表水。

连续降雨或突降暴雨，会引起岩溶地下水位突然上升，使岩溶洞隙空间的气体受压形成高压气团，对其周围的岩土体产生正压作用。当覆盖层较薄时，可冲破盖层岩土体，形成气爆，造成地面塌陷。地表水的下渗，使岩溶洞隙盖层岩土体充分增重和迅速软化，促使塌陷的发生。1997年5月，深圳市龙西玉湖村突然发生旧民居倒塌，塌陷发生前三天下了大雨，经钻探揭露证实为连续降雨后引发岩溶塌陷而造成房屋倒塌。2004年6月18日，广州天河体育中心北门西边足球场出现一块直径4米、深约2米的地面塌陷，其原因与当时广州地区连降大暴雨有关，也与地基为特殊土质及地下管道施工时回填土不实有关。

（3）气候干旱引起地下水位下降。

由于气候干旱，引起地下水位下降，造成岩溶发育区地面塌陷、房屋塌裂，甚至导致人员伤亡。2003年8月4日，广东省阳春市春城镇河西的大河水库移民安置区突然发生地面塌陷，引起数幢楼房沉陷倒塌，事故造成2人死亡。2003年12月3日，广东省蕉岭县广福镇铁坑村发生大面积地陷，塌陷总面积达3万平方米，造成多处农田陷落、部分村民房屋塌裂。上述岩溶塌陷事故与广东当年气候干旱有密切联系。

（4）地基土质疏松。

地基土质疏松或者河床堤坝上的干枯淤泥遇水，其内部物质结构发生了改变，也会造成地面沉陷。2004 年 2 月 3 日，广东省南海市九江镇涌口辉利大酒店对面河堤发生地陷，形成长约 80 米、宽约 4 米、深约 6 米的陷坑，事故很有可能是因河道干枯时间久，河床和堤坝收缩后引起的。2002 年 10 月 11 日，广西壮族自治区平南县城新塘街一幢大楼突然倒塌，事故造成近 20 人被埋于废墟中，其中 5 人死亡，究其原因，是在建房屋地质突然沉陷而引起倾覆性倒塌所致。

2. 人为因素

人类活动对地面塌陷的形成、发展产生了重要作用。不合理的、强度过大的人类活动都有可能诱发或导致地面塌陷。

（1）矿山地下采空。

地下采矿活动造成一定范围的采空区，使上方岩、土体失去支撑，从而导致地面塌陷。这种人为活动是采矿区地面塌陷的主要原因。我国已有许多矿区发生了这类地面塌陷，并产生了相当程度的危害。根据统计资料，采空塌陷与采矿量成直线关系，采矿量越大，塌陷的强度越大，范围越广，塌坑越多。

截至 2004 年底，全国煤矿累计采空塌陷面积超过 70 万平方公里，约占矿区含煤面积的 1/10，造成的经济损失达 500 亿元。山西作为产煤大省，是采空塌陷灾害最严重的地区，采空区达 2 万平方公里，相当于全省总面积的 1/7。全省八个主要矿务局所属煤矿区的地面塌陷已影响到数百个村庄和十几万人的正常生产和生活。

河床采砂也会引起岸边房屋开裂与地面塌陷。如福建省闽侯县白沙镇汉溪村长坪园的闽江段，就因河床被无休止地采砂造成靠近江边的房屋开裂与地面塌陷。

（2）地下工程施工中的排水疏干与突水（突泥）作用。

在矿坑、隧道、人防及其他地下工程施工时，由于排疏地下水或突水（突泥）作用，使地下水位快速降低，其上方的地表岩、土体平衡失调，在有地下空洞存在时，便产生塌陷。这类人为活动对岩溶地面塌陷作用极大，由此所产生的岩溶地面塌陷的规模和强度最大，危害最重。我国许多矿区、铁路隧道中岩溶地面塌陷均由这类活动导致。

近年来，国内外一些城市在地下工程或基坑施工中，因基坑边坡失稳、挡土墙倒塌等引起的地面塌陷、建筑物开裂或坍塌事故层出不穷，造成巨大经济损失和人员伤亡。2004 年 4 月 22 日，新加坡尼浩大道附近正在施工中的地铁环线一地下隧道支架倒塌，引起公路坍塌，造成 1 名中国工人死亡。2005 年 7

月13日，深圳地铁1号线续建工程试验段施工现场地面发生大面积塌陷事故。

（3）过量开采地下水。

过量开采地下水引起的地面塌陷规模最大，危害也最严重。人为过量开采地下水，引起地下水位降低，潜蚀作用加剧，岩、土体平衡失调，当地下洞隙存在时，就会产生地面塌陷。这种地面塌陷也多见于岩溶地区的塌陷中，并多发生在城市地区。贵州水城因工业用水需要，过度开采地下水，造成约5平方公里的范围内产生塌陷坑1 023个，导致89座房屋开裂或倒塌，道路坍裂，28.2万平方米（423亩）农田毁坏，电杆倒塌，一度引起全城停电，直接赔偿和经济损失达260余万元，局部地段还因污水灌入引起地下水水质污染和生态环境恶化。

（4）人工蓄水。

这不仅在一定范围内使水体荷载增加，而且使地下水位上升、地下水的潜蚀和冲刷作用加强，从而引起地面塌陷。广西南丹八圩水库引起的地面塌陷使库水全部漏失。

（5）重力与人工加载。

隐伏岩溶的发育部位及与其伴生的土洞上方在多种因素作用下不断向上扩展，直至岩溶或土洞顶板在土层重力作用下强度难以支撑而失稳塌落。地面荷载的增加产生附加压力，当附加压力超过洞隙顶板的允许荷载时就会压穿、压塌洞顶盖层，引起塌陷。武汉中南轧钢厂料场的地面塌陷即由人工堆放荷载导致。

（6）人工振动。

爆破、钻机施工和车辆振动等也可使隐伏洞穴发育地区或已接近极限平衡状态的土洞顶板塌落而形成塌陷。如广西壮族自治区贵县吴良村因爆破产生的地面塌陷迫使全村迁移。深圳龙岗某大厦基坑钻机钻进施工时引起塌陷，使钻机掉入陷坑内约2米深。

（7）地表渗水。

输水管道渗漏或场地排水不畅，造成地表水下渗或化学污水下渗，也能引起地面塌陷。2006年1月3日凌晨2时许，北京东三环京广桥东南角辅路污水管线发生漏水事故，导致三环南向北方向部分主辅路塌陷，污水灌入地铁10号线区间段，塌坑的大小约5m×20m。

（8）回填土未压实。

国内许多城市改造使得大型掘路工程不断增多，自来水、煤气、热力、电信和供电等部门不断开挖路面，进行施工。由于“重复建设”以及工程工期紧张，加之掘路回填与路面修补通常是由两个单位来进行，且工序验收移交未形成制度，导致部分回填土的压实程度达不到设计规范的要求，修复后短期内就会出现多处大面积塌陷的情况，尤其是在雨雪天，路面塌陷问题更为严重。

（9）防空洞老化。

20 世纪 60 年代末 70 年代初，全国许多城市都修建了防空洞，如今许多路面的下方就是防空洞。由于附近修建挖地基，防空洞里面好多设施都处于悬空状态，加之岩土质疏松，防空洞工程粗糙以及地下水上冒、外溢，导致人防工事出现积水、渗漏水、拱顶开裂、墙面空鼓、局部坍塌、风化剥蚀等现象。2003 年太原市就发生过 26 起防空洞塌陷事故。

第三节　广东省地质灾害的主要特征

广东省国土资源厅发布的《广东省地质灾害防治规划（2001—2015 年）》对广东省地质灾害现状及特征进行了详细描述。

一、广东省地质环境特点

广东省位于南岭以南，南临南海，东、北、西三面与福建、江西、湖南、广西等省（区）接壤。地势北高南低，境内山地、丘陵广布，海拔 500 米以上的山地约占 31.7%，丘陵约占 28.5%，台地约占 16.1%，平原约占 23.7%。根据全省地质环境和成灾特点，可划分为粤北中低山丘陵崩塌、滑坡、地面塌陷、泥石流为主地质环境区；粤东低山丘陵崩塌、滑坡、地面塌陷为主地质环境区；粤西低山丘陵崩塌、滑坡、地面塌陷为主地质环境区；珠江三角洲平原台地软基沉陷、地面塌陷为主地质环境区；沿海台地平原软基沉陷为主地质环境区；雷州半岛台地平原地面沉降、地裂缝为主地质环境区。其中低山丘陵区为地质灾害多发的地貌类型。

北回归线横穿我省中部，全省为亚热带、热带季风气候，高温多雨为主要气候特征。全省平均降水量多在 1 500 ~ 2 000 毫米，南岭南侧的迎风坡佛冈一带降水在 2 000 毫米以上。但时空分布不均，每年 4—9 月为雨季，占全年雨量的 80% 以上。6—10 月是台风影响本省的主要时期，台风常伴随暴雨、特大暴雨形成以佛冈和阳江为主的暴雨中心区。在山区，暴雨常诱发崩塌、滑坡、泥石流等突发性地质灾害。加之不合理的矿产资源开发，地下水资源的过量开采和其他不合理的工程经济活动，使原本比较脆弱复杂的地质环境日益恶化，导致粤北、粤西和粤东地质灾害频发。

广东省主要地质灾害类型与分布特征如下：

1. 崩塌、滑坡、泥石流

崩塌、滑坡数量较多，分布几乎遍及各市，规模大小不一；泥石流较集中地分布于粤西、粤北和珠江三角洲北部地区，虽数量不多，但规模较大，造成经济损失严重。据本省已有资料统计，具有一定规模的崩塌、滑坡、泥石流共1 055处。其中，崩塌484处，滑坡528处，泥石流43处。

对广东省造成灾害的崩塌和滑坡，多发生在山区铁路、公路边坡、部分乡村、河流、水库边岸、矿山、采石场及建筑施工场地等。崩塌、滑坡的突然发生，常破坏铁路、公路，威胁交通安全，堵塞和淤积河床、水库，破坏矿山和建筑物，造成人员伤亡和财产损失。据近10多年的不完全统计，崩塌致死224人，致伤68人，直接经济损失约8 284万元；滑坡致死53人，致伤51人，直接经济损失约14 403万元。因此，崩塌、滑坡是造成我省重大损失的地质灾害，必须引起足够的重视。

铁路沿线崩塌、滑坡：京广铁路在粤北中依山傍水蜿蜒，沿途以变质岩、板岩分布为主，岩石风化强烈而残积层较厚，地质构造复杂，断层破碎带和软弱夹层普遍存在。因此，沿线人工边坡所诱发的崩塌、滑坡发育，共达17处，主要集中分布于乐昌、坪石、天堂山、连江口路段。

公路沿线崩塌、滑坡：公路沿线由于人工开挖边坡较陡，护坡与排水设施不配套，边坡土层受降雨影响易于饱和，在重力作用下易失稳产生崩塌、滑坡，尤其是中低山区的公路最为严重。1998年6月23日，曲江县马坝镇孟州坝一公路发生滑坡，滑坡体0.3万~1.2万立方米，公路边基坑被填埋，经济损失达800万元。

水库坝体、边岸山体崩塌、滑坡：水库蓄水、泄洪导致库岸发生的崩塌与滑坡，在我省库区也极普遍，对水库有一定的危害，如新丰江水库等。

广东省大江、大河两岸的陡坡时有滑坡、崩塌发生，比较集中发生在郁南县城至肇庆市西江南岸。此外，乐昌市北面武水西岸、英德市波罗坑、连江口北江东岸等也有发生。江岸人为诱发滑坡，则发生在肇庆市西江南岸的马安煤矿堆煤场和广州大桥南岸堤围。

人为开矿、采石造成的崩塌、滑坡常有发生，主要是因为长期开采，形成边坡过陡，部分悬空，上部岩体（土体）失稳而崩塌，或矿山开采形成采空区，常发生滑塌和塌陷，一般造成较大的经济损失和人员伤亡。

部分山区农村在滑坡体上建房，加剧了滑坡的发生。云安县富林镇山草村委佛仔垌村和高村镇金山村委大卜寮村都建在半山腰的滑坡体上。82户366名群众的生命财产受到严重威胁，需要及早采取防治措施。

2. 泥石流

广东省已发生泥石流43处，其中大型泥石流占2.3%，中型泥石流占21%，小型泥石流占76.7%，虽数量不多，但灾情较严重。据不完全统计，近十多年来，泥石流灾害导致死亡209人，受伤778人，直接经济损失约59 955万元。粤北南雄、清远、连南、英德、曲江、乳源和粤西信宜、云浮及珠江三角洲的从化鳌头、花都梯面镇等地具备泥石流形成的条件。此外，粤东汕尾市东涌的丘陵、台地区也有小型泥石流发生。

3. 地面塌陷

地面塌陷多见于覆盖型岩溶发育区和矿山坑道采空区。广东省收集到的地面塌陷区达137处，其中，大型塌陷占37.1%，中型塌陷占29.8%，小型塌陷占33.1%。

目前发现的自然塌陷零星分布在粤北阳山、翁源、始兴、英德，粤西阳春，粤东河源、新丰及珠江三角洲增城和高明等地，共45处，规模不大。人为活动引起的岩溶塌陷，主要分布于韶关市郊、仁化县、廉江市、肇庆市郊、云浮市云城区、广州北郊广花盆地、深圳龙岗、五华、蕉岭等地隐伏岩溶区。较典型且危害较严重的是广花岩溶盆地江村、肖岗、新华等地，1959—1995年，因抽水试验或开采抽水先后产生塌陷146处，致使白云区江高、蚌湖、神山三镇238间房屋开裂。仁化凡口铅锌矿由于矿坑疏干排水，引起严重地面塌陷、地裂2 229处，范围达8平方公里，塌陷直径1~5米，最大达44米，深度30米，造成附近拆迁建筑物约80 000平方米，毁坏农田近400 000平方米，破坏了生态地质环境。

非岩溶塌陷主要分布于粤北、粤东矿山开采区和广州市区大规模工程建设区。造成对民居、道路、水利电力设施、城建设施和耕地严重破坏，每年造成直接经济损失100万元以上，治理费用超过1 000万元。

4. 地裂缝

地裂缝主要分布于雷州半岛，在粤北、粤东、粤中有零星分布。胀缩土地裂缝有80处，其中67处分布于雷州半岛，其余13处零星分布于茂名、南雄、博罗、惠阳等地。

滑坡地裂缝零星分布于粤东梅州市松口、紫金县，粤中增城和粤西肇庆、封开、云浮、海安等地。1983年3月27日，紫金县黄塘镇胜利村附近山坡，沿花岗岩残积土层发生数条地裂缝，呈弧形叠瓦式排列，弧顶向山顶突出，裂缝宽10~32厘米，深7~8米，裂缝长300~400米。疏干地裂缝见于茂名露天矿场北谭屋牙象一带。由于矿山开采疏干排水，产生地裂缝，地裂缝长一般5~40米，宽0.3~20厘米，造成潭屋和牙象两村6 737间房屋出现裂缝。

地震地裂缝主要见于阳江市阳西县附近，1969 年 7 月 26 日阳江 6.4 级地震引起 8 处地裂缝。

5. 地面沉降

由人类活动引起的地面沉降有 18 处，主要发生在湛江市，其次零星分布于广州、中山、深圳、潮州等建筑场地。主要因过量开采地下水或基坑开挖，抽水疏干，引起地面沉降。

6. 软土地基沉陷

软土地基沉陷主要发生在雷州、珠海、台山、中山、江门、顺德、东莞、佛山、广州、深圳、汕头等沿海软土分布区。东莞市麻涌工商银行一幢六层楼房，建成后慢慢下沉，并向西倾斜 61.8 厘米，仅倾斜扶正工程处理就投入 30 多万元。

桥墩下沉主要发生在佛山、江门、电白等地。1989 年 7 月建成尚未通车的江门市耙冲桥，8 月 12 日桥西岸因软基发生滑塌，使西桥台向河移动 50 ~ 60 厘米，整个台身向岸倾斜。

公路路面开裂下沉见于新会、台山和西部沿海高速公路，裂缝长约 25 米，宽约 1 厘米，影响路段长 17 公里，原因是该路段软土层较厚（一般 8 ~ 15 米），对软土处理不当造成。

二、广东省地质灾害易发区分布

（一）崩塌、滑坡、泥石流为主的地质灾害易发区（A1）

崩塌、滑坡、泥石流为主的地质灾害易发区主要分布于粤西低山丘陵区、粤东低山丘陵区和粤北中低山丘陵区，面积达 29 031.2 平方公里，占全省陆地总面积的 16.3%。尤其是五华、兴宁、东源、和平、高州、信宜、云安、德庆、怀集、郁南、曲江、翁源、乐昌等县（市）受崩塌、滑坡、泥石流的严重威胁。区内山势陡峻，坡度陡，河流切割强烈，风化土厚，侵蚀、剥蚀作用强烈，斜坡较不稳定，气候条件复杂，多年平均降雨量达 1 400 ~ 1 600 毫米。发灾 24 小时临界降雨量，粤东为 108 ~ 139 毫米，20% 的频率的降雨量为 180 ~ 260 毫米。粤西为 104 ~ 161 毫米，20% 的频率的降雨量为 130 ~ 180 毫米；粤北为 139 ~ 151 毫米，20% 的频率的降雨量为 140 ~ 200 毫米。每年 4—6 月为暴雨集中期，是该区诱发地质灾害的多发期。

（二）地面塌陷为主的地质灾害易发区（B1）

地面塌陷为主的地质灾害易发区主要分布于珠江三角洲平原台地区的广州

市北广花盆地、深圳龙岗，粤西低山丘陵区的阳春潭水、新兴天堂及云浮市区，粤东五华的双头等地，面积约 1 909. 29 平方公里，占全省陆地总面积的 1. 1%。位于大中城市区的广州广花盆地、深圳龙岗、云浮市区等，均处于隐伏强岩溶发育区，由于过量开采岩溶地下水，历史上早已出现过岩溶塌陷（2000 年 6 月 15 日，深圳市横岗西坑村大量抽取地下水造成大面积地面塌陷，造成很大的经济损失）且有进一步发展趋势。

（三）地面沉降为主的地质灾害易发区（D1）

地面沉降为主的地质灾害易发区主要分布于湛江市区，地面沉降的中心在湛江市区的霞山潜水学校、赤坎的沙湾一带，面积约 96. 52 平方公里，占全省陆地总面积的 0. 05%。至 2000 年累计沉降量分别为 175. 8 毫米、168. 4 毫米，沉降面积约 194 平方公里，但目前未造成大的影响。区内主要集中开采中深层孔隙承压水，2000 年地下水位下降大于 2 米的降落漏斗面积 1 118 平方公里。湛江市地面沉降的主要原因是长期大量开采地下水。

（四）地裂缝为主的地质灾害易发区（E1）

地裂缝为主的地质灾害易发区主要分布于雷州半岛台地平原区的东部和南部，尤其是廉江高桥、营仔、遂溪下六、徐闻迈陈以及和安、海安最为发育，面积约 4 170. 05 平方公里，占全省陆地总面积的 2. 3%。区内以玄武岩残积土为主，岩性主要为黏土、粉质黏土，富含蒙脱石等黏土矿物，孔隙比大，压缩性高，自由膨胀率大于 40%，在干湿气候条件的影响下易产生地裂缝。

第四节　地质灾害对生命线工程的危害

一、地质灾害对公路、铁路的危害

据国土资源部 2003 年统计，全国有 3 000 多公里铁路线受崩塌、滑坡、泥石流等地质灾害的严重危害。我国铁路全线分布着大中型滑坡 1 000 余处，平均每年中断交通运输 44 次，中断行车超过 800 小时，经济损失达 7 480 万元，每年投入整修费 6 600 万元。铁路全线有泥石流沟 1 386 条，受危害铁路超过 3 000 公里，每年的维修和整建工程费达 7 000 多万元。

尤其是宝成线、陇海线和成昆线，几乎年年遭受滑坡与崩塌的袭击。主要危害表现为：破坏与掩埋线路，造成交通中断；毁坏路桥与隧道工程，造成车翻人亡的行车事故。例如 1979 年 4 月，成昆线 k812 处崩塌造成列车颠覆事故。

2001 年 4 月 25 日 13 时，西藏自治区昌都地区芒康县朱巴龙乡发生了大规模崩塌，崩塌体从高于 500 米的山上崩落下滑约 700 米。崩塌堆积物堵塞了金沙江支流西曲河，水位上涨形成的狭长水库淹没 318 国道近 1 200 米，造成交通中断，近千辆车滞留。

2005 年 3 月 17 日凌晨 3 时左右，从贵州兴义开往广西南宁的一列货运列车，在广西壮族自治区百色市右江区汪甸乡附近，因当地山体滑坡造成了多节车厢脱轨。

2005 年 5 月 9 日上午 7 时 10 分，浙江萧甬铁路余姚西至驿亭区间，由于本地一砖瓦厂取土，造成铁路地基土体移位，发生了突然塌方事故，一道铁轨悬空近 10 米，导致铁路中断行车，据称 3 分钟前一客车刚开过。

泥石流可直接埋没车站、铁路、公路，摧毁路基、桥涵等设施，致使交通中断，还可引起正在运行的火车、汽车颠覆，造成重大的人身伤亡事故。有时泥石流汇入河流，引起河道大幅度变迁，间接毁坏公路、铁路及其他构筑物，甚至迫使道路改线，造成巨大经济损失。

1978 年 7 月，在甘川公路 394 公里处对岸的石门沟暴发的泥石流，堵塞白龙江，公路因此被淹 1 公里，白龙江改道，使长约 2 公里的路基变成了主流线，公路、护岸及渡槽全部被毁。该段线路自 1962 年以来，由于受对岸泥石流的影响已 3 次被迫改线。新中国成立以来，泥石流给我国铁路和公路造成了无法估计的巨大损失。

1995 年 7 月 13 日，四川省凉山州西昌铁路蒲次——永朗站，因暴雨诱发超过 3 万立方米的泥石流，掩埋了近 200 米钢轨和线路及蒲次站内的三股线路，造成通信中断，铁路行车中断，直接经济损失上百万元。

二、地质灾害对水利工程的危害

据国土资源部 2003 年统计，全国有近千座水电站及数百座水库受到崩塌、滑坡和泥石流灾害的严重威胁，仅云南省已毁坏水电站 260 座、水库 50 座。矿山采掘造成的压占、采空塌陷所损毁的土地面积已超过 2 万平方公里。

我国许多崩塌发生在水电工程附近，它们毁坏水渠管道，破坏大坝、水电站、变电站以及其他设施。崩塌体落入水库中常造成水库淤积，有时甚至激起库水翻越大坝冲向下游，造成伤亡和损失。有些崩塌还可以造成水库报废或者堵江断航事件。有些崩塌将产生巨大的涌浪，破坏山区水利水电工程。

泥石流主要是冲毁水电站、引水渠道及过沟建筑物，淤埋水电站尾水渠，并淤积水库、磨蚀坝面等。例如，1963 年 10 月 9 日发生在意大利的维昂特坝滑坡泥石流事件。

1993 年 8 月 31 日 7 时至 9 月 1 日，云南省东川市汤丹镇暴雨引起的泥石流造成烂泥坪小水井水电站和风景村水电站全毁、兴隆水电站大坝被毁、电站内部分设施被损坏，7 人死亡，3 人重伤，直接经济损失 250 余万元。

三、地质灾害对居民点的危害

崩塌常砸埋房屋，伤亡人畜，毁坏田地，摧毁工厂、学校、机关单位等，并毁坏各种设施，造成停电、停水、停工，有时甚至毁灭整个城镇。例如，1987 年 9 月 17 日凌晨，四川省巫溪县城龙头山发生岩崩，摧毁一栋 6 层的宿舍、两家旅舍、居民房 29 余间，掩埋公路干线 70 余米，造成 122 人死亡，直接经济损失达 270 万元左右。又如云南金沙江下游段大砂坝，历史上曾为米粮川，1754 年发生一次大滑坡，淤埋了古县城，从此变成荒滩，年年发生泥石流。

泥石流最常见的危害之一是冲进乡村、城镇，摧毁房屋、工厂、企事业单位及其他场所、设施，淹没人畜，毁坏土地，甚至造成村毁人亡的灾难。

例如，1987 年 7 月发生在辽宁省复县、丹东地区的泥石流，死亡人数达 610 余人，其规模之大、损失之严重，是该省前所未有的。

1997 年 5 月 8 日，广州市花都市梯面镇五联等村由于暴雨山洪引起花岗岩风化层崩塌、滑坡形成泥石流 100 多处，造成 16 人死亡，265 人受伤，1 070 余间房屋倒塌，冲毁农田 4 000 多亩，经济损失 12 000 万元。

2001 年 7 月 4 日，地处中越边境的云南省红河州金平苗族、瑶族、傣族自治区连降大暴雨，降雨量达 101 毫米，导致山体近千处滑坡，同时并发百年不遇的特大泥石流灾害，造成当地交通、通信、电力中断，民房、农田、水利设施大量损毁，死亡 28 人，农作物也严重受害。金平县通往红河州州府个旧、省城昆明的主要公路中断达半个月之久，县境北部地区基本处于瘫痪状态。

四、地质灾害对矿山的危害

崩塌、滑坡可摧毁矿山设施，伤亡职工，毁坏厂房，使矿山停工停产，常造成重大经济损失。例如云南省威信县墨黑煤矿山区，分别于 1948 年、1984 年、1987 年 8 月与 12 月、1988 年 1 月发生过五次较大规模的崩塌。据不完全统计，这五次崩塌共毁坏民房 157 间，毁坏耕地 824 亩，损失粮食 11 万公斤，摧毁煤矿通信井2处、回风巷800米、运输巷450米，损坏10万伏高压输电线800米，造成煤矿停产的经济损失达113万元。

泥石流主要是摧毁矿山及其设施，淤埋矿山坑道、伤害矿山人员、造成停工停产，甚至使矿山报废。1997年7月3日，广东省清远市大麦山铜矿暴雨引发的泥石流，充填巷道2处，淹埋原矿3 500吨，经济损失205万元。

第五节　地质灾害的风险与评估

对于风险的概念，不同的人有不同的解释。韦伯字典将风险定义为“面临的伤害或损失的可能性”。在保险业中则定义为“灾害或可能的损失”。可以认为，风险是不确定性结果的一种度量，所谓不确定性就是一个问题的结果存在两个或更多选择。在灾害问题的研究中，“风险”可以定义为在一定的人员损伤或财产损失水平条件下，某一灾害发生的概率值。

一般认为，风险评价是指对不良结果或不期望事件发生概率进行描述及定量的过程。或者说，风险评价是对一特定时期内人类安全、健康及其财产和生存环境等受到损害的可能性及可能的程度作出评估的过程。就地质环境而言，地质灾害风险评价可定义为对特定影响因子造成暴露于该因子的单体或区域地质灾害发生的概率及对人类社会产生危害的程度、时间或性质进行定量描述的过程。风险评价可以界定风险、对风险进行排序，从而为降低风险提供一套科学、系统的方法。

地质灾害风险评估的主要内容为，在风险源的危险性评价及受险对象的易损性评价的基础上，评估危险区内一定时段可能发生的一系列不同强度地质灾害造成的可能后果。地质灾害风险区划是按计算的地质灾害期望损失值分成不同等级风险区，针对不同风险区的特点提出减少风险的各项对策。

一、概述

地质灾害风险是指在一定区域时间限度内，特定的地质灾害现象对生命、财产、经济活动等可能造成的损失。它可以表示为：

$$R=f\,(H,\ E,\ V)$$

式中，R（Risk）为地质灾害风险，指特定的地质灾害现象可能造成的损失；

H（Hazard）为一定区域范围内某种潜在的地质灾害现象在一定的时间内发生的频率，即地质灾害的危险性；E（Element）为特定区域内受特定地质灾害威胁的对象，包括人口、财产、基础设施、经济活动等；V（Vulnerability）为特定的地质灾害以一定的强度发生而对受威胁对象所造成的损失程度，即受威胁对象的易损性，可用0～1来表示（0表示无损失，1表示完全损失）。

可以看出，地质灾害的危险性（H）和受威胁对象（E）的易损性（V）共同决定了地质灾害的损失大小，是控制地质灾害风险（R）的基本条件，对这两者的分析评价称作地质灾害危险性评价和社会经济易损性评价。

二、地质灾害风险评价体系

地质灾害风险评价的目的是要清晰地反映评价区地质灾害总体风险水平与地区差异，为指导国土资源开发、保护环境、规划与实施地质灾害防治工程提供科学依据。

地质灾害风险评价主要包括下列三方面内容：

（一）风险源的危险性评价

导致地质灾害风险存在的风险源是可能发生的致灾因子（或自然变异），通常包括自然风险源和人为风险源两类。地质灾害危险性评价的主要任务是研究给定区域内各种强度的地质灾害发生的概率或重现期，地质灾害发生时空强的可能性。因此，它是对已发生灾害的强度（规模）、灾害发生概率（频次）、灾害密度进行评价；对潜在地质灾害的形成条件（地形地貌、地质构造、岩性、水文气象、人类工程经济活动）进行评价，圈定灾害危险区，进行地质灾害危险性区划。

（二）易损性分析

1. 社会易损性

社会易损性主要是指地质灾害对人类的可能伤亡。所以，不难从定义上理解地质灾害易损区域将有别于地质灾害本身的分布特征。

2. 物质易损性

物质易损性主要是指评估建筑物、基础工程、工业、生命线工程等的易损性，研究不同类型建筑物等承受不同地质灾害不同强度侵袭时的破坏率，通过工程分析和实际破坏调查进行。

3. 经济易损性

经济易损性是指定量评估可能造成经济财富和发展的损失。地质灾害可能对国民经济的影响，对减产、就业、重要的服务及生产活动的影响。

4. 资源环境易损性

资源环境易损性是指评估地质灾害对自然资源和生态环境的破坏效应及影响。

（三）期望损失分析

在危险性分析和易损性分析的基础上，计算评价地质灾害的期望损失（未来一定时期内地质灾害的人口伤亡与经济损失的平均值、资源环境破坏程度）与损失极值（未来一定时期内可能造成的人口伤亡与经济损失的最高值）。

上述三方面的分析中，风险源的危险性分析和易损性分析是地质灾害风险评价的基础，通过这两方面的分析，确定风险区的位置、范围以及地质灾害活动的分布密度与时间概率，进而确定可能遭受地质灾害的人口、工程、财产以及资源、环境的空间分布与破坏损失率。期望损失分析是地质灾害风险评价的核心，其目标是预测地质灾害可能造成的人员伤亡、经济损失以及资源、环境的破坏损失程度，综合反映地质灾害的风险水平。这三方面分析相互联系，形成具有层次特点的地质灾害风险评价系统。

（四）地质灾害风险评价类型

针对不同目的或服务对象，可进行不同类型的地质灾害风险评价。根据地质灾害风险评价范围或面积，可将地质灾害风险评价分为点评价、面评价、区域评价。

点评价是指对一个地质灾害体或一个具有相同活动条件和特征的相对独立的灾害群的灾情或风险程度进行的评价。点评价的范围一般不超过几十平方公里，行政区范围一般不超过几个乡（镇）或一个县（市）。

面评价是对一个具有相对统一特征的自然区域或社会经济区域（如一个小流域或一个城市）进行的地质灾害风险评价。评价区面积一般从几十平方公里到几千平方公里，行政范围一般为一个县（市）或几个县（市）。由于进行面评价的地区都是地质灾害危害比较严重的地区，所以地质灾害一般有几十处或几百处，对此常常进行综合评价。

区域评价是指跨流域、跨地区的大面积的地质灾害风险评价。评价范围为一省或几个省乃至全国区域，面积达几万到几百万平方公里。评价区内灾害点成千上万，常常难以准确计数。

不同范围地质灾害风险评价的目的、基础、途径和方法不尽一致。点评价的对象是具体的单一的灾害体或灾害事件，通过评价要比较准确地量化它的损失水平和风险程度，为具体的防治工程提供依据。点评价是在对灾害活动条件和受灾体易损性进行深入研究的基础上进行的，其基本手段除了专门性调查统计外，还需要进行必要的测试和试验。它所使用的各种指标以及得出的不同层次的评价结果，基本上能达到比较精确的量化程度。面评价的目标是对一个有限地区的地质灾害的破坏损失程度或风险水平进行评价，其意义除了指导地质灾害防治工程外，还将为地区规划、资源开发以及工程选址、部署实施防治工程提供依据。面评价的内容与点评价基本一致，仍然是危险性评价、易损性评价和期望损失评价，但所采取的调查方法一般限于全面调查统计，辅以必要的重点专门勘察，所使用的指标和各层次的评价结果虽然达到量化程度，但精确度要低于点评价。区域评价的目标是对大面积区域性地质灾害的破坏损失或风险程度进行评价，它的意义在于为宏观减灾决策和区域经济规划提供依据。区域评价仍以危险性评价、易损性评价和期望损失评价为中心内容，采取的基本方法是区域性调查和相应的统计分析，所使用的指标和各层次的评价结果一般达到相对的量化程度，所取得的评价结果主要体现在风险区划上。

三、地质灾害风险评价的实施

（一）构建地质灾害风险评价系统

根据风险评价的目的和评价区的具体条件，构建地质灾害风险评价系统，建立指标体系和评价模型，确定风险分区原则和评价方法。

（二）编制地质灾害分布图

全面调查各项基础数据，并根据风险评价需要进行统计分析，编制历史地质灾害分布图、易灾性岩土分布图、地震与活动性构造分布图、地貌图、降水量与暴雨强度图、人口密度图、交通设施分布图、水利工程分布图、土地类型图、防治工程图等各种基础图件及地质灾害风险评价表。

（三）期望损失分析

根据危险性构成、易损性构成及防治能力进行危险性分析、易损性分析，在此基础上，进行期望损失分析。

（四）减灾对策建议

综合地质灾害可能造成的人员伤亡、经济损失以及资源环境的破坏，进行综合风险评价，并分析评价区风险分布特点与形成条件，根据社会发展需要提出减灾对策建议。

地质灾害风险评价的关键指标是期望损失，期望损失程度主要取决于风险区范围及其危险性程度，风险区内各种受灾体数量、价值及破坏损失率，防治工程的减灾有效度。

地质灾害风险评价系统见图4-6。

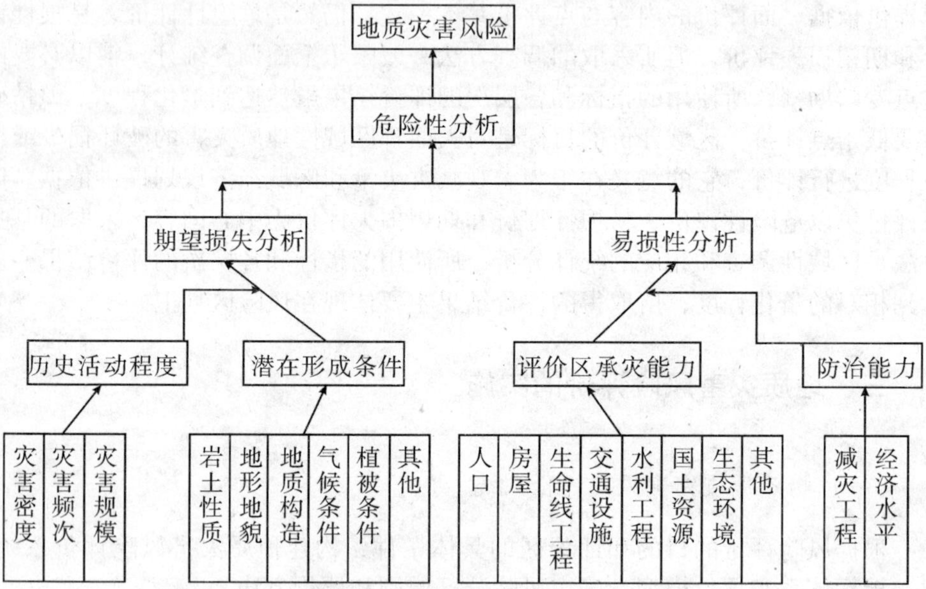

图4-6　地质灾害风险评价系统

第六节　地质灾害的应急管理措施

一、地质灾害的应急管理措施

地质灾害的应急管理措施主要有：

（1）预防和预警机制（以预防为主的地质灾害监测、预报、预警体系，地质灾害防治方案，地质灾害险情巡查，地质灾害速报）。

（2）应急响应（地质灾害应急工作遵循分级响应程序，根据地质灾害的等级确定相应级别的应急机构）。

（3）应急保障（应急队伍、资金、物资、装备保障，通信与信息传递，应急技术保障，宣传与培训，信息发布，监督检查）。

（4）恢复和重建（救灾救济，恢复重建，社会捐赠和救助管理，保险）。

二、我国关于地质灾害的应急管理、防治的相关法规

中华人民共和国于2003年11月24日公布了国务院令第394号《地质灾害防治条例》，要求自2004年3月1日起施行。其中第四章为地质灾害应急预案，在第二十五条中要求国务院国土资源主管部门会同国务院建设、水利、铁路、交通等部门拟订全国突发性地质灾害应急预案，报国务院批准后公布。要求县级以上地方人民政府国土资源主管部门会同同级建设、水利、交通等部门拟订本行政区域的突发性地质灾害应急预案，报本级人民政府批准后公布。

2006年1月13日国务院发布了《国家突发地质灾害应急预案》。2007年11月20日广东省政府发布了《广东省突发地质灾害应急预案》。2008年1月2日广州市政府发布了《广州市突发地质灾害应急预案》。在2007年至2008年间全国各级政府都按照国务院第394号令的要求发布了省、市、县三级突发地质灾害应急预案，使我国应对突发地质灾害有章可循。

（一）国家、省、市政府的突发地质灾害应急预案

1. 预案适用的地质灾害

无论是国家还是省、市政府的突发地质灾害应急预案都适用于处置自然因素或者人为活动引发的危害人民生命和财产安全的山体崩塌、滑坡、泥石流、地面塌陷等与地质作用有关的地质灾害。

2. 预案适用的范围

（1）《国家突发地质灾害应急预案》适用全国突发性地质灾害应急工作。

（2）《广东省突发地质灾害应急预案》适用广东省境内的突发性地质灾害应急工作。

（3）《广州市突发地质灾害应急预案》适用于应对以下突发地质灾害险情和灾情：

①发生在广州市境内的中型（Ⅲ级）以上突发地质灾害；

②跨区、县级市的突发地质灾害；

③超出地质灾害发生地区（县级市）人民政府应急处理能力的地质灾害。

3. 工作原则

（1）以人为本，预防为主。建立群专结合的预防机制，最大限度地减少突发性地质灾害造成的损失，把保障人民群众的生命财产安全作为防治工作的出发点和落脚点。

（2）统一领导、分工负责。在各级党委、政府的统一领导下，有关部门各司其职，密切配合，共同做好地质灾害防治工作。

（3）分级管理，属地为主。建立健全灾害级别分级管理、条块结合、以地方人民政府为主的管理体制。

4. 险情和灾情分级

地质灾害按危害程度和规模大小分为特大型、大型、中型、小型地质灾害险情和灾情四级。

（1）特大型地质灾害险情和灾情（Ⅰ级）。

①受灾害威胁，需搬迁转移人数在1 000人以上，或潜在经济损失在1亿元以上的险情。

②因灾死亡30人以上或因灾造成直接经济损失1 000万元以上的灾情。

③因灾造成大江大河支流被阻断，或严重影响群众生命财产安全的灾情。

（2）大型地质灾害险情和灾情（Ⅱ级）。

①受灾害威胁，需搬迁转移人数在500人以上、1 000人以下，或潜在经济损失在5 000万元以上、1亿元以下的险情。

②因灾死亡10人以上、30人以下，或因灾造成直接经济损失500万元以上、1 000万元以下的灾情。

③因灾造成铁路繁忙干线、国家高速公路网线路、民航和航道中断，或严重威胁群众生命财产安全、有重大社会影响的灾情。

（3）中型地质灾害险情和灾情（Ⅲ级）。

①受灾害威胁，需搬迁转移人数在100人以上、500人以下，或潜在经济损失在500万元以上、5 000万元以下的险情。

②因灾死亡3人以上、10人以下，或因灾造成直接经济损失100万元以上、500万元以下的灾情。

③直接影响铁路干线、国家和省高速公路、国道省道和航道正常通行，或较严重威胁群众生命财产安全、有较大社会影响的灾情。

（4）小型地质灾害险情和灾情（Ⅳ级）。

①受灾害威胁，需搬迁转移人数在100人以下，或潜在经济损失500万元以下的险情。

②因灾死亡3人以下，或因灾造成直接经济损失100万元以下的灾情。

③直接影响铁路沿线、国家和省市高速公路、国道省道、快速干线、市政道路和航道正常通行，或对群众生命财产安全造成威胁的灾情。

5. 组织体系

国务院国土资源行政主管部门负责全国地质灾害应急防治工作的组织、协调、指导和监督。

广东省地质灾害防治工作领导小组负责广东省地质灾害应急防治工作的组织、协调、指导和监督。领导小组的具体工作，由省国土资源厅负责。

广州市突发地质灾害应急组织体系由市地质灾害防治工作领导小组、各工作组、专家咨询组、区（县级市）人民政府突发地质灾害应急指挥机构和应急救援队伍组成。

6. 预防和预警机制

（1）建立以预防为主的地质灾害监测、预报、预警体系建设，形成覆盖全国的地质灾害监测网络。建立地质灾害监测、预报、预警等资料数据库，实现各部门间的共享。

（2）进行地质灾害险情巡查，发放“防灾明白卡”。

（3）建立汛期地质灾害气象预报、预警制度。

（4）建立地质灾害速报制度。

如县级人民政府国土资源主管部门接到当地出现特大型、大型地质灾害报告后，应在4小时内速报县级人民政府和市级人民政府国土资源主管部门，同时可直接速报省级人民政府国土资源主管部门和国务院国土资源主管部门。国土资源部接到特大型、大型地质灾害险情和灾情报告后，应立即向国务院报告。

7. 应急响应

地质灾害应急工作遵循分级响应程序，根据地质灾害的等级确定相应级别的应急机构。

（1）特大型地质灾害险情和灾情应急响应（Ⅰ级）。

出现特大型地质灾害险情和特大型地质灾害灾情的县（市）、市（地、州）、省（区、市）人民政府应立即启动相关的应急防治预案和应急指挥系统，部署本行政区域内的地质灾害应急防治与救灾工作。

特大型地质灾害险情和灾情的应急防治工作，在本省（区、市）人民政府的领导下，由本省（区、市）地质灾害应急防治指挥部具体指挥、协调、组织财政、建设、交通、水利、民政、气象等有关部门的专家和人员，及时赶赴现场，加强监测，采取应急措施，防止灾害进一步扩大，避免抢险救灾可能造成的二次人员伤亡。

国土资源部组织协调有关部门赴灾区现场指导应急防治工作，派出专家组调查地质灾害成因，分析其发展趋势，指导地方制定应急防治措施。

（2）大型地质灾害险情和灾情应急响应（Ⅱ级）。

出现大型地质灾害险情和大型地质灾害灾情的县（市）、市（地、州）、省（区、市）人民政府应立即启动相关的应急预案和应急指挥系统。

大型地质灾害险情和大型地质灾害灾情的应急工作，在本省（区、市）人民政府的领导下，由本省（区、市）地质灾害应急防治指挥部具体指挥、协调、组织财政、建设、交通、水利、民政、气象等有关部门的专家和人员，及时赶赴现场，加强监测，采取应急措施，防止灾害进一步扩大，避免抢险救灾可能造成的二次人员伤亡。

必要时，国土资源部派出工作组协助地方政府做好地质灾害的应急防治工作。

（3）中型地质灾害险情和灾情应急响应（Ⅲ级）。

中型地质灾害险情和中型地质灾害灾情的应急工作，在本市（地、州）人民政府的领导下，由本市（地、州）地质灾害应急防治指挥部具体指挥、协调、组织建设、交通、水利、民政、气象等有关部门的专家和人员，及时赶赴现场，加强监测，采取应急措施，防止灾害进一步扩大，避免抢险救灾可能造成的二次人员伤亡。

必要时，灾害出现地的省（区、市）人民政府派出工作组赶赴灾害现场，协助市（地、州）人民政府做好地质灾害应急工作。

（4）小型地质灾害险情和灾情应急响应（Ⅳ级）。

小型地质灾害险情和小型地质灾害灾情的应急工作，在本县（市）人民政府的领导下，由本县（市）地质灾害应急指挥部具体指挥、协调、组织建设、交通、水利、民政、气象等有关部门的专家和人员，及时赶赴现场，加强监测，采取应急措施，防止灾害进一步扩大，避免抢险救灾可能造成的二次人员伤亡。

必要时，灾害出现地的市（地、州）人民政府派出工作组赶赴灾害现场，协助县（市）人民政府做好地质灾害应急工作。

（5）应急响应结束。

经专家组鉴定地质灾害险情或灾情已消除，或者得到有效控制后，当地县级人民政府撤销划定的地质灾害危险区，应急响应结束。

8. 应急保障

（1）应急队伍、资金、物资、装备保障。

（2）通信与信息传递保障。

（3）应急技术保障。

①地质灾害应急防治专家组；

②地质灾害应急防治科学研究。

（4）宣传与培训。

加强公众防灾、减灾知识的宣传和培训，对广大干部和群众进行多层次多方位的地质灾害防治知识教育，增强公众的防灾意识和自救互救能力。

（5）信息发布。

地质灾害灾情和险情的信息发布按《国家突发公共事件新闻发布应急预案》执行。

（6）监督检查。

国土资源部会同有关部门对上述各项地质灾害应急防治保障工作进行有效的督导和检查，及时总结地质灾害应急防治实践的经验和教训。

地方各级人民政府应组织各部门、各单位负责落实相关责任。

9. 恢复和重建

（1）救灾救济；

（2）恢复重建；

（3）社会捐赠和救助管理；

（4）保险。

（二）广州市突发性地质灾害隐患分级认定办法

广州市政府在发布《广州市突发地质灾害应急预案》后，发布了广州市突发性地质灾害隐患分级认定办法，为广州市认定突发性地质灾害隐患分级提供了依据。主要内容如下：

1. 斜坡具备下列情况之一者，应认定为不稳定斜坡

（1）各种类型的危岩体；

（2）斜坡岩体中有倾向坡外、倾角小于坡角的结构面存在；

（3）斜坡被两组或两组以上结构面切割，形成不稳定棱体，其底棱线倾向坡外，且倾角小于斜坡坡角；

（4）斜坡后缘已产生拉裂缝；

（5）顺坡走向卸荷裂隙发育的高陡边坡或凹腔深度大于卸荷裂隙带；

（6）岸边裂隙发育、表层岩体已发生蠕动或变形的斜坡；

（7）坡足或坡基存在缓倾的软弱层；

（8）位于库岸或河岸水位变动带，渠道沿线或地下水溢出带附近，工程建成后可能经常处于浸湿状态的软质岩石或第四系沉积物组成的斜坡；

（9）其他根据地貌、地质特征或用图解法初步判定为可能失稳的边坡。

2. 山体斜坡具备下列特征，应认定为存在潜在崩塌隐患

（1）在地形地貌方面，斜坡前缘临空，坡度大于45°，坡面不平；

（2）在地质结构方面，斜坡岩体结构破碎，节理裂隙比较发育，岩土体有变形迹象，有不规则小裂缝，存在不连续的结构体或结构面；

（3）在水文气象方面，斜坡所在区域存在大暴雨引发因素；

（4）在人类活动方面，修路、建房等工程开挖形成软弱基座陡崖，或下部存在凹腔，无护坡措施，边坡角大于40°；

（5）已经发生过崩塌，但还存在上述特征的斜坡。

3. 山体斜坡具备下列特征，应认定为存在潜在滑坡隐患

（1）斜坡体前缘临空或隆起，坡度较陡，有间断季节性地表径流流经，岩土体较湿；

（2）坡面上出现裂缝，其上建筑物、植被有变形迹象；

（3）斜坡后缘出现裂隙，可见擦痕或有位移迹象；

（4）斜坡两侧出现羽状拉张裂缝，未贯通或已贯通形成滑坡侧壁边缘裂缝；

（5）已经发生过滑坡，但还存在上述特征的斜坡。

4. 具备下列特征的山地、丘陵区，应认定为存在潜在泥石流隐患

（1）地形相对陡峭，沟谷比较发育，每20公里长度范围内有3条以上的沟谷，沟口有堆积扇；

（2）山坡面上和沟谷中存在大量的自然或人为堆积的松散土岩体，且处于不稳定状态；

（3）所在区域有大暴雨引发山洪的因素；

（4）曾经发生过泥石流灾害。

5. 在碳酸盐岩、钙质碎屑岩和盐岩等可溶岩岩石分布区，具备下列情况之一的区域或地段，应认定为存在潜在地面塌陷隐患

（1）浅部岩溶发育强烈，可溶岩顶面起伏较大，并有洞口或裂口，岩溶洞穴空间无充填或充填较少，且充填物为沙、碎石和亚黏土的地段；

（2）采、排地下水点附近和地下水位降落漏斗范围内（特别是地下水的主要补给方向上），以及地下水位变动明显的区域；

（3）构造断裂带，背、向斜轴部，可溶岩与非可溶岩的接触部位；

（4）岩溶洼地、积水低地和池塘；

（5）第四纪土层为沙、轻亚黏土、亚黏土，且厚度小于10米的地段。

本章小结

自然变异和人为作用都可能导致地质环境或地质体发生变化，当这种变化达到一定程度时所产生的后果给人类和社会造成的危害，称为地质灾害。滑坡、崩塌、泥石流、地面沉降、地面塌陷、地裂缝等地质灾害形成的影响因素、发生机理既有自然因素也有人为因素。地质灾害风险评估的主要内容为，在风险源的危险性评价及受险对象的易损性评价的基础上，评估危险区内一定时段可能发生的一系列不同强度地质灾害造成的可能后果。

地质灾害应急的管理措施主要有：预防和预警机制（以预防为主的地质灾害监测、预报、预警体系，地质灾害防治方案，地质灾害险情巡查，地质灾害速报）、应急响应（地质灾害应急工作遵循分级响应程序，根据地质灾害的等级确定相应级别的应急机构）、应急保障（应急队伍、资金、物资、装备保障，通信与信息传递，应急技术保障，宣传与培训，信息发布，监督检查）、恢复和重建（救灾救济、恢复重建、社会捐赠和救助管理、保险）。

本章学习要点

1. 地质灾害的形成及特征。
2. 地质灾害应急管理的措施。
3. 地质灾害的风险与评估。

关键术语

地质灾害　地质灾害的风险与评估　应急处理

思考与练习

1. 什么是地质灾害？地质灾害如何分类？
2. 滑坡产生的原因是什么？滑坡可以分成几类？
3. 产生滑坡的主要条件是什么？哪些外界作用可诱发滑坡？
4. 崩塌产生的原因是什么？崩塌可以分成几类？
5. 滑坡与崩塌的主要区别是什么？
6. 崩塌发生的时间有什么规律？
7. 广东省哪些地区是崩塌和滑坡多发区？
8. 泥石流形成的条件是什么？
9. 广东省哪些地区是泥石流多发区？
10. 地面沉降的原因有哪些？

11. 地面沉降能引起哪些次生灾害?
12. 地质灾害风险评估的主要内容是什么?
13. 地质灾害应急的管理措施主要有哪些?

补充读物

1. 自然灾害学报（中国灾害防御协会、国家地震局主办）
2. 工程地质学报（中国科学院主办）
3. 中国地质灾害与防治学报（国土资源部中国地质灾害研究会主办）
4. 地质灾害与环境保护（四川省教育厅主办）
5. 灾害学（陕西省地震局主办）
6. Engineering Geology（Elsevier Science）
7. Environmental Geology（Blackwell Publishing Ltd.）
8. 中国地质环境信息网，http://www.cigem.gov.cn.
9. 中国水利科技网，http://www.chinawater.net.cn.
10. 工程地质专业委员会网，http://www.china-enggeo.com.
11. 国际地质科学联合会，http: www.iugs.org.
12. 国际滑坡研究协会，http://ilrg.gndci.pg.cnr.it.
13. 日本滑坡协会网，http://Japan.landslide-soc.org.
14. 美国地质调查局网，http://www.usgs.gov.
15. 美国国家滑坡信息中心网，http://www.geohazards.usgs.gov.
16. 中华人民共和国国土资源部，http://www.mlr.gov.cn/.

第五章　地震灾害及其应急处理

本章概述

通过本章内容的学习，了解地震的相关基本概念，掌握地震灾害的特点，认识我国地震灾害损失评估方法、标准和软件系统，掌握地震灾害及其应急处理的原则、内容、方法和步骤。

第一节　引　言

地震俗称地动，就像闪电、打雷、刮风、下雨一样，是一种自然现象。不同的是，地震不像普通的雷电风雨那样经常发生，但是一旦发生，就会造成灾害。因此，地震是一种小概率的灾害性自然现象。然而，地震又是一种危及人民生命财产安全、破坏性极大的突发性自然现象。突如其来的强烈地震，常常在数分钟，甚至是数秒钟的时间里，造成大量的人员伤亡和经济损失。

自古以来，对造成数万人死亡的强烈地震的记载屡见不鲜。如1556年陕西关中发生8.2级大地震，竟造成83万人死亡。1960年5月21日至6月22日，智利发生8.9级地震，震中烈度超过XI度，也是20世纪震级最大的震群型地震，该大地震群由7次7级以上地震组成，其中8级以上地震两次，地震期间，6座死火山重新喷发，3座新火山出现，共造成6 000人死亡，损失6.8亿美元。与此同时，这次大地震还引起了20世纪最大的一次海啸，智利沿海建筑物大部分被海浪卷走，破坏房屋16万栋。此外，海浪还以600～700公里/小时的速度扫过太平洋，15小时后袭击夏威夷群岛并扫荡了沿岸的各类建筑物；22小时后传到日本东海岸，在日本造成800人死亡，使日本沿海

1 000 多所住宅被冲走，2 万多亩良田被淹没，15 万人无家可归，造成巨大损失。1976 年 7 月 28 日发生在中国唐山的 7.8 级地震共造成 24.2 万人死亡，16.4 万人受重伤，毁坏公用房屋 1 479 万平方米，倒塌民房 530 万间，直接经济损失高达 100 亿元人民币。2004 年 12 月 26 日印度尼西亚苏门答腊岛附近海域发生 8.7 级大地震，引发了大规模海啸，灾害波及若干国家和地区，包括印度尼西亚、泰国、马来西亚、缅甸、孟加拉国、印度、斯里兰卡、马尔代夫等国以及若干个岛屿，造成约 30 万人死亡，成为现代史上最大的人员死亡灾害事件。2008 年 5 月 12 日 14 时 28 分，四川省阿坝州汶川县发生了新中国成立以来破坏性最强、地震灾害最重、救灾难度最大、波及范围最广的 8.0 级特大地震。截至 2008 年 9 月 25 日 12 时，四川汶川地震已确认 69 227 人遇难，374 643 人受伤，失踪 17 923 人。四川、甘肃、陕西三省的极重灾区和重灾区数量分别是 39 个、8 个和 4 个，共 51 个灾区县，总面积达到 13 万多平方公里（图 5－1 是位于汶川 8.0 级地震的震中Ⅺ度区的汶川县映秀镇等一些城镇几乎被夷为平地），造成的直接经济损失达 8 451 亿元人民币，其中四川占到总损失的 91.3%。2011 年 3 月 11 日下午 2 时 46 分左右，一场日本国内观测史上最强的地震撼动了日本，东京有强烈震感，震源深度 30 公里，震中位于日本东北地区太平洋沿岸，震级达到里氏 9.0 级并引发了超过 10 米高的巨大海啸，造成了重大人员伤亡和财产损失。截至当地时间 2011 年 4 月 21 日 18 时，日本大地震及其引发的海啸已确认造成 14 133 人死亡、13 346 人失踪；在地震灾情严重的宫城县有 8 570 人遇难，在岩手县有 4 078 人遇难；在这次大地震及其余震中受到不同程度损坏的房屋超过 30 万栋。

图 5－1　震后的汶川县映秀镇（Ⅺ度区）几乎被夷为平地（来源：新华网）

自1067年广东地区开始记录到有4.75级地震以来，广东省及其海域共发生4.75级地震54次，其中4.75～4.9级地震18次，5.0～5.9级地震26次，6.0～6.9级地震8次，7级地震2次。2次7级地震均发生在南澳（1600年、1918年）。1918年南澳的7.3级地震是广东最大的地震（震中烈度为X度，震中深度为23公里，极震区为南澳、汕头、诏安。南澳极震区绝大部分房屋倒塌为平地。深澳石牌坊遭破坏，牌坊顶部塌下，龙门塔顶部被震塌，塔身向西倾斜。汕头极震区房屋倒塌百余间，死伤约千人。诏安极震区民房倒塌3 000余间，死伤居民很多。极震区内地裂、冒水喷沙普遍。单个地裂缝一般宽5～20厘米，长2～5米；大者宽60～100厘米，长数十米）。6级地震分别发生在南澳、揭阳、海丰、河源、阳江等地区。1962年3月19日河源新丰江水库6.1级地震是世界上4个6级以上水库诱发地震之一（震中烈度为Ⅷ度，震源深度约5公里，在极震区造成了人员伤亡和房屋倒塌，距河源城镇5公里的双下村、三台山、亚婆山之间的新丰江沿岸一带，房屋毁坏90余间，严重迸裂的1 500余间，占总数的60%～70%，其余房屋均遭受损失，无一完好者。钢筋混凝土建筑物及新式房屋也多出现裂缝）。

对于地震及其造成的灾害，若能够较好地了解地震基本知识和地震灾害特点、掌握防震减灾的基本技术和方法、有效组织应急预案并进行应急处理，将有利于防止和减少灾害带来的破坏和损伤，这也是各级政府及地震部门和地震工程技术人员肩负的使命和责任。

第二节　地震的基本概念

一、地震

地震是指由于地球内部运动累积的能量突然释放或地壳中空穴顶板塌陷，使岩体剧烈振动，并以波的形式向地表传播而引起的地面颠簸和摇晃。

二、震源、震中、震中距

地震时，地下深处发生地震的地区称为震源，它是地震能量积聚和释放的地方。实际上震源是具有一定空间范围的区间，称为震源区。震源在地表的垂直投影叫震中。震中也是有一定范围的，称为震中区，它是地震破坏最强的地区。从震中到震源的距离叫震源深度，从震中到某观测点的地面距离叫震中距，从震源到地面这一观测点的距离叫震源距。震源、震中与观测点的关系，可从图5－2上一目了然，它们的连线构成一个直角三角形。震中距、震源深度与震源距的关系符合勾股定理。

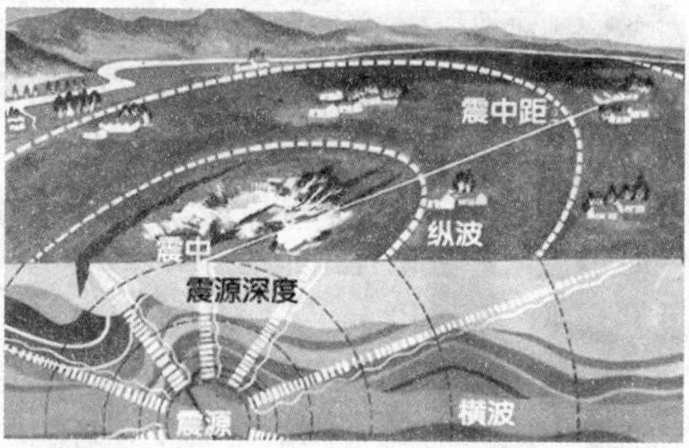

图5－2　震源、震中及震中距关系图

按震源深度可把地震分为浅源、中源和深源三种类型。浅源地震（0～60公里）分布最广，占地震总数的72.5%，其中大部分地震的震源深度在30公里以内；中源地震（60～300公里）占地震总数的23.5%；深源地震（300～720公里）较少，只占地震总数的4%。目前已知的最大发震深度为720公里。我国绝大多数地震是浅源地震，中源及深源地震仅见于西南的喜马拉雅山及东北的延边、鸡西等地。

三、地震震级与地震烈度

（一）地震震级

地震震级是衡量一次地震释放能量大小的尺度，常用里氏震级表示。里氏震级是指在距震中100公里处，用伍德—安德生（Wood－Anderson）地震仪所测定的水平最大地震震动位移振幅（以μ为单位）的常用对数。一次地震只有一个震级，以这次地震中的主震震级为代表。发生地震时从震源释放出来的弹性波能量越大，震级就越大。弹性波能量可用其振幅大小来衡量，因此，震级可用地震仪上记录到的最大振幅来测定。

震级（M）和震源发出的总能量（E）之间的关系为：

$$\lg\{E\}=11.8+1.5\{M\}\text{（其中 }E\text{ 的单位为 J）}\tag{5-1}$$

应用这个关系式，可求得不同震级的相应地震总能量，如表 5-1 所示。

表 5-1　各级地震的能量

M	E（J）	M	E（J）
1	2.0×10^{6}	6	6.3×10^{13}
2	6.3×10^{7}	7	2.0×10^{15}
3	2.0×10^{9}	8	6.3×10^{16}
4	6.3×10^{10}	8.5	3.6×10^{17}
5	2.0×10^{12}	8.9	1.4×10^{18}

注：引自《地震问答》，1997 年。

一次强烈地震所释放出的总能量是十分巨大的。例如，一次 6 级地震所释放的能量，相当于一个两万吨级的原子弹的能量，一次 7 级地震相当于近 30 个两万吨级原子弹的能量，一次 8.5 级地震的能量相当于 100 万千瓦的大型发电厂连续 10 年发电量的总和。震级和能量不是简单的比例关系，而是对数关系，震级相差 1 级，能量约相差 32 倍。

根据震级可将地震划分为：微震（2 级以下，人一般感觉不到，只有仪器才能记录到）、有感地震（2～4 级）、破坏性地震（5 级以上）、强烈地震（7 级以上）。我国 1976 年 7 月 28 日发生的唐山地震，震级为 7.8 级，就是强烈地震。迄今为止，世界上记录到的最大震级是 1960 年 5 月 22 日在南美智利西海岸发生的 8.9 级地震（后修正为 9.5 级）。

（二）地震烈度

地震烈度是指地震对地表和工程结构影响的强弱程度。地震烈度往往与地震震级、震中距及震源深度直接有关。对于一次地震，表示地震大小的震级只有一个，但它对不同地点的影响是不一样的。一般来讲，震级越大，震中区烈度越大。对同一次地震，离震中区越近，烈度越大；离震中区越远，烈度越小。对相同震级的地震，震源深度越浅，地表烈度越大；震源深度越深，地表烈度越小。另外，震区的地质构造对地震烈度也有明显影响，如一般在断裂构造发育的地带或古河道通过的地段烈度较大，地质基础坚实的地区烈度较小。此外，建筑地基的稳固程度、房屋建筑的结构特征等也会影响烈度的大小。

震中点的烈度称为震中烈度（I）。对于浅源地震，震级与震中距大致成对应关系，如经验公式（5－2）和表5－2所示：

$$M = 0.58I + 1.5 \tag{5-2}$$

表5－2　烈度与震级的大致关系

震级（M）	2	3	4	5	6	7	8	8以上
震中烈度（I）	1～2	3	4～5	6～7	7～8	9～10	11	12

判断烈度大小主要是根据人的感觉、家具及物品的震动情况、地面建筑物和地形的破坏程度等因素综合考虑确定的。按照它们的强弱分为若干等级，并用数字依序表示即成为烈度表，现在世界上一般采用12度烈度表。中国地震烈度表（见表5－3）采用12等级的地震烈度划分，本标准规定了地震烈度从Ⅰ度到Ⅻ度的地面上人的感觉、房屋震害程度、其他震害现象、水平向地面运动峰值加速度、峰值速度的评定指标和使用说明，适用于地震烈度评定。用本标准评定烈度时，Ⅰ～Ⅴ度以地面上人的感觉及其他震害现象为主；Ⅵ～Ⅹ度以房屋震害和其他震害现象综合考虑为主，地面上人的感觉仅供参考；Ⅺ～Ⅻ度以地表震害现象为主。

表5－3　中国地震烈度表

烈度	地面上人的感觉	房屋震害程度		其他震害现象	水平向地面运动	
		震害现象	平均震害指数		峰值加速度（m/s^2）	峰值速度（m/s）
Ⅰ	无感					
Ⅱ	室内个别静止中人有感觉					
Ⅲ	室内少数静止中人有感觉	门、窗轻微作响		悬挂物微动		
Ⅳ	室内多数人、室外少数人有感觉，少数人梦中惊醒	门、窗作响		悬挂物明显摆动，器皿作响		

（续上表）

烈度	地面上人的感觉	房屋震害程度		其他震害现象	水平向地面运动	
		震害现象	平均震害指数		峰值加速度（m/s²）	峰值速度（m/s）
Ⅴ	室内普遍、室外多数人有感觉，多数人梦中惊醒	门窗、屋顶、屋架颤动作响，灰土掉落，抹灰出现微细裂缝，有檐瓦掉落，个别屋顶烟囱掉砖		不稳定器物摇动或翻倒	0.31（0.22～0.44）	0.03（0.02～0.04）
Ⅵ	多数人站立不稳，少数人惊逃户外	损坏——墙体出现裂缝，檐瓦掉落，少数屋顶烟囱出现裂缝、掉落	0～0.10	河岸和松软土出现裂缝，饱和砂层出现喷砂冒水；有的独立砖烟囱出现轻度裂缝	0.63（0.45～0.89）	0.06（0.05～0.09）
Ⅶ	大多数人惊逃户外，骑自行车的人有感觉，行驶中的汽车驾乘人员有感觉	轻度破坏——局部破坏，开裂，小修或不需要修理可继续使用	0.11～0.30	塌岸出现塌方；饱和砂层常见喷砂冒水，松软土地上地裂缝较多；大多数独立砖烟囱中等破坏	1.25（0.90～1.77）	0.13（0.10～0.18）

（续上表）

烈度	地面上人的感觉	房屋震害程度		其他震害现象	水平向地面运动	
		震害现象	平均震害指数		峰值加速度（m/s^2）	峰值速度（m/s）
Ⅷ	多数人摇晃颠簸，行走困难	中等破坏——结构破坏，需要修复才能使用	0.31～0.50	干硬土上出现裂缝；大多数独立砖烟囱严重破坏；树梢折断；房屋破坏导致人畜伤亡	2.50（1.78～3.53）	0.25（0.19～0.35）
Ⅸ	行动的人摔倒	严重破坏——结构严重破坏，局部倒塌，修复困难	0.51～0.70	干硬土上出现裂缝；基岩可能出现裂缝、错动；滑坡塌方常见；独立砖烟囱倒塌	5.00（3.54～7.07）	0.50（0.36～0.71）
Ⅹ	骑自行车的人会摔倒，处不稳状态的人会摔离原地，有抛起感	大多数倒塌	0.71～0.90	山崩和地震断裂出现；基岩上拱桥破坏；大多数独立砖烟囱从根部破坏或倒毁	10.00（7.08～14.14）	1.00（0.72～1.41）
Ⅺ		普遍倒塌	0.91～1.00	地震断裂延续很长；大量山崩滑坡		
Ⅻ				地面剧烈变化，山河改观		

注：表中的数量词："个别"为10%以下；"少数"为10%～50%；"多数"为50%～70%；"大多数"为70%～90%；"普遍"为90%以上。

地震发生后，通过对地震区的宏观调查，并在地形图上注明地震时各地的烈度，然后把烈度相同的地点用曲线连接起来，便可构成等震线图。等震线通常为封闭曲线，环绕震中大致呈同心圈式分布。但是，由于地震不是点源，往往是一条断层，等烈度线（等震线）往往是逐渐稀疏的一圈圈椭圆。在实际震例中，由于传播介质不均匀，地基影响比较明显，地震断层有倾角且可能比较复杂等多种因素影响，等震线有可能并非都是一圈圈椭圆。图5－3和图5－4给出了1976年唐山7.8级和2008年汶川8.0级两个震例的等震线。

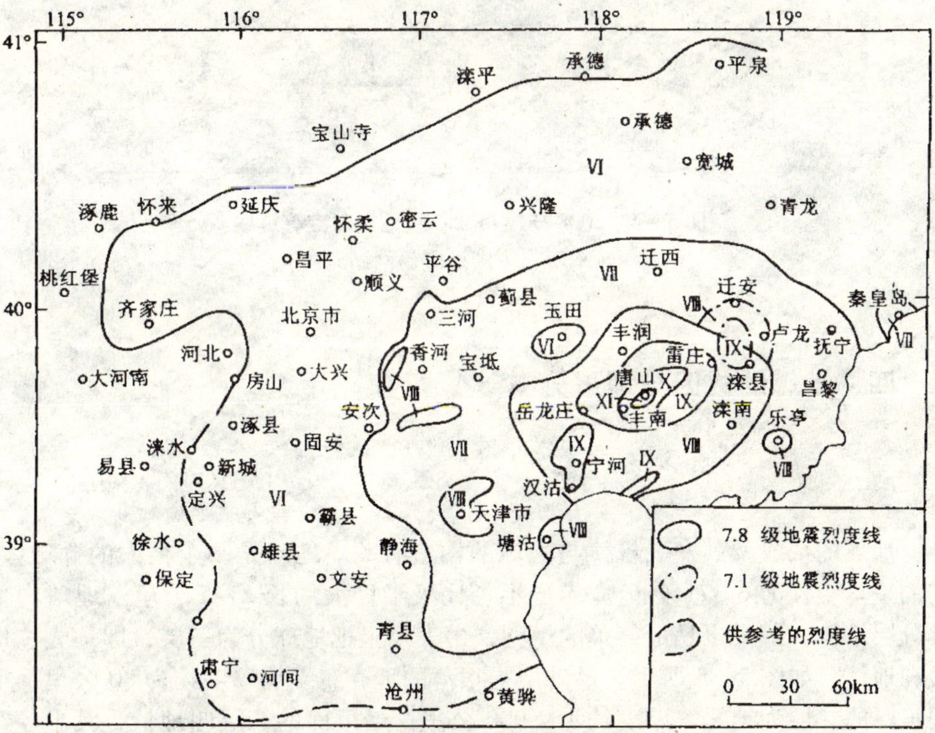

图5－3　1976年唐山7.8级地震烈度等震线

图 5-4　2008 年汶川 8.0 级地震烈度等震线
（来源：中国地震局网站）

四、地震的成因与地震分布

（一）地球的构造

地震的形成及其发展规律与地球的构造有关。地球是一个很大的椭球体，它的平均半径为 6 371 公里。赤道半径比极半径大约长 21.5 公里。地球内部具分层结构，最早也是最简单的模型，由表及里把地球分为三层，即地壳、地幔和地核，如图 5-5 所示。最外层是很薄的地壳，平均厚度约为 80 公里；中间很厚的一层为地幔，厚度约为 2 900 公里；最里面的一层叫地核，其半径约为 3 500 公里。随着观测技术的进步和地震学研究的进展，科学家们陆续发现更多的分界面，已建立七层或更多层模型，主要是把地幔和地核又分别分成上地幔与下地幔、外核与内核，以及一些过渡层。

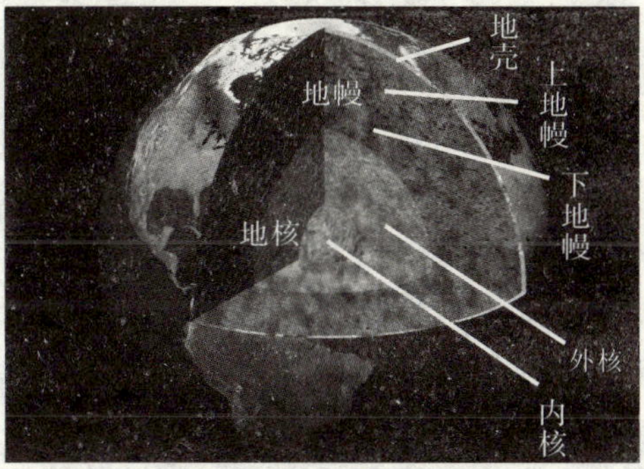

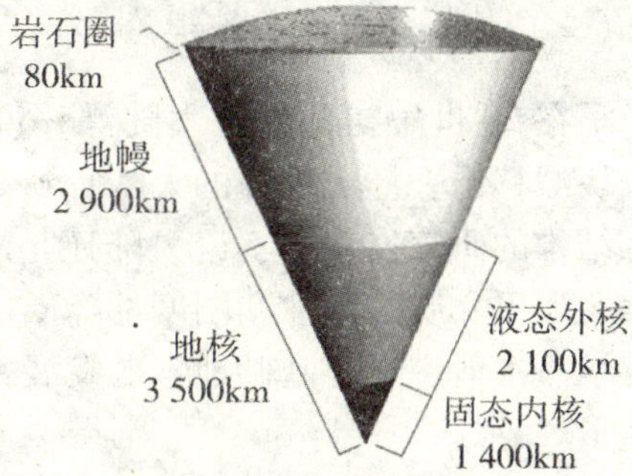

图 5 - 5　地球分层结构示意图

地壳由各种不均匀的岩石组成。地表覆盖一层薄薄的沉积岩、风化土以及疏松沉积物等。陆地下面的地壳主要为：上部是花岗岩层，下部为玄武岩层；海洋下面的地壳性质较单一，一般只有玄武岩层。地壳厚度变化很大，在海洋下面，一般仅有几公里；而在大陆下面，平均厚度为 30 ~ 40 公里。世界上绝大部分地震都发生在地壳下。

地幔由质地坚硬、密度较大的黑色橄榄岩组成。据推测，它占地球全部体积的 5/6。从地下 20 ~ 700 公里，其温度由约 600℃ 上升到 2 000℃。在这一范围内，存在一个厚约几百公里的软流层。由于温度分布不均匀，发生了地幔内部物质的对流；此外，地球内部的压力也是不均匀的。因此，地幔内部物质在这样的热状态下和不均衡压力作用下缓慢地运动着。这可能是地壳运动的根源。到目前为止，所观测到的最深地震发生在地下约 700 公里处，可见地震仅发生在地壳内和地幔上部。

地核可分为外核与内核，其主要构成的物质是镍和铁。据推测，外核可能处于液态，厚度约为 2 100 公里；内核可能处于固态，半径约为 1 400 公里。

地壳、地幔、地核三部分的重力密度分别为 27 000 ~ 30 000kN/m^3、33 000 ~ 55 000kN/m^3、97 000 ~ 123 000kN/m^3，平均重力密度约为 55 000kN/m^3，地球内部的温度是随距地表面深度的增加而增加的，深度每增加 1 公里温度约升高 30℃，但增长率随深度增加而减小。经推算，在地下20公里深处的温度约为 600℃，100 公里处为 1 000℃ ~1 500℃；700 公里处约为2 000℃。地球内部的压力也是随距地表面深度的增加而增加的，有资料表明，地幔外部的压力约为 9 000kPa，地核外部的压力约为 1 400 000kPa，地核中的压力约为 3 700 000kPa。这些差别必将引起地壳的局部变形，变形积累到一定的程度，将引发突变——爆发地震。

（二）地震的板块构造理论

早在20世纪初，就有大陆漂移说，认为一个超级大陆于3亿年前破裂，其碎块漂移出去形成现今的大陆。到20世纪60年代末地震学关于地壳及地球内部结构的研究发现，不论大陆还是海洋，地壳底下的上地幔内都有低速层。这表明那里介质的弹性和刚度都降低了，在长期力的作用下，可能流动。随着地震学、古地磁学等基础地学的发展，在大陆漂移说的基础上，板块构造理论诞生了。

板块构造的基本概念是：岩石圈由几个大而相对稳定，即相对刚性的岩石板块组成，它们覆盖在地球表面，或者说漂浮在软流圈上，彼此相对运动。大的板块有7块，即太平洋板块、欧亚板块、印度—澳大利亚板块、北美板块、南美板块、非洲板块和南极洲板块，如图5－6所示。

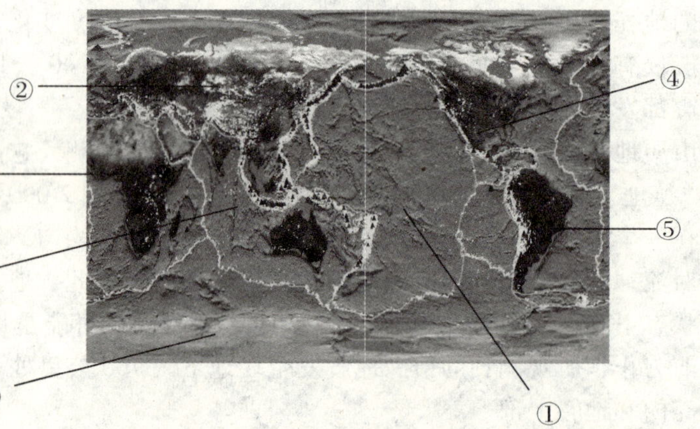

图5－6　主要板块分布图

（①太平洋板块；②欧亚板块；③印度—澳大利亚板块；
④北美板块；⑤南美板块；⑥非洲板块；⑦南极洲板块）

有关板块的相互作用和相对运动的要点如下：新的板块物质由海底扩张产生，海底扩张是由于软流圈热而轻的岩浆从大洋中脊上涌转而向两侧扩散而造成的；地球表面积保持不变，大洋板块新的生长由大洋老板块向大陆板块俯冲、消减而平衡。海沟处俯冲的大洋老板块冷而密度大，会产生向下的拉力，也促进了板块运动；在两个大陆板块的碰撞带，可能使地壳厚度加大，且强烈变形，形成宏伟的褶皱山系，如青藏高原和喜马拉雅山脉；刚性板块可以在很长的水平距离上传递应力而不弯曲，板块间的相对运动主要发生在它们的边界上。图 5－7 描绘了大洋中脊软流圈岩浆上涌、海底扩张以及大洋板块向大陆板块俯冲的模型。

图 5－7　板块运动模型

（三）世界地震分布

板块构造理论能够很好地解释全球大地震和火山的分布及其机制，甚至可以说明为什么深源地震只有那么几个地方才会发生。它成功地解释了全球构造及其演化，为解决与人类生活密切相关的矿产资源、环境与灾害问题提供了理论基础。强震往往沿着与地质构造有一定联系的地震带分布，震级越大，分布的成带性越明显。图 5－8 绘出了 1900—2004 年全球 7 级以上强震分布。很明显，全球大多数 7 级以上地震集中分布在两大地震带：环太平洋地震带和地中海—南亚地震带。另外，大西洋、北冰洋和印度洋的洋脊，东非裂谷，以及东亚和北美大陆也都有一些地震分布。

环太平洋地震带沿岸集中分布了全球 80% 的浅源地震、90% 的中源地震和全部的深源地震，是世界最大的地震带。在西太平洋，该带沿着堪察加、库页岛到日本，在日本西南分成两支，一支经琉球、中国台湾、菲律宾、印度尼西亚苏拉威西到其他群岛；另一支沿马里亚纳海沟延伸，在苏拉威西岛与哈马里拉岛之间与前一支汇合。在东太平洋，该地震带北从美国的阿留申群岛，经阿拉斯加、加利福尼亚、墨西哥、中美洲巴勒比、南美洲秘鲁和智利，进入南东太平洋，经澳洲麦阔里岛、新西兰、汤加、新赫布里特群岛、所罗门群岛、巴布亚新几内亚到加罗林群岛。可以看到，环太平洋地震带的位置基本上就是太平洋板块与四周的欧亚大陆板块、北美板块、南美板块、澳洲板块的交界地带。

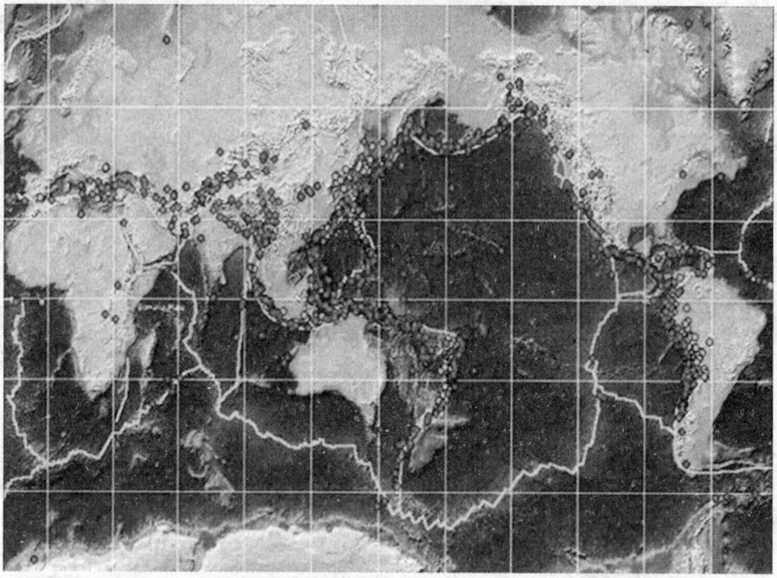

图5－8　世界强震及震中带分布图（1900—2004）

地中海—南亚地震带从欧洲的亚速尔群岛，经地中海、意大利、巴尔干、高加索，以及亚洲的伊朗、俾路支弧、喜马拉雅弧、缅甸弧，到印度尼西亚，是世界上仅次于环太平洋地震带的另一条大地震带。它位于非洲、阿拉伯和印度—澳大利亚等大陆板块向北与欧亚大陆板块相互碰撞的边界上。这里没有板块俯冲带，因此，没有深源地震。但在喜马拉雅弧东、西两端，分别与缅甸弧或俾路支弧交汇处附近，形成两个著名的中源地震集中地区：缅甸中源地震区和兴都库什中源地震区。

（四）中国地震分布

中国位于世界两大地震带——环太平洋地震带与地中海—南亚地震带之间，东有太平洋板块、菲律宾板块，西南有印度板块的推挤，是一个多地震的地区。据统计，20世纪以来，全球1/3的大陆强震发生在中国大陆。中国共发生6级以上地震近800次，遍布除贵州、浙江两省和香港特别行政区以外所有的省、自治区、直辖市。图5－9为1900—2004年中国地震分布图。

中国地震断裂带十分发育，地震活动频度高、强度大、震源浅、分布广，是一个震灾严重的国家。1900年以来，中国死于地震的人数达55万之多，占全球地震死亡人数的53%；1949年以来，100多次破坏性地震袭击了22个省（自治区、直辖市），其中涉及东部地区14个省份，造成27万余人丧生，占全国各类灾害死亡人数的54%，地震成灾面积达30多万平方公里，房屋倒塌达700万间。地震及其他自然灾害的严重性构成中国的基本国情之一。

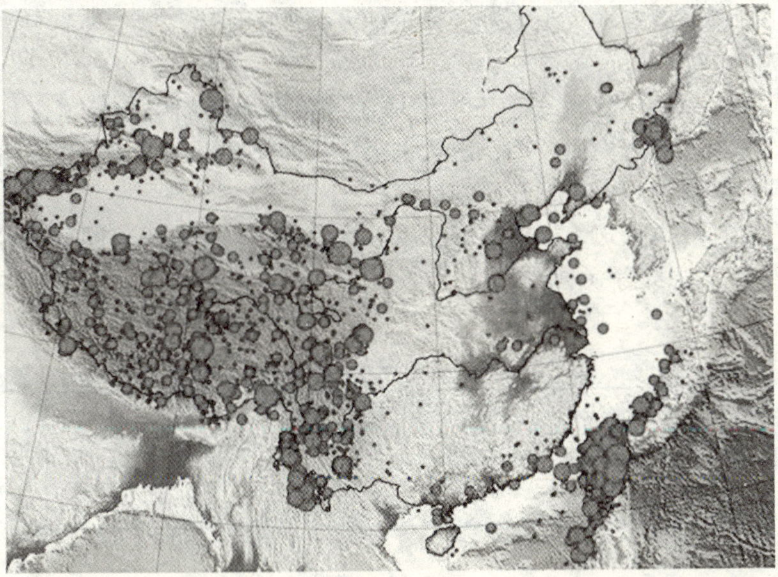

图5－9　中国地震分布图（1900—2004）

我国的地震活动主要分布在五个地区的23条地震带上。这五个地区是：①台湾省及其附近海域；②西南地区，主要是西藏、四川西部和云南中西部；③西北地区，主要在甘肃河西走廊、青海、宁夏、天山南北麓；④华北地区，主要在太行山两侧、汾渭河谷、阴山—燕山一带、山东中部和渤海湾；⑤东南沿海的广东、福建等地。我国的台湾省位于环太平洋地震带上，西藏、新疆、云南、四川、青海等省区位于喜马拉雅—地中海地震带上，其他省区处于相关的地震带上。

五、地震分类、发生与预测

（一）地震分类

造成地震的成因很多，按其成因可分为：天然地震（构造地震、火山地震、塌陷地震）、诱发地震（矿山冒顶、水库蓄水等）和人工地震（爆破、核爆炸、物体坠落等）。其中天然地震占绝大多数。在天然地震中：

（1）构造地震——由于地壳深处岩层错动、破裂所造成的地震称为构造地震。这类地震发生的次数最多，破坏力也最大，占全世界地震的90%以上。

（2）火山地震——由于火山作用，如岩浆活动、气体爆炸等引起的地震称为火山地震。只有在火山活动区才可能发生火山地震，这类地震只占全世界地震的7%左右。

（3）塌陷地震——由于地下溶洞或矿井顶部塌陷而引起的地震称为塌陷地震。这类地震的规模比较小，次数也很少，即使有，也往往发生在溶洞密布的石灰岩地区或大规模地下开采的矿区。

还有多种分类方式，如按震源深度、震级大小、震中距不同分类等，如表5－4、表5－5、表5－6所示。

表5－4　按震源深度分类

浅源地震	震源深度小于60公里
中源地震	震源深度为60～300公里
深源地震	震源深度大于300公里

表5－5　按震级分类

微（地）震	1级≤震级<3级的地震
小（地）震	3级≤震级<4.5级的地震
中（地）震	4.5级≤震级<6级的地震
强（地）震	6级≤震级<7级的地震
大（地）震	7级≤震级<8级的地震
特大地震	震级≥8级的大地震

表5－6　按震中距分类

地方震	震中距小于100公里
近震	震中距100～1 000公里
远震	震中距1 000公里以上

（二）地震的发生

地震，老百姓俗称为“地动”。它就像刮风、下雨、洪涝、山崩、火山爆发一样，是经常发生的一种突发性自然现象。地质学家里德（H. F. Reid）提出：地震的过程，就是断层在地质作用下发生突然断裂的过程。因此，地震的过程大体上是：构造运动造成了断层两侧的地球介质的变形，当地球介质承受不住这种变形的时候，就会发生断裂，地震就是这种断裂的直接结果。一次大的破坏性地震，尤其是发生在人口稠密、经济发达的地区或城市，在几十秒甚至几秒钟内就会使成千上万的人在地震中丧生，成百上千幢建筑物沦为废墟，给人类造成巨大的灾难。

1556年，陕西省华县发生8级以上大地震，死亡83万人，是全世界有史以来死亡人数最多的一次地震，史称“关中大地震”或“华县大地震”。1985年墨西哥发生8.1级大地震，累计经济损失达70亿~80亿美元。1976年我国唐山7.8级大地震，死伤40余万人，造成100亿元的直接经济损失。2008年5月12日四川汶川8.0级特大地震，直接经济损失8 451亿元人民币，是新中国成立以来破坏性最大、救灾难度最大的一次地震灾害。这起历史罕见的地震灾害所造成的巨大破坏，举国震惊，举世关注。2011年3月11日日本东北地区特大地震，震级达到里氏9.0级并引发了超过10米高的巨大海啸，造成了重大人员伤亡和财产损失。

（三）地震的预测

地震预测是公认的世界性难题，是地球科学的一个宏伟的科学研究目标。如能同时准确地预测出未来大地震的地点、时间和强度，无疑可以拯救数以万计生活在地震危险区的人民的生命。如果能预先采取适当的防范措施，就有可能最大限度地减轻地震对建筑物等设施的破坏，减少地震造成的经济损失，促进社会的稳定和经济的繁荣。

自20世纪50年代末60年代初以来，作为一个极富现实意义的科学问题，地震预测一直是世界各国地震学家密切关注的焦点。实现地震预测的方法主要有三大类，即地震地质方法、地震统计方法、地震前兆方法。在以减轻地震灾害为目的的地震预测、预报实践中，我国的地震工作者坚持面向社会、面向国民经济建设，坚持边观测、边研究、边预报，坚持以预防为主、专群结合、多路探索，取得了包括举世瞩目的1975年2月4日的海城7.3级地震预报成功在内的进展，也遇到了对1976年7月28日唐山7.8级地震未能作出短临预报的挫折。我国地震工作者从挫折中得到教训，越来越清醒地认识到地震现象的复杂性和地震预测的艰巨性。

世界各国地震专家经过40多年的努力，积累了大量的前兆震例资料。随着研究工作的深入，越来越多的专家与公众认识和了解到地震预测远比原先知道的困难，“发现”了原先没有发现的地震现象的复杂性。和20世纪70年代的情况不同，近几年地震预测不再是众多的学术会议的热门议题。尽管如此，当前的地震预测和预报仍是世界性难题。我国在震例资料和地震预报经验的积累方面具有一定优势，总体而言，地震预报水平处在世界先进行列。我国现在能够对某些特殊类型的地震作出一定程度的预报，对较大时间尺度的中长期地震预报已有一定的可信度，不过对短期临震预报的成功率较低，还不能预报所有的地震。

第三节　地震灾害

由地震产生的灾害，简称震灾或震害。一般分为地震原生灾害和地震次生灾害。在刚刚过去的20世纪里，数以千计的破坏性地震袭击了世界上众多的国家和地区，造成了大约150万人死亡和难以计数的巨大经济损失。

据统计，在20世纪发生的灾难性地震中，死亡人数达1万人以上的地震有28次，其中死亡5万人以上的地震7次，10万人以上的地震4次，20万人以上的地震2次。1902年8月发生在我国新疆阿图什的8级地震，是20世纪第一个死亡人数逾万人的特大地震。1935年5月巴基斯坦基达7.5级地震、1970年5月秘鲁7.7级地震和1990年6月伊朗鲁德巴尔7.3级地震，死亡人数均超过了5万人，其中秘鲁7.7级地震造成6.68万人丧生。1908年12月意大利西西里岛7.5级地震和1923年9月日本关东8.2级地震的死亡人数分别达到12.3万和10万。1920年12月海原8.5级地震和1976年7月唐山7.8级地震，其死亡人数分别高达23.4万和24.2万，这两次地震均发生在我国大陆内部，是20世纪死亡人数最多的特大地震。至于过去百年内死亡人数达数百至数千的地震则更是不胜枚举。在经济损失方面，地震的危害同样令人触目惊心。例如，1906年4月美国旧金山8.3级地震，造成城市供水系统破坏，并因火炉倾倒引发大火，大火持续三天三夜，将10平方公里的市区化为灰烬，直接经济损失5亿美元；日本关东大地震，导致东京、横滨两城市严重破坏，并引起特大火灾，其中震毁房屋25.5万间，烧毁房屋44.7万间，经济损失达28亿美元；1976年我国唐山大地震，使超过百万人口的工业大城市毁于一旦，经济损失逾100亿元人民币；1983年5月日本秋田7.7级地震，损失65.6亿美元；1985年9月墨西哥8.1级地震，损失50亿美元；1988年12月苏联亚美尼亚7.0级地震，损失100亿卢布。随着社会发展和城市规模不断扩大，地震经济损失也日趋严重。1994年1月美国洛杉矶6.7级地震，损失170亿美元；而1995年1月日本阪神7.2级地震、1999年8月土耳其伊兹米特7.8级地震和1999年9月中国台湾南投地震，其经济损失分别达960亿美元、200亿美元和100亿美元，创地震历史上经济损失之最。2008年5月12日的四川汶川8.0级特大地震，是新中国成立以来破坏性最大、救灾难度最大的一次地震灾害。据民政部报告，已确认69 227人遇难，374 643人受伤，失踪17 923人，直接经济损失8 451亿元人民币。2011年3月11日日本东北地区太平洋沿岸的9.0级大地震引发了超过10米高的巨大海啸，造成了重大人员伤亡和财产损失，已确认造成14 133人死亡、13 346人失踪，损坏的房屋超过30万栋。

一、地震灾害的特点

与旱灾、水灾、风灾、泥石流、山崩、农作物病虫害等灾害相比，地震灾害具有以下特点：

（一）突发性强

地震发生十分突然，一次地震，持续时间往往只有几十秒钟。大地震的发生，往往在几秒至十几秒的瞬间即可释放出极具破坏力的巨大能量。从致灾的速度来讲，地震的危害无疑位居洪涝、干旱、飓风、风暴潮等各种突发性自然灾害的首位。由于成灾速度极快，地震发生时常使人猝不及防，这是地震导致严重人员伤亡的主要原因。

（二）破坏性大

发生在人口稠密、经济发达地区的大地震，往往可能造成大量人员伤亡和巨大经济损失。据有关资料记载，1556年中国陕西省华县8级大地震，死亡83万人；1976年中国河北唐山7.8级大地震，死亡24万人。据统计，20世纪以来，全世界因地震死亡的人数达150多万人，占各种自然灾害死亡总数的54%，平均每年所造成的经济损失高达几十亿美元。

（三）社会影响深远

大地震由于突发性强、伤亡惨重、经济损失巨大，往往会产生一系列连锁反应，对于一个地区甚至一个国家的社会生活和经济活动造成巨大冲击，因此往往会引起社会、政府乃至国际上的高度重视。同时，一次地震的破坏区虽然有限，有感范围却很大，波及面广，对人们心理上的影响也比较大，这些都可能造成较大的社会影响。

（四）防御难度大

与洪水、干旱、台风等气象灾害相比，地震的预测要困难得多。同时，建筑物抗震性能的提高，需要大量资金的投入，这也不是短时期能够做到的。要减轻地震灾害，需要各方面的协调和配合，需要全社会长期艰苦细致的工作。因此，对地震灾害的防御，比起其他一些灾害来说，可能更困难一些。

二、地震直接灾害和次生灾害

（一）地震直接灾害

由地震的直接作用，如地震波引起的强烈振动、地震断层的错动和地面变形等所造成的灾害称为地震直接灾害。它主要包括以下一些现象：

1. 建筑物破坏

强烈地震时，房屋等建（构）筑物因强烈振动或地面变形，会受到破坏，这是地震最普遍、最常见的现象。1976 年唐山 7.8 级大地震，倒塌的房屋有 530 万间；1974 年永善 7.1 级地震，云南四川两省共有 6.6 万间房屋受到破坏，其中倒塌 2.8 万间；1985 年 3 月 29 日发生在四川省自贡市的地震，虽然震级只有 4.8 级，倒塌的房屋却有 400 余间，还有很多房屋受到不同程度的破坏。2011 年 3 月 11 日日本东北地区太平洋沿岸的 9.0 级大地震引发了超过 10 米高的巨大海啸，损坏的房屋超过 30 万栋。

建筑物在地震时按破坏程度可以分为五个等级：基本完好、轻微破坏、中等破坏、严重破坏、毁坏。建筑物的破坏程度既与地震烈度有关，也与建筑物所在地的场地条件、建筑物本身的类型及质量等因素有关。

2. 生命线工程破坏

对社会生活和生产有重大影响的交通、通信、供水、排水、供电、供气、输油等工程系统称为生命线工程，它就像人体的血管和神经一样，非常重要。强烈地震可能使桥梁断裂、路面开裂下陷、铁路扭曲、电缆拉断、管道破裂，也可能使发电厂、变电站、水库、大坝、配气站、油库、自来水厂、电信局、电视台、电台等要害部门遭到破坏，从而使现代化的城市瘫痪。1995 年日本阪神 7.2 级地震，高架桥部分倒塌，三条高速公路和著名的“新干线”铁路完全中断，100 万户停电，120 万户停水，城市生命线工程受到严重破坏。

3. 地面破坏

地震常常会造成滚石、山崩、滑坡、地裂缝、地面鼓包、地基沉陷、沙土液化、喷砂冒水等地面破坏现象。图 5－10 为 2011 年 3 月 11 日日本 9.0 级大地震遭到严重破坏的路面。地震时出现的地裂缝，小的几厘米宽，甚至更小；大的可长达几十米，宽度从几厘米到几十厘米。这些地裂缝往往成组出现，按一定方向有规律排列，有时还伴随地面鼓包现象。1973 年 2 月 6 日四川炉霍 7.6 级大地震，就产生了大量的地裂缝，其中的一条地裂缝带沿西北—东南方向延伸，断断续续总长达 90 公里。地裂缝穿过的地方，可使屋倒墙裂、桥梁错断、公路铁路遭到破坏。不过地裂缝的深度一般只有几十厘米，最多不过一两米，并不像有人想象的那样“深不可测”。

图 5－10　2011 年 3 月 11 日日本 9.0 级大地震遭到严重破坏的路面（来源：搜狐网）

（二）地震次生灾害

由地震引发的火灾、水灾、海啸、有毒物质泄漏和疫病流行等灾害，称为地震的次生灾害。地震时，由于电线短路、煤气泄漏、油管破裂、炉灶倾倒等原因，往往造成火灾。地震山崩堵塞河道，形成“地震湖”，会使上游一些地区被水淹没。一旦地震湖溃决，下游便会遭到严重水灾。另外，地震时如果水库大坝遭到破坏，也会造成水灾。

地震带来的惨重损失，有时并不都是由地震造成的直接灾害，即地面强烈震动和地表破裂变形引起建筑物工程设施的破坏所造成的，地震所诱发的次生灾害如火灾、洪水、海啸、山崩、滑坡、泥石流等的损失往往也很严重，有时甚至会超过直接灾害所造成的损失。例如，1923 年日本关东大地震，在地震中毁坏的 70 多万间房屋中，有一大半是被引发的大火烧掉的；而死亡的 10 万人中有 5.6 万是被大火烧死的。1960 年 5 月 21 日至 6 月 22 日智利发生了 20

世纪震级最大的震群型地震，该大地震群由7次7级以上地震组成，其中8级以上地震两次，最大震级8.5级。接连发生的大地震在瑞尼湖区引发了大型滑坡，滑坡体填入湖盆使湖水上涨外溢，淹没了瓦尔的维亚城，造成全城100万人无家可归。与此同时，这次地震还引起了巨大的海啸，智利沿海建筑物大部分被海浪卷走，破坏房屋16万栋。此外，海浪还以每小时600～700公里的速度扫过太平洋，使日本沿海1 000多间住宅被冲走，2万多亩良田被淹没，15万人无家可归。1933年8月我国叠溪7.5级地震也造成了巨大的洪水灾害，这也是我国历史上最大的一次地震水灾。地震时造成山体崩塌堵塞了岷江，45天后堵塞体溃决，江水咆哮而下，冲毁房舍无数，淹没人员2万多，冲毁良田5万多亩。1971年美国洛杉矶发生6.6级地震，该市最大的水坝受震后产生裂缝，威胁下游安全，迫使下游8万多居民紧急搬迁。这些震例告诫我们，在做好对地震直接灾害防御的同时，还应特别重视对可能诱发的次生灾害源进行有效的防治，这一点对于地震时极易引起火灾的城市尤其重要。地震造成的人员伤亡，既可能由直接灾害引起，如房屋倒塌造成的伤亡等，也可能由次生灾害引起，如地震火灾与地震水灾等。

1. *地震海啸*

海啸是海底激烈的地壳变化造成大面积水域突然上升或下降而激起的海洋长波巨浪。海啸的波长可达几十至几百公里，传播速度为600～800公里/小时，可以传播很远的距离。海啸在深水大洋区传播时，其携带的能量分布在很大的水域体积内，一般在大洋的表面上波高不超过数米。当传播至海滨区域时，因深度急剧变浅，能量集中，引起波的振幅加大，可能出现数十米的巨浪。海啸传播至滨海陆地的表现形式之一是海水陡涨，突然形成几十米高的“水墙”，伴随隆隆巨响，向滨海陆地涌来，然后海水又骤然退去。表现形式之二是滨海或海湾的海水先出现异常的倒退现象，露出海底，然后海水突然席卷而来，冲向陆地。海底地震引发海啸一般要有三个条件：一是震源断层表现为倾滑，就可能引起海啸。也就是说，震源断层要有垂直差异运动才能引起海啸。当震源表现为平推错动时，不致产生海啸。二是要有震级、震源深度条件。一般震级大于6.5级、震源深度在25公里以内，可产生海啸；震级在7.5级以上，震源深度在40公里以内，可形成灾难性海啸。三是深水区比浅水区易于产生海啸。破坏性海啸，其震源区水深一般在200米左右，灾难性海啸的震源区水深在1 000米以上。在满足震源断层条件和水深条件下，震级越大，震源越浅，海啸级别越大。

1960年5月，智利中南部的海底发生了强烈的地震，引发了巨大的海啸，导致数万人死亡和失踪，沿岸的码头全部瘫痪，200万人无家可归，这是世界上影响范围最大，也是最严重的一次海啸灾难。从1960年5月21日凌晨开始，在智利的蒙特港附近海底，突然发生了罕见的强烈地震。震级之高、持续时间之长、波及面积之广，实属少有。大地震一直持续到6月23日，在前后1个多月的时间内，先后发生了225次不同震级的地震。震级在7级以上的有10次之多，其中震级大于8级的有3次。5月22日19时11分，忽然地震大作，震耳欲聋。地震波像数千辆隆隆驶来的坦克车队从蒙特港的海底传来。不久，大地便剧烈地颤动起来。这次地震，是世界地震史上一次震级最高、最强烈的地震，震级达8.9级（后修正为9.5级）。它发生在太平洋智利海沟、蒙特港附近海底，震中为3.2°S，76.6°W，影响范围在南北800公里长的椭圆内。这场超级强烈地震持续了将近3分钟之久，给当地居民带来了严重的灾难。大震之后，忽然海水迅速退落。大约过了15分钟后，海水又骤然而涨。顿时波涛汹涌澎湃，滚滚而来，浪涛高达8~9米，最高达25米。呼啸着的巨浪，以摧枯拉朽之势，越过海岸线，袭击着智利和太平洋东岸的城市和乡村。那些留在广场、港口、码头和海边的人们顿时被吞噬，海边的船只、港口和码头的建筑物均被击得粉碎。随即，巨浪又迅速退去。所过之处，凡是能够带动的东西，都被潮水席卷而走。海潮如此一涨一落，反复震荡，持续了将近几个小时。太平洋东岸的城市，刚被地震摧毁变成了废墟，此时又频遭海浪的冲刷。太平洋沿岸，以蒙特港为中心，南北800公里，几乎被洗劫一空。在这次大海啸的灾变中，除智利首当其冲之外，还涉及相当广泛的地区。太平洋东西两岸，如美国夏威夷群岛、日本、俄罗斯、中国、菲律宾等许多国家与地区，都受到了不同程度的影响，有的损失也十分惨重。地震发生后，海啸波又以每小时700公里的速度横扫了西太平洋岛屿。仅仅14个小时，就到达了美国的夏威夷群岛。到达夏威夷群岛时，波高达9~10米，巨浪摧毁了夏威夷群岛西岸的防波堤，冲倒了沿堤大量的树木、电线杆、房屋、建筑设施，淹没了大片的土地。不到24小时，海啸波走完了大约1.7万公里的路程，到达了太平洋彼岸的日本列岛。此时，海浪仍然十分汹涌，波高达6~8米，最大波高达8.1米。日本本州、北海道等地，停泊港湾的船只、沿岸的港湾和各种建筑设施，遭到极大的破坏。临太平洋沿岸的城市、乡村和一些房屋以及一些还来不及逃离的人们，都被这突如其来的波涛卷入大海。这次由智利海啸波及的灾难，造成了日本数百人的死亡，冲毁房屋近4 000间，沉没船只逾百艘，沿岸码头、港口及其设施多数被毁坏。智利大海啸还波及了太平洋沿岸的俄罗斯。在堪察加半岛和库页岛附近，海啸波涌起的巨浪亦达6~7米，致使沿岸的房屋、船只、码头、人员等遭到不同程度的破坏和损失。在菲律宾群岛附近，由智利海啸波及的巨浪也高达7~8米，沿岸城市和乡村居民遭到了同样的厄运。中国沿海由于受到外围岛屿的保护，受这次海啸的影响较小。但是，在东海和南海的验潮站，都记录到了这次地震海啸引发的汹涌波涛。总之，智利大海啸对太平洋沿岸大部分地区都造成了程度不同的破坏，其影响范围之大，为历史所罕见。

印尼苏门答腊岛附近海域2004 年12 月26 日上午8 时左右发生近40 年来世界上最强烈的地震之一（中国地震台网测定震级为里氏8.7 级，美国地震监测网测定震级为里氏9.0 级）。地震引发的海啸波及印度尼西亚、斯里兰卡、印度、泰国、孟加拉国、马尔代夫、索马里、马来西亚、缅甸、坦桑尼亚、塞舌尔、肯尼亚等印度洋及其沿岸十几个国家，死亡人数超过28 万（其中印度尼西亚234 271 人）。世界各大媒体争相报道，各著名地震研究机构纷纷发表评论，其中很引人注目的一条消息来自美国地质调查局：按照矩震级 M_w 排序，这次特大地震为20 世纪以来，名列1960 年智利9.5 级，1964 年阿拉斯加威廉王子海湾9.2 级，1957 年阿拉斯加安德烈亚诺夫群岛9.1 级地震之后，与1952 年堪察加9.0 级地震并列第四。

图5－11 是2004 年12 月30 日发布的卫星图片，显示的是受灾最为严重的印度尼西亚亚齐省首府班达亚齐海滨地区受海啸袭击前后的情形。

图5－11　海啸袭击前后印尼班达亚齐海滨地区情形对照（来源：新华网）
（左图拍摄于海啸前的2004 年6 月23 日，右图拍摄于海啸后的2004 年12 月28 日）

2. 火灾

火灾是多种次生灾害中最常见、造成损失最大的次生灾害。在城市地震灾害中，以火灾为首的次生灾害有时并不亚于直接灾害造成的损失，美国旧金山地震、日本关东地震和智利大地震等还出现城市地震次生灾害的损失超过直接灾害的震例。1906 年美国旧金山发生8.3 级地震，全市有50 多处起火，由于自来水管和消防站被震坏，水源断绝，大火连烧三昼夜，约10 平方公里的城区被烧毁，火灾造成的损失高出地震直接破坏损失的3 倍。1923 年日本关东发生8.2 级地震，距震中60 公里的横滨市有1/5 的房屋倒塌，208 处几乎同时起火，因为消防设备和水管被破坏，无法灭火，城市几乎全部被烧光；距震中90公里的东京，房屋被震塌近13万栋，损坏12.6万栋。由于震后未及时切断电源、关闭煤气，全市有200多处起火，又因水管破坏、水源断绝、街道狭窄、道路堵塞等，无法及时灭火，全市大火烧毁房屋44.7万栋。据统计，在死亡的10多万人中，90%以上是被烧死的，在一处空地上聚集了4万多人，就有3.8万人在四面大火的包围中无路可走，拥挤枕藉而死。在我国，从邢台地震到唐山地震，也都有火灾发生，其中很突出的是防震棚火灾。海城地震时次生火灾仅60起，防震棚火灾有3 142起，烧死424人，烧伤651人；唐山地震时，天津发生火灾36起，而防震棚火灾有452起，烧死52人，烧伤56人。

3. 地震滑坡和泥石流灾害

地震发生在山区时，一般都伴有不同程度的坍塌、滑坡、泥石流灾害。1970年秘鲁7.7级地震时，泥石流以80～90m/s的速度流动了160公里，5 000万立方米的泥土石块使1.8万人葬身其中，是世界上最大的地震泥石流灾害。滑坡、泥石流进入江河会堵塞河道，造成地震水灾。1933年四川迭溪发生7.5级地震，使千年古城迭溪被地震滑坡毁灭，附近蜗江两岸山体崩塌、滑坡堆积成三座高达100米左右的天然石坝，将岷江截断，堵塞成4个堰塞湖，震后45天，坝体决口。酿成下游空前的大水灾，洪水纵横泛滥近千公里，淹没人口2万以上，冲毁农田3 000多平方公里。而且地震滑坡、泥石流灾害，也如地震余震活动那样，持续时间长，反复性大，可从地震开始一直延续到次年乃至数年。

图5－12　汶川地震发生后的滑坡、崩塌和泥石流情况（来源：搜狐网）

2008 年 5 月 12 日汶川大地震地动山摇，引发了大量的滑坡、崩塌、泥石流等次生地质灾害。据国新办初步统计，截至 2008 年 9 月 4 日，地质灾害多达 12 000 多处，潜在隐患点近 8 700 处，有危险的堰塞湖 30 多座。整个汶川地震所造成的直接经济损失达 8 451 亿元人民币。经过初步判断，约有三分之一的损失不是地震直接造成的，而是由于滑坡、崩塌和泥石流造成的。图 5 - 12 为汶川地震发生后的滑坡、崩塌和泥石流情况。

图 5 - 13　唐家山堰塞湖在地震前后对照图（来源：搜狐网）

（左图拍摄于地震前的 2006 年 5 月 14 日，右图拍摄于地震后的 2008 年 5 月 22 日）

截至 2008 年 5 月 31 日，四川全省“5 · 12”地震形成的一定规模以上的堰塞湖有 34 处，其中绵阳市 13 处、德阳市 11 处、广元市 3 处、成都市 6 处、阿坝州 1 处。根据坝高、最大可能蓄水量、集雨面积、堰塞体结构状况和对下游可能造成的威胁程度进行综合分析，评定了 34 处堰塞湖的危险等级。具体评估结果是：极高危险等级 1 处（唐家山堰塞湖），高危险等级 5 处，中危险等级 13 处，低危险等级 8 处，已溃决或溢流降水消除安全隐患的堰塞湖 7 处。图5 - 13显示了北川附近的具有极高危险等级的唐家山堰塞湖在地震后的形成过程。唐家山堰塞湖是汶川大地震后形成的最大堰塞湖，位于湔河上游距北川县城约 6 公里处，是北川灾区面积最大、危险最大的一个堰塞湖。其库容为 1. 45 亿立方米，坝体顺河长约 803 米，横河最大宽约 611 米，顶部面积约 30 万平方米，由石头和山坡风化土组成。堰塞湖一旦决口会对下游形成洪峰，破坏性不亚于地震灾害的破坏力。

地震发生之后，地震、地质、水利等多学科专家对此次地震灾害及次生灾害进行了广泛的调查，除了调查堰塞湖外，还发现如下问题：

（1）震损水库：地震发生后，水利部从全国水利系统紧急抽调一大批专家、技术人员，与地方力量一起，完成了对1 803座震损水库的全面排查，对379座高危风险等级以上水库会诊评估。

（2）堤防：经过前一段时间的认真排查，累计核查出震损堤防500处、长度722.6公里。其中，重大险情50处，较重险情199处，一般险情251处。

（3）供水安全：地震灾害使四川省575万人饮水受到严重影响。

第四节　地震灾害损失评估

我国是世界上受地震灾害最严重的国家之一，全国67%的大城市位于地震烈度VII度和VII度以上的地震区。20世纪全国共发生650多次6级以上破坏性地震，约计死亡59万人，是自然灾害死亡人数之首，占全球同期地震死亡人数的42%。20世纪全球发生8级和8级以上地震共35次，我国占9次；全球死亡人数在1万以上的地震21次，共死亡104.7万人；其中我国发生5次，死亡53.5万，占总死亡人数的51%；全球死亡20万人以上的两次地震都发生在我国。自1世纪至2000年，地震死亡的人数最多的前七个国家分别是中国、土耳其、伊朗、叙利亚、日本、意大利和希腊。表5－7给出了1990—2007年全球主要震害的统计数据。

表5－7　1990—2007年全球主要震害的统计数据

年度	成灾地震次数	死亡人数（人）	受伤人数（人）	直接经济损失（亿元）
1990	13	127	2 187	6.74
1991	14	3	554	4.42
1992	10	5	480	1.60
1993	14	9	381	2.84
1994	12	4	1 378	3.29
1995	17	85	15 024	11.64
1996	12	365	17 956	46.03
1997	10	21	150	12.52

(续上表)

年度	成灾地震次数	死亡人数（人）	受伤人数（人）	直接经济损失（亿元）
1998	16	59	13 631	18.42
1999	15	3	137	4.74
2000	10	10	2 977	14.68
2001	12	9	741	14.84
2002	5	2	360	1.48
2003	21	319	7 136	46.60
2004	11	8	688	9.50
2005	11	15	867	26.28
2006	10	25	204	8.00
2007	3	3	419	20.19
2000—2007	83	391	13 392	141.57
1990—1999	133	681	51 878	112.24
1980—1989	125	1112	12 402	49.81

地震灾害损失分析是对可能发生的地震对人类社会及生存环境造成破坏的定量估计，是政府和社会团体为减轻地震灾害而采取战略性防御措施的基础。在地震发生之前对地震可能造成的损失作出科学估计，可提高减灾工作的科学性和成灾投入的合理性；在地震发生以后对灾区进行科学的损失评估，对实施救援方案、国际援助以及灾区恢复重建等都具有十分重要的意义。本节只介绍震后的地震灾害损失评估。

一、灾害损失评估依据

地震灾情的快速预估是政府抗震救灾决策的重要参考依据。地震发生后中国地震局和地震所在省、自治区、直辖市地震部门应立即根据地震震中的经济情况和人员情况及地震的大小进行震区灾情的快速预估，预估结果应尽快报告国家有关部门和地方政府，以便部署抗震救灾工作。

地震现场灾害的损失评估是在现场通过科学调查进行的，地震灾害的损失评估主要包括人员伤亡和地震造成的经济损失。地震造成的经济损失包括直接经济损失、间接经济损失和救灾直接投入费用。地震灾害的损失评估结果应力求科学、准确，以保证政府决策的正确性。因此，地震现场灾害的损失评估工作必须依照科学方法指南进行。

我国应用规范性的地震灾害损失评估方法起源于1989年的大同—阳高6.1级地震，主要适用于经济不太发达的农村和小城镇地区，其后十几年来历经多次评估实践的检验和补充。20世纪90年代初，全国各地陆续开展了地震现场灾害损失评估。1993年《震害调查及地震损失评定工作指南》和《震害评估细则》颁布实施，从此每次破坏性地震都有经济损失和人员伤亡记录，对规范破坏性地震灾害损失评估工作，以及地震部门行使评估地震灾害损失的职能，起到了非常重要的作用，收效显著。但在实践中也发现其存在一些问题亟待解决，为此中国地震局总结了几年来地震灾害损失评估工作的经验，在《震害调查及地震损失评定工作指南》和《震害评估细则》的基础上，组织编写了《地震灾害损失评估工作规定（试行）》（内部），并于1997年8月7日颁布执行，《震害调查及地震损失评定工作指南》和《震害评估细则》同时废止。但是执行后的两年间，强震群型和主震余震型地震后续破坏性地震的频繁发生，给地震灾害损失评估工作提出了一些新问题，为此中国地震局总结了几次震例的经验，又制定了《地震灾害损失评估工作补充规定》（内部），对强震群型和主震余震型地震后续破坏性地震灾害损失评估的工作技术规范进行了补充，并于1999年8月16日颁布执行。

1998年，中国地震局编著并由地震出版社出版了《地震现场工作大纲和技术指南》一书，其中主要章节对地震灾害损失评估工作作出了规定，并指出了具体的技术分析方法和指南。2005年袁一凡等专家在吸收以前实践经验的基础上编制了国家标准GB/T18208.4—2005《地震现场工作　第4部分　灾害直接损失评估》，对评估中许多关键问题作出了修订，并提高了房屋破坏损失比。本部分规定了地震灾害直接损失评估的内容、工作程序、方法和报告内容，适用于在地震现场统计人员伤亡、评估地震造成的直接经济损失和统计地震救灾投入。该标准颁布实施以来，在历次灾后损失评估工作中起到了巨大的作用，为恢复重建、各级政府决策提供了重要依据。

从近二十年的地震损失评估看，建筑物的损失占50%～70%，在地震中房屋震害是损失的主体。目前，随着经济的发展和人民生活水平的提高，我国城市的建筑装修水平提高很快，个人住房和公共用房很多都采用了中、高档装修，甚至有些建筑的装修费用超过了主体结构造价。然而，现行的损失评估标准中仅规定了室内装修应在房屋重建单价或室内财产中考虑，但具体实施时基本不考虑装修损失。因此，对于经济财富集中的城市评估区来说，以往的评估方法会导致评估结果小于真实的损失值。总结标准实施以来的经验和不足，目前我国地震灾害直接损失评估没有考虑房屋装修价值存在一定的不合理性，结合与国外的灾害损失评估实践对比，我国目前正在对 GB/T18208.4—2005 标准进行修订，增加了城市评估区中的中、高档装修在地震灾害中的直接经济损失评估等内容，修编后即将颁布的新标准可以更科学、客观地评估地震灾害直接损失，对城市地区地震灾害损失将进一步细化和科学化。

二、现行灾害损失评估国家标准 GB/T18208.4—2005

标准名称：GB/T18208.4—2005《地震现场工作　第 4 部分　灾害直接损失评估》

英文名称：Post-earthquake Field Works—Part 4：Assessment of Direct Loss

发布日期：2005 年 3 月 28 日

实施日期：2005 年 10 月 1 日

范围：本部分规定了地震灾害直接损失评估的内容、工作程序、方法和报告内容。本部分适用于在地震现场统计人员伤亡、评估地震造成的直接经济损失和统计地震救灾投入。

目次：

附录 H（规范性附录）企事业单位设备损失调查表
附录 I（规范性附录）室外财产损失抽样调查表
附录 J（规范性附录）各类生命线工程结构及其他工程结构损失调查表
附录 K（规范性附录）按用途分类的房屋破坏面积汇总表
附录 L（规范性附录）按行政区分类的房屋破坏面积汇总表
附录 M（规范性附录）地震灾害直接经济损失汇总表
附录 N（资料性附录）地震灾害直接损失评估报告内容

三、灾害损失评估的软件系统

地理信息系统（Geographic Information System，GIS）是一种特定的十分重要的空间信息系统。它是在计算机硬、软件系统支持下，对整个或部分地球表层（包括大气层）空间中的有关地理分布数据进行采集、储存、管理、运算、分析、显示和描述的技术系统。GIS 在地震工程研究中的应用极为广泛，已用于地震分析、预测、预报、抗震、减灾及灾害预测、辅助决策及应急指挥中。

从 1989 年大同地震以来，我国全面开展了地震灾害损失的评估方法研究和实践，逐步形成了一套基本完整而实用的评估方法。在开展这项工作的过程中，中国地震局制定并颁布了一系列规范或规定，与地震现场灾害损失评估有关的国家标准部分已经颁布，为地震现场灾害损失评估工作的科学化、规范化，提高评估的效率和准确性，提供了有力的保障。

在已经颁布的规定或标准中，1997 年由中国地震局预测预防司制定并颁布的《地震灾害损失评估工作规定（试行）》具有重要的历史意义。为配合这一规定的实施，使地震灾害现场评估工作更加规范化、科学化和实用化，根据中国地震局预测预防司的任务要求，中国地震局地震预测研究所王晓青等专家研制了地震现场灾害损失评估系统（Earthquake Damage and Losses Estimate System，即 EDLES 1.0，1997；EDLES 2.0，1998；EDLES 2.5，2000），并于 1997 年在全国推广使用。该软件在 Windows 环境下运行，并采用了面向对象的编程技术和数据库管理技术，既便于现场评估工作、结果的汇总与上报，又能满足管理部门的管理和统计。该软件自推广使用以来，中国地震局预测预防司每年都举办全国性的培训班，部分省地震部门也多次举办地方性的培训班，使该软件在历次破坏性地震的现场灾害损失评估中发挥了积极的作用，同时也为软件的改进与完善提供了十分宝贵的经验。

毋庸置疑，受当时计算机软、硬件环境和评估所需的人口、经济等基础资料积累程度与详细程度的限制，EDLES 2.5 的功能设计是有限的。随着技术的进步和各种基础地理信息的积累，研制新的评估软件是必然的要求。

MapEDLES 是在 EDLES 2.5 的基础上开发的。新的系统保持了 EDLES 所有的功能，并具有一致的现场评估方法，但依据 GIS（Geographic Information System）的特点和地图显示、查询等的需要，对数据输入界面进行了重新设计。目前世界上常用的 GIS 软件已达 400 多种。它们大小不一、风格各异，国外较著名的有 ARC/INFO、GENAMAP、MGE 等，国内较著名的有 MAP/GIS、Supermap、GeoStar 和 CityStar 等。2004 年，王晓青、丁香通过组件技术，研制了地震现场灾害损失评估地理信息系统（MapEDLES 2001 for Windows），实现了数据库管理、地图创建、浏览查询、地震破坏抽样统计与灾害损失评估，具有集地图、统计图、表格、文字于一体的评估报告自动快速生成、空间数据远程交换、现场视频图像管理与播放等功能。

地震预测研究所从 1997 年承担并完成的地震现场灾害损失评估系统软件通过 10 多年实践的完善与发展，在我国同期发生的数十次地震现场灾害损失评估中得到了实际应用，并对全国约 800 人次进行了技术培训，为我国防震减灾事业作出了一定的贡献。该软件的最新版本于 2007 年完成，最新版本是“基于 GIS 的地震现场灾害损失评估系统”（MapEDLES 2007 for Windows）。该系统采用的地震现场灾害调查与损失评估方法与技术，包括根据《地震现场工作　第 4 部分　灾害直接损失评估》国家标准进行地震现场调查、建筑物震害分级分类标准、震害判别标志、现场震害调查抽样技术。中国地震局推荐采用它进行地震现场灾害损失评估计算分析，并部署到各省级地震局。汶川地震现场灾害损失评估就采用了该软件系统。

四、汶川地震灾害损失评估结论

2008 年 5 月 12 日发生的汶川 8.0 级大地震，造成了重大的人员伤亡、地质灾害和经济损失。5 月 21 日，国务院抗震救灾总指挥部第九次会议决定，成立国家汶川地震专家委员会。专家委员会是由中国地震局、科技部和国土资源部本着跨部门、多学科、老中青相结合的原则推荐的 30 位专家组成的。委员会成立之后，迅速协同现场调查研究队伍，开展现场调查与室内分析工作。委员会的主要任务是：进行地震和地质构造等的现场调查和评估，协助地震部门做好强余震预报和次生灾害防治工作；通过调查研究，为制订灾后重建规划提供科学依据；通过资料的收集与分析，研究这次地震发生的原因、规律和趋势，为今后防震减灾工作提供科学意见。

经过长时期的调查和利用遥感资料，以及地方政府的统计资料，国家汶川地震专家委员会制定了一套表格，分成了13类、24张表、229项指标进行统计。指标里分成了三类，第一类是人员伤亡问题，第二类是财产损失问题，第三类是对自然环境的破坏问题。表5－8为汶川地震灾害损失报表体系及目录。

表5－8　汶川地震灾害损失报表体系及目录

表号	表名	基本统计单位
表1	汶川地震人员伤亡与农村住房受损情况统计表	
表2	汶川地震城镇居民住宅及非住宅用房受损情况统计表	
表2.1	汶川地震城镇居民住宅受损情况统计表	
表2.2	汶川地震城镇居民非住宅用房受损情况统计表	乡（镇、街道）
表3	汶川地震农业损失统计表	
表4	汶川地震工业（含国防工业）损失统计表	
表5	汶川地震服务业损失统计表	
表6	汶川地震基础设施损失统计表	
表6.1	汶川地震基础设施（交通设施）损失统计表	
表6.2	汶川地震基础设施（市政公用设施）损失统计表	
表6.3	汶川地震基础设施（水利、电力设施）损失统计表	
表6.4	汶川地震基础设施（广播通信设施）损失统计表	
表6.5	汶川地震基础设施（铁路设施）损失统计表	
表6.6	汶川地震基础设施（政权设施）损失统计表	
表7	汶川地震社会事业损失统计表	
表7.1	汶川地震社会事业损失（教育系统）统计表	县（市、区）
表7.2	汶川地震社会事业损失（卫生系统）统计表	县（市、区）
表7.3	汶川地震社会事业损失（文化系统）统计表	
表7.4	汶川地震社会事业损失（科技系统）统计表	
表7.5	汶川地震社会事业损失（社会福利系统）统计表	
表7.6	汶川地震社会事业损失（环保系统）统计表	
表8	汶川地震居民财产损失统计表	
表9	汶川地震土地资源损失统计表	
表10	汶川地震自然保护区损失统计表	
表11	汶川地震文化遗产损失统计表	
表12	汶川地震生物多样性损失统计表	
表13	汶川地震矿山资源损失统计表	

2008年9月4日上午，国务院新闻办就四川汶川地震及灾害损失评估情况召开新闻发布会，公布如下损失评估结果：

（1）截至2008年9月4日，汶川地震目前共造成69 226人死亡、17 923人失踪，共计87 149人（据民政部报告，截至9月25日12时，四川汶川地震已确认69 227人遇难，374 643人受伤，失踪17 923人）。

（2）汶川地震造成的直接经济损失达8 451亿元人民币，其中四川最严重，占总损失的91.3%，甘肃占总损失的5.8%，陕西占总损失的2.9%。在这些损失中，房屋的损失很大，民房和城市居民住房的损失占总损失的27.4%。包括学校、医院和其他非住宅用房的损失占总损失的20.4%。另外还有基础设施，道路、桥梁和其他城市基础设施的损失，占总损失的21.9%。这三类是损失比例比较大的，应该说70%以上的损失是由这三方面组成的。

（3）汶川大地震地动山摇，引发了大量的滑坡、崩塌、泥石流等地质灾害。初步统计，地质灾害达12 000多处，潜在隐患点近8 700处，有危险的堰塞湖30多处。汶川地震引发如此多的次生灾害，主要是震级大、震源浅、活动断裂多、山高深谷等自然因素所致。目前，汶川地震灾害范围类别的评估已基本完成。划定了四川、甘肃、陕西等三省的极重灾区和重灾区，各省分别是39个、8个和4个。51个灾区县总面积13万多平方公里。汶川大地震引发的次生灾损面积尚在丈量之中。

第五节　地震灾害应急处理

我国地震应急的含义有一个演变过程：在20世纪60、70、80年代，地震应急的含义没有统一规范，破坏性地震发生后的反应，通常和救灾不加区别，称为“震后早期阶段”或“震后应急阶段”。在1991年编制的《国内破坏性地震应急反应预案》中，“地震应急”的概念被正式确立，地震应急指破坏性地震发生后的应急反应。1995年2月国务院发布的《破坏性地震应急条例》中，“地震应急”的含义被描述为：采取的不同于正常工作程序的紧急防灾和抢险行动，把临震应急反应纳入地震应急的内涵。1997年12月国家发布的《中华人民共和国防震减灾法》，地震应急的内涵与《破坏性地震应急条例》大体相同，《中华人民共和国防震减灾法》释义的解释是：指为应付突发地震事件而采取的震前应急准备、临震应急防范和震后应急救援等应急反应行动。2000年8月制定的《中国地震局系统地震应急预案》，把有感地震应急、震情应急、临震应急、平息地震谣言、应急戒备都纳入地震应急范围，拓展了地震应急的内涵和范围。

为了工作的需要，人们对地震应急作出各种分类。从地震应急时间顺序来划分，可分为应急准备、临震应急、震时应急、震后应急。从应急工作隶属组织性质来划分，可分为政府应急、部门（行业）应急和社区应急，另外还有岗位应急、家庭应急和个人应急等。从地震应急相应的地震事件类别来划分，可分为破坏性地震应急、临震应急、有感地震应急、平息地震谣言应急、震情应急、应急戒备。从地震应急属性来划分，可分为指挥应急、技术应急、资源调配应急和现场应急等。

为了保证地震事件发生后能够高效有序地采取应急行动，人们在平时就开展了大量的应急准备工作，广义的地震应急还把平时对地震应急的准备也纳入地震应急的范畴。为区别起见，本书把地震事件发生后的应急行动称为地震应急反应，平时对地震应急的准备称为地震应急准备。

震后应急和震后救灾是既有区别又互相衔接、相辅相成的两项工作，在两者之间没有明显的界限。它们之间的区别在于：一是内容的性质，震后应急主要是避险、抢险，震后救灾主要是恢复重建。二是时间的先后，震后应急通常指震后短时间内的工作，震后救灾为震后较长时间的工作。三是“急”的程度，震后应急通常是震后马上需要应对或者办理的，不容迟延。例如在生活安排上，震后应急更注重于临时性措施，如发放熟食、帐篷等；震后救灾则注重于较长时间的安排，如饮水、粮食、蔬菜的供应，建防震棚等。

一、地震应急处理的内容

综观美国、日本等国家地震应急工作计划，地震应急工作的主要内容有：建立地震应急工作的指挥组织；传达地震警报；组织进行避震；加强对生命线工程及社会的管理；防御地震次生灾害；紧急救灾；医疗救护；灾区居民生活的应急安排；抢修生命线工程、维持社会秩序等震前灾害防御；震后防止灾害扩大的应急工作事项。

我国是一个灾害性地震频繁发生的国家，在同地震灾害长期斗争的过程中，我国人民积累了较为丰富的地震应急工作经验。据地震史料记载，在很早以前，我国劳动人民就有震时应急避震的经验。近二十多年以来，随着我国地震工作的深入进行，地震应急工作也在不断发展。特别是在震前应急防御、震后应急反应，制订地震应急工作计划及建立地震应急工作系统方面，都有新的发展。

由于地震灾害程度及震区防震状态的不同，地震应急工作内容也有很大区别。这里仅对较大及重大地震灾害应急工作的主要内容进行一些探讨。

（一）临震警报后的应急防御主要工作内容

（1）震区各级政府地震工作的领导组织，转为地震救灾组织，无地震工作领导组织的，要立即成立地震救灾组织，领导部署地震应急防御工作，检查震前各项防灾措施的落实情况。

（2）震区各级政府、各有关部门、各级组织、各企事业单位都应加强临震值班工作。

（3）按规定的时间和范围，有组织地进行避震疏散。

（4）加强社会治安管理。

（5）次生灾害源的临震紧急处理。

（6）生命线系统的临震应急防灾措施。

（7）继续加强震情分析，每天会商地震形势，临震期满前一天，应明确提出临震预报是否延长或撤销。

（8）加强地震防灾知识的宣传，提高群众的防灾意识，增强各级组织及广大群众在震后的应变反应能力。

（9）震区各级政府、各有关部门、各单位，做好应急救灾工作的准备。

（二）震后快速应急反应

（1）有临震预报的地震发生时，值班人员和在生产岗位上人员要进行震后应急处置，防止地震次生灾害。

（2）没有临震预报的地震发生时，震区群众要进行应急避震，生产岗位上人员要进行震后应急处置，防止地震灾害扩大及次生灾害的发生。

（三）震后应急救治主要工作内容

（1）各级政府及时实施震后应急救灾预案。

（2）地震部门震后立即实施大震应急方案，快速测定并及时上报地震基本参数。震区各级地震工作部门要快速了解宏观震中及震灾，并及时向当地政府和上级地震工作部门报告。组织进行震后地震趋势判断和强余震的预报，适时向当地政府和上级地震工作部门报告震情。开展震后各项考察工作，快速进行震灾评估。

（3）震区各级政府要迅速了解灾情，及时向上级政府报告。

（4）震区各级政府及有关部门迅速组织进行震后应急救灾，当地驻军应迅速投入震后应急救灾，震区基层干部和群众奋力进行自救，临近重灾区的轻灾区和非灾区政府及驻军对灾区有组织地进行快速救援。其中包括：寻找、挖掘、抢救遇难人员；应急安排解决震区群众基本生活问题；防止地震次生灾害；及时妥善地埋葬遇难者；抢救、保护国家贵重物资；抢修水电、通信、交通等生命线工程；做好辖区医疗卫生防疫工作；做好救灾物资的调拨、运输、分配及管理工作；维护社会治安及交通秩序。

（5）重大地震灾害，震区所在省级政府要迅速组建现场地震救灾指挥部，尽快进入灾区，指挥和协调震区各项应急救灾工作。

（四）采取有效措施，消除或减轻地震对社会和经济的影响

（1）采取得力措施，及时处理由地震误传、谣传引起的地震虚假事件，稳定社会秩序。

（2）采取多种形式，有针对性地进行地震宣传工作，消除地震对社会心理的影响。对于由恐震心理影响而采取的不恰当防震和避震行为，要进行有力的疏导或制止。

（3）对借地震之机搞封建迷信等破坏活动，依照法律严肃处理。

二、地震应急处理的指导原则与法规

（一）地震应急处理的指导原则

随着经济的发展，城市化进程的加快，在我国发达地区，人口越来越密集，建（构）筑物集中，生命线系统和基础设施也越来越复杂，一旦遭遇破坏性地震特别是严重破坏性地震，后果将是非常严重的。地震灾害的特点，决定了地震应急工作具有紧急性、社会性、艰巨性等特点，是一项复杂的系统工程，应当充分认识地震应急尤其是城市地震灾害和应急工作的特点，全面科学地做好地震应急工作，以最大限度地减轻地震灾害带来的损失。

经过三十多年地震应急工作的实践，人们取得了丰富的经验，明确了地震应急工作的指导原则，主要有以下几个方面。

（1）以预防为主，防患于未然，做好平时地震应急准备。“以预防为主，防患于未然”、“以预防为主，有备无患”是我国劳动人民总结历史经验得到的减轻自然灾害的传统思想。近年来，减轻自然灾害“以预防为主”的思想也越来越为国际社会广泛接受。1999 年在日内瓦召开的“国际减灾十年活动论坛”上，联合国秘书长科菲·安南在他的致词中强调“我们应当把灾后救助的观念变成灾前预防的方针”，他还指出“灾前预防不仅比灾后救援更人

道，而且代价更低”。地震灾害是一种突发性自然灾害，灾害规模大，灾情复杂，救援时限要求高。国内外地震救援的实践表明，高效有序的应急救援取决于平时的准备。地震应急表现在震时震后，但它的效果在于平时的准备。地震应急应坚持以预防为主，防患于未然的指导思想，把准备工作做在地震发生之前，做到有备无患。

（2）充分发挥政府领导作用，组织协调社会各方面的力量，动员组织广大人民群众积极参与，做好地震应急。地震灾害在短时间内造成大面积的、种类繁多的灾害，地震应急任务紧急、内容多，涉及各个方面，是一个复杂的社会问题，单靠某一个部门、某一些人的工作和努力是不够的，必须动员全社会共同参与，才能最大限度地取得成效。这就要求政府充分发挥领导作用，组织协调社会各方面的力量，动员组织广大人民群众积极参与，共同做好地震应急。

（3）采用先进科学技术，提高应急的速度和效能。地震救援实践表明，随着城市的发展，城市高层建筑越来越多，生命线设施越来越复杂，地震救援的难度越来越大。地震救援实践还表明，地震灾害损失的大小，除了与地震大小和城市抗震性能有关之外，还取决于救援的速度，救援速度越快，损失越小。要实现城市地震救援高效、高速的目的，必须实现地震应急通信现代化、指挥现代化以及各项具体救援装备的现代化。采用先进的科学技术，实现地震应急救援的高速、高效是地震应急的重要指导思想。

（二）地震应急法规构成

地震应急法规体系由地震应急专门法规和有关法规中的地震应急章节或条文构成。

中央级地震应急法规构成如下：

1. 法律

《中华人民共和国防震减灾法》，1997 年 12 月 29 日中华人民共和国主席令第 94 号公布，其中第四章为地震应急。

2. 行政法规

《破坏性地震应急条例》，1995 年 2 月 11 日中华人民共和国国务院令第 140 号公布。

《地震预报管理条例》，1998 年 12 月 17 日中华人民共和国国务院令第 255 号公布。

3. 部门规章

《震后趋势判定公告规定》，1998 年 12 月 29 日中国地震局局长令第 2 号公布。

4. 国务院规范性文件

《国家破坏性地震应急预案》，2000 年 7 月 29 日国务院办公厅文件印发。

《国务院办公厅关于成立国务院抗震救灾指挥部和建立国务院防震减灾工作联席会议制度的通知》，2000 年 2 月 24 日国务院办公厅文件印发，2003 年 6 月 6 日根据机构改革情况对国务院抗震救灾指挥部组成人员进行调整。

三、地震应急处理中政府部门的地位与作用

政府是公共服务的提供者、公共政策的制定者、公共事务的管理者以及公共权力的执行者，在社会安全和防灾减灾领域具有不可推卸的管理职责。而以减轻地震灾害为目的的地震应急管理工作，是与社会安全和防灾减灾工作密不可分的，这就决定了政府在地震应急管理中的重要而特殊的地位。实践证明，政府在地震事件的处理中有着决定性的力量，政府有义务承担减轻由地震引起的灾害损失的责任，同时，在社会原有秩序状态遭到破坏，社会处于失衡与混乱状态之时，也只有政府才具备地震应急管理的权力与能力。因此，政府应急管理能力的强弱，直接关系到地震事件处理效果和整个事件的发展态势。

地震应急管理是一个复杂的系统，它涉及的因素多、环节多，与社会、经济、科技各方面因素密切相关。从国内外地震应急管理的实践看，政府及其各个部门是地震应急管理的组织者。其主要职责包括负责制定、实施有关地震应急管理的政策、法规和规划，对地震应急管理的各项措施实施领导、决策、指挥、监督和协调等。按照地震发生前后的不同时间段，地震应急管理可分为震前准备阶段、临震应急阶段、震后应急阶段、震后恢复阶段。由于地震事件的发生具有很强的突发性和不确定性，在地震应急管理的整个过程中始终都呈现着高度的紧迫性、风险性等特征，因此，在地震应急的各个不同阶段，政府的管理内容各有侧重。

（1）在震前准备阶段，主要任务是完成地震应急的各项准备工作，做到常备不懈。其中包括建立科学有效的地震应急机构、做好地震应急预案的制订、建立应急预警机制、建立快速响应机制等。

（2）在临震应急阶段，主要任务包括救援和指挥等各类装备的检查，并确保人员到位；防止地震谣传、误传事件的发生；监视与跟踪震情，建立防震指挥机构，采取应急防震措施和进行救灾准备等工作。

（3）在震后应急阶段，主要包括实时决策，合理调度人员、物资和各方面救灾力量开展救灾、疏散、安置等工作，处理各种次生灾害，开展震情与灾

情速报，进行灾害评估，开展震后地震趋势快速判定，成立抗震救灾指挥机构，震时应急避震、实施应急救援和进行救灾准备等。

（4）在震后恢复阶段，主要是总结地震应急工作的经验和教训，树立民众信心。

以上地震应急管理的各个阶段，最为主要的是震后应急阶段，而震前准备越充分，震后应急工作效果就越好。

在地震应急管理中的震前准备、临震应急、震后应急、震后恢复等各个过程中，政府处于核心的地位，并承担对企业与非政府组织、社会民众的管理，而媒体作为沟通政府与社会组织、民众之间的桥梁，也起到十分重要的作用。

地震应急管理是一个复杂的系统工程。它不仅涉及全社会各行各业的密切配合，也与政府的应急管理水平紧密相关。因此，政府应加大对应急管理的理论研究，加强各部门之间的协调配合，做好各类基础数据的收集、利用等工作，并动员和组织社会各界和民众积极参与到地震应急的管理工作中。政府对企业与非政府组织、媒体、社会民众的地震应急管理，本质上是要实现各类组织资源的有效整合，在地震应急救援工作中发挥应有的作用。具体到一个地区、一个城市，其资源整合的方法应因地制宜，不可能千篇一律。借助于地理信息系统（GIS）是有效实现这种整合的方法之一。

四、地震应急处理的步骤与方法

地震发生时要保持清醒、冷静的头脑，千万不可在慌乱中跳楼，这一点极为重要。不少无辜者并不是因为房屋倒塌而被砸伤或挤压伤致死，而是由于精神崩溃、乱喊、乱叫、失去理智而出现意外。就近躲避，震后迅速撤离到安全的地方是应急防护的较好方法，在室内可躲避在坚实的家具下，或墙角处，亦可转移到承重墙较多、开间小的厨房、厕所暂避一时。在室外，要谨防玻璃窗、广告牌等物掉落下来砸伤人，应用手护住头部，迅速远离楼房，到街心一带。在百货公司、街道等人员较多的地方，一定要依照商店职员、警卫人员的指示来行动，以免发生因慌乱导致挤压的事故。

如果震后不幸被废墟埋压，应注意掌握自救互救技能，寻找出路，等待救援。首先要保持呼吸畅通，挪开头部、胸部的杂物，闻到煤气、毒气时，用湿衣服等物捂住口、鼻；避开身体上方不结实的倒塌物和其他容易引起掉落的物体；扩大和稳定生存空间，用砖块、木棍等支撑残垣断壁，以防余震发生后，环境进一步恶化。砸伤和挤压伤是地震中常见的伤害，救助时，对开放性创伤应首先止血抬高患肢；对开放性骨折，不应作现场复位，以防止组织再度受伤，一般用清洁纱布覆盖创面，作简单处理后再进行运转；挤压伤时，应设法尽快解除重压，遇到大面积创伤者，要保持创面清洁，用干净纱布包扎创面，并送医院进一步处理。同时，外伤人员还要预防破伤风和气性坏疽，注意饮食饮水卫生。

五、国外地震应急简介

地震应急工作在国外很受重视，特别是在一些多震国家或地区，地震应急工作已作为减轻灾害的一项重要内容。

在日本，中央防灾会议于1971年制定的《大城市震灾对策推进纲要》就强调了地震应急工作，对灾害应急对策作出了详尽的规定。1978年颁布了《大地震对策特别措施法》，把地震防灾计划分为三个方面，其中之一就是地震防灾应急计划，并对制订地震防灾应急计划作出了明确的规定。地震防灾应急对策是指“自发出警戒宣言时起直至该宣言所宣布的地震发生或发生地震可能性消失为止，为防止该地震灾害应采取的应急对策”。

日本政府不但制定详细的法律条文，而且特别重视地震应急工作的组织实施，中央设有防灾议会，地方政府设有地方防灾议会，负责制订有关防灾应急措施计划，并宣传推动实施。中央防灾议会由会长及委员会组成，会长由内阁总理大臣担任，委员由内阁官房长官和有关部门首长及专家组成。1993年7月12日，日本北海道发生7.8级地震，政府成立了由21个省厅联合组成的“非常灾害对策总部”指挥救灾工作。

在美国，政府也很重视地震应急工作，1989年通过了《灾害性地震反应计划》，对各级组织的紧急权限及紧急支援作出了明确规定。联邦紧急事务管理局的地震计划，在国家对灾害性地震的应急安排中，强调了各州、市政府必须制订自己的应急计划。

美国的地震应急工作由联邦紧急事务管理局负责。在重大地震灾害发生后，成立临时的重大灾害反应小组，由有关的联邦机构代表组成，指导和协调全国的地震应急工作。另外，由总统任命的联邦协调官，在灾区负责实施应急工作，并起指导和协调作用。

在美国和日本等国家，地震应急工作既有常设组织负责，在重大地震灾害发生后，又成立一系列临时机构，负责地震应急工作实施和协调。还有一些国家为了应急活动的快速、有序进行，都采取了一些特殊的措施，如根据有关法律、法规将灾区宣布为“重灾区”或宣布灾区进入“紧急状态”，以便动员全国的力量进行抗震救灾。

从日本和美国等国家的地震应急工作计划、应急措施来看，其地震应急工作的主要内容有：建立地震应急工作组织机构；传达地震警报；组织避震；加强生命线工程及社会的管理；防御地震的次生灾害；紧急救灾；医疗救护；灾区居民生活的应急安排；抢修生命线工程；维护社会秩序等震前灾害预防和震后防止灾害扩大的应急工作事项。

第六节　地震灾害应急处理典型实例

地震没有预兆，让人猝不及防，瞬间就能将一座城市夷为平地，给人类生命安全、社会经济发展和稳定带来了严重的危害。而一个国家、一个政府在灾后的反应更是事关人命。灾难也许会导致一个国家所有社会细胞的变异、繁殖、新生。在灾难前，人类别无选择，只能妥协，只能把一切损失降低到最小限度。因此如何及时、快速、有效地做好地震应急处理工作，对于迅速消除地震灾害具有至关重要的作用，也是救灾工作取得成效的关键。我们欣喜地看到国家在“5·12”汶川8.0级特大地震灾难后长足的进步，但不可否认，我们仍有差距。近年来，对地震灾害应急管理做得较好的国家有日本、美国、俄罗斯、英国、新西兰等。下面列举日本、美国两国地震应急机制，目的很明确：取长补短。

一、日本“3·25”能登半岛地震的政府应急细节

众所周知，与我们一衣带水的日本是世界上地震多发国家之一。日本每一个家庭、每一位员工的办公桌下都有免费配备的所谓“地震百宝箱”，里面装有加强橡胶指垫的棉线手套一副、应急食品两罐、饮用水两盒、经过特殊处理的蜡烛两根、火柴一盒、超薄保温雨衣一件、高强度尼龙携行袋一个。“5·12”后，这一“百宝箱”在网上迅速流传，许多惧怕余震的人纷纷效仿，最为夸张的是在家中每一房间都放一个“百宝箱”。网上也盛传一经典段子：此次地震，一位日本老教授因为对地震习以为常，地震时迅速叫学生躲在桌子下，震完后全班继续上课。全校此时已在操场集合，校长清点，突然发现唯独缺少日语班，吓出一身冷汗，急忙让人去找，却发现全班居然还在上课。不管“百宝箱”在日本是否真的如此普及，但作为地震多发地的邻邦，在经历历次大大小小的地震后，已然形成了一整套较为完善、科学的地震应急模式。特别是从宏观的政府角度出发，地震发生后的第一反应、一系列措施值得借鉴。以

下是发生在日本的真实案例：2007 年 3 月 25 日，北京时间 9 时 42 分左右，日本本州岛西海岸，石川县能登半岛附近海域（北纬 37.2°、东经 136.7°）发生 6.9 级地震。最大烈度：6 强（日本地震烈度表的烈度等级）。余震情况（至当地时间 3 月 26 日 10 时）：烈度 5 度地震 1 次、烈度 4 度地震 3 次、烈度 3 度地震 16 次、烈度 2 度地震 48 次、烈度 1 度地震 118 次。

以下是在这次地震中，日本的具体应急细节：

（1）9：45 首相官邸设立对策室，召集紧急小组会议。

（2）9：45 安倍首相指示："确认受灾情况，确保人民安全。"与此同时，紧急小组确定以下事项：①对石川县能登地震，尽全力进行灾民的救助活动。②密切和县、市、镇、村的联络及情况收集，全力收集灾情。③除派遣警察紧急援助队外，根据情况由紧急消防援助队、自卫队派遣人员对灾区进行全面救援，以求灾情应对万无一失。④政府各机关共同确保和县、市、镇、村的联络。

（3）16：30 到达航空自卫队轮岛基地的防灾大臣向安倍首相电话报告。安倍首相指示："把握好现场状况，尽快安定住民生活，和地方政府一起切实应对。"

（4）16：48 以防灾大臣为团长的政府调查团到达轮岛市政厅。

（5）26 日确定石川县七个市、镇适用《灾害救助法》。在 25 日地震发生后 33 分钟，日本相关部门已经开始以下紧急救援：

10：15 消防厅长官发出紧急消防援助队（福井、滋贺、京都、富山、东京、大阪、兵库部队）出动要求。紧急消防援助队 349 人相继到达现场开展救援活动。

11：08 石川县知事向陆上自卫队金泽驻地司令提出灾害派遣请求。自卫队到达现场开展救援活动。派遣人员 400 名，车辆 80 辆，飞机 15 架。

11：09 厚生劳动省派遣灾害医疗小组、石川县医疗小组出动。

11：15 警察厅对区域应急救援队（爱知、岐阜、福井、新潟部队）发出向灾区出动的指示。

二、美国"1·17"洛杉矶地震的政府应急不足

1994 年 1 月，正当人们欢度新年余兴未消之时，17 日凌晨 4 点 31 分（格林尼治时间 12：30），天还没亮，历时 45 秒的 6.6 级地震袭击美国洛杉矶（北纬 34°13′、西经 118°32′）。这是迄今为止美国历史上地震灾害造成的经济损失最大的一次地震。虽是凌晨，洛杉矶市长查理·赖尔登宣布进入紧急状

态，施行宵禁，包括联邦应急处理委员会、企业管理局、交通部、卫生部门、人权部门、住房与城市发展部门，还有军队等国家机器、联邦机构开始派遣人员、物资。截至6月30日已拨付52亿美元，还有67亿美元要拨付。机场被迫关闭，因为医院坍塌，机场驻扎医生，成为救援地。尽管灾后组建了新资源和协作关系，但部分专家还是指出美国现有紧急预案存在严重不足，影响了灾后援助效率。最大的缺陷是，机制只是短期的，不能长久持续起作用。联邦应急处理委员会（FEMA'S）作为美国处理突发事件和紧急情况最重要的机构在灾后很被动，只能等待总统宣布认定“这是一场大灾难”后，委员会才能动用资金，下达救援信号，而救援时间已被延迟1～2小时。州政府、市政府受联邦条例所限，难以自主应急，不能动用任何公共、私人基金。总体来看，一旦启动应急模式，联邦与地方、各个机构之间就存在许多壁垒，难以拧成一股绳。此外，钱是大问题。洛杉矶所属的加利福尼亚州，财政一向以“严厉”和“俭朴”著称，在震后几个月中，州政府发行债券以筹集资金的提案被否决，另一份筹集资金的提案因为不符合加州法律而胎死腹中。也就是说，连续发生灾难的加州自己都无法提供充足资金，无力与FEMA'S配合着双管齐下，而单靠FEMA'S早已力不从心。还有一个大问题是人。在震前，因为经费原因，经过专业训练并配备器械的救援人员一直在逐步削减，相关政府机构也在精简。最现实的是，负责监测灾害的部门人员，以及检测洛杉矶当地建筑的专家在整个地震灾害中急缺，美国媒体嘲讽“你们太过珍惜我们纳税人的钱”，也有媒体表示理解，当生活平静时，养着那么一大拨人，难免会被人诟病。州政府、市政府一直处于两难的境地。专家在震后反省，美国整套应急机制存在太多条条框框，上至联邦的，下至州、市的，无论公共机构还是私人机构，运作起来颇受束缚，降低了效率，也耽误了时间。由于联邦制，中央政府往往更多的是道义上的支持和精神支柱，克林顿总统一个星期后才前往洛杉矶，中央政府受限于联邦法律，无法对某一个州“偏心”过多。各个相关机构只能依据既有的条款应急，缺乏灵活性和深入合作。

有一个需要澄清的观点：应急机制没有崇洋媚外，不要一味地认定发达国家的应急系统就一定完美、完善。应急机制是一个庞大繁杂的机器，风平浪静时还得不停检修，保证无碍。如何在需要它的时候最大化利用，是所有遭遇不幸的国家都面临的问题。有人说，应急永远不能说是“成功”的，因为它总意味着惨痛的生命逝去和家园毁灭，却不得不为之。

本章小结

本章介绍地震灾害及其应急处理相关知识。第一，简单介绍了有关地震的几个基本概念，包括什么是地震，震源、震中、震中距如何定义，地震震级与地震烈度有何不同，地震如何形成，目前在全球和我国地震怎样分布，地震怎样发生、如何分类、怎样进行预测。第二，介绍了地震灾害、地震灾害的“突发性强、破坏性大、社会影响深远以及防御难度大”等特点及其类型，主要包括直接灾害和次生灾害。直接灾害会产生建筑物破坏、生命线工程破坏和地面破坏等现象；而由地震引发的火灾、水灾、地震海啸、地震滑坡和泥石流、有毒物质泄漏和疫病流行等灾害，则属于地震的次生灾害。第三，介绍了地震灾害损失评估相关知识，包括灾害损失评估依据的建立和发展过程、现行灾害损失评估国家标准 GB/T18208.4—2005、我国灾害损失评估系统软件的研发和运行情况，以及采用现行国家标准和软件所得到的“5·12”汶川大地震的损失评估结论。第四，介绍地震灾害应急处理知识，包括地震应急处理的内容、指导原则与法规、步骤与方法、地震应急处理过程中政府部门的地位与作用以及国外地震应急处理情况的简单介绍。第五，列举了地震灾害应急处理典型实例，介绍日本 2007 年 3 月 25 日能登半岛 6.9 级地震中日本政府应急系统的完善和科学以及美国 1994 年 1 月 17 日洛杉矶 6.6 级地震（美国地震灾害经济损失最大的一次）中政府应急不足的情况，目的只有一个：取长补短，不断学习国外的成功经验及吸取国外的失败教训，将我国地震的灾害损失降到最小限度，将应急处理工作落到实处。

本章学习要点

1. 地震的基本概念。
2. 地震灾害。
3. 地震灾害损失评估。
4. 地震灾害及其应急处理。

关键术语

地震　地震灾害　地震损失　灾害评估　应急处理　实例

思考与练习

1. 地震按其成因分为哪几种类型？按其震源的深浅又分为哪几种类型？
2. 地震震级、地震烈度和抗震设防烈度有什么不同？
3. 什么是地震波？地震波包括哪几种？
4. 区分近震和远震有什么意义？
5. 抗震设防目标是如何确定的？

6. 抗震设计有哪些基本要求?
7. 结构减震控制与传统结构在抗震途径、原理上有何区别?
8. 地震灾害的特点是什么?与其他自然灾害有何区别?
9. 地震直接灾害和次生灾害的区别是什么?
10. 地震灾害损失的依据是什么?现行标准是什么?
11. 目前中国地震局推荐采用的“地震灾害损失评估系统软件”是哪个软件?
12. 地震应急处理包含哪些具体内容?
13. 地震应急处理的指导原则与法规是什么?
14. 在地震应急处理中政府部门处于何地位、发挥何作用?
15. 地震应急处理的步骤和方法是什么?

第六章　火灾害及其应急处理

本章概述

通过本章内容的学习，掌握火灾的特点及危害，了解我国消防安全的现状和预防对策，火灾事故预防与防火设计，建筑结构火灾后可靠性评定，以及火灾应急预案。

第一节　火灾害概论

一、火灾的危害及特点

火的使用是人类最伟大的发明之一，是人类赖以生存和发展的一种自然力。可以说，没有火的使用，就没有人类的进化和发展，也就没有今天的物质文明和精神文明。当然，火和其他物质一样也具有两重性，它给人类带来了文明和幸福，促进了人类物质文明的不断发展。但是火也给人类带来了巨大的灾难，由于人类自身的不慎和其他自然原因，火也会给社会生产和生活带来无法弥补的巨大损失。火灾是各种自然灾害中最危险、最常见、最具毁灭性的灾种之一。火灾出现的概率之高，以及它对可燃物的敏感性和燃烧蔓延的快速性都是十分惊人的。

火灾又是一种无法预见的城市灾害，它常常孕育于强风、地震、战争等其他重大灾害之中，对人民生命财产的危害及对城市建设的破坏十分严重。当一个城市发生火灾时，根据火灾发生的部位不同，将会造成房屋倒塌、交通中断，甚至可能会使城市生命线工程系统（如通信、供电、供气甚至公安指挥控制中心）受到破坏，严重的将会导致一个城市的某一区域发生瘫痪，阻碍救灾工作的指挥和进行，危及人民的生命财产和正常的生产及生活。因此，保证和提高城市生命线工程系统的防（火）灾可靠度具有十分重要的意义。

近年来，城市生命线工程消防系统的技术水平提高很快，广泛采用了自动报警系统、自动灭火系统、通风排烟系统、防火分隔及人员疏散设施等。人们对提高消防产品的质量比较重视，投入了较多的人力和物力，制定了一系列产品标准，建立了完善的质保体系。这些都已取得较大成效。但是，不论在国内还是在国外，装有现代消防设施的各类建筑物被烧毁的报道仍然时常可见。其原因在于，消防系统是一个复杂的多元化系统，在火灾发生时消防系统能否可靠地执行消防任务，不仅取决于消防系统设计的正确性及各种消防设施元、器件本身的质量，还与环境的影响、设备的维修及操作过程中的人为差错或疏忽事件有关。因此，要对城市生命线工程内消防系统的可靠度进行评估是一项复杂的系统工程。它不仅要评价每个部件或环节的固有可靠度（由设计、制造所决定的），还要考虑系统的使用可靠度（由使用的环境条件、工作条件及操作人员决定，而这些因素又往往是在系统的设计过程中不能考虑到的）。系统的失效往往是由于复杂系统的设备失效、错误的维修及人们的操作错误引起的。

（一）火灾的属性

火灾是指失去控制的火在其蔓延发展过程中给人类的生命财产造成损失的一种灾害性的燃烧现象。它可以是天灾，也可以是人祸。因此火灾既是自然现象，又是社会现象。火灾的属性按照物质运动变化产生燃烧的不同条件可以分为自然火灾和建造物火灾。

自然火灾是指在森林、草场等一些自然区发生的火灾。这类火灾的起因有两种，一种是由大自然的物理和化学现象引起的，有直接发生的，如火山喷发、雷火等；也有条件性的次生火灾，如干旱高温的自燃、地下煤炭的阴燃等。另一种是由人类自身行为的不慎所引起的火灾。这类火灾发生的次数不多，但其火势一般都较大，难以扑灭，例如森林、煤矿火灾等。

建造物火灾是指发生于各种人为建造的物体之内的火灾。事实证明，最常见、最危险、对人类生命和财产造成损失最大的还是这类发生于建造物之内的火灾。

自然火灾有的危害时间很长，如新疆阜康煤田从清代一直延烧到 2001 年才被扑灭。有的危害规模很大，如 1987 年 5 月中国大兴安岭发生的特大森林火灾蔓延 87 万公顷，共损失 30 多亿元；1997 年 6 月印度尼西亚的森林火灾，产生的烟尘甚至使邻国机场关闭，给东南亚的生态系统造成长期的影响。而且，自然火灾发生的频率也很高，2000 年 5 月至 8 月之间俄罗斯发生过 15 758 次森林火灾，烧毁 23 685 公顷植物。

（二）火灾的危害

据统计，世界上的发达国家每年的火灾损失额多达几亿甚至十几亿美元，占国民经济总产值的 0.2% ~1.0%。美国 1976 年至 1980 年间，每年平均发生 307.4 万起火灾，死亡人数 8 730 人，直接经济损失折合人民币达 83.5 亿元。日本 1980 年起发生火灾 6 万起，经济损失达 1 460 亿日元。英国、加拿大、澳大利亚等国家的情况同样严重。表 6－1 列出了部分国家火灾直接损失的情况。

表 6－1　部分国家火灾直接损失的统计表

国家	货币名称	1991 年	1992 年	1993 年	占 GDP 的比例（%）
匈牙利	福林				0.12（1986—1988）
西班牙	比赛塔				0.12（1984）
美国	美元	10 000	8 700	9 000	0.25
德国	马克	6 100	5 850	5 900	0.21（1979—1980）
日本	日元	310	440	390	0.08
加拿大	加拿大元	1 700	1 700	1 500	0.24
英国	英镑	1 300	1 200	900	0.19
奥地利	先令				0.20
芬兰	芬兰马克				0.17（1988—1989）
新西兰	新西兰元	155	165	135	0.26（1986—1988）
瑞典	克朗	3 650	3 650	3 500	0.25
法国	法郎	16 150	16 350	14 750	0.25
丹麦	克朗	2 350	2 350	2 000	0.26
比利时	比利时法郎				0.40（1988—1989）
挪威	克朗	1 750	2 000	2 050	0.24
澳大利亚	澳元	830	690		0.18（1989—1991）
瑞士	法郎				0.23（1989）
荷兰	盾	800	1 000	1 450	0.19

注：①不包括没有火灾情况下的爆炸损失和恐怖分子的一些违法行为。

②除日本以 10 亿为单位计算外，其余国家以百万为单位计算。

事实上，火灾带来的间接损失大大超过其直接经济损失。一般可将火灾造成的直接、间接损失，人员伤亡损失，补救消防开支，保险费用以及防火工程费用等统称为火灾代价。部分国家火灾间接损失额见表6－2。

表6－2　部分国家火灾间接损失额

国家	占GDP的比例（%）	国家	占GDP的比例（%）
日本	0.016（1985—1986）	联邦德国	0.034
美国	0.017	瑞典	0.036
挪威	0.024（1985）	芬兰	0.040（1985—1986）
奥地利	0.029（1979—1980）	法国	0.84（1980—1981）
荷兰	0.033	英国	0.100

据联合国“世界火灾统计中心”（WFSC）近年来不完全统计，全球每年发生600万～700万起火灾，有65 000～75 000人死于火灾中。按各大洲分别统计的数字见表6－3。

表6－3　全球各大洲火灾情况统计表

	人口（百万）	火灾起数（百万次/年）	伤亡（万人/年）
欧洲	695.4	2	22
亚洲	3 474.6	1	30
北美洲	454.2	2.3	6.0
南美洲	318.6	0.3	2.5
非洲	735.0	0.7	7.5
大洋洲	29.7	0.1	0.3

我国的火灾次数和损失虽然比发达国家少得多，但也相当严重。我国20世纪70年代火灾年平均损失不到2.5亿元，在80年代平均每年发生火灾3万起以上，年平均损失达到3.5亿元，年死亡人数为2 000～3 000人，烧伤人数更多。

20世纪90年代特别是1993年以来，火灾造成的直接财产损失上升到年均十几亿元，年均死亡人数超过3 000人。据公安部消防局统计，1991年至2000年10年间，全国因火灾死亡25 000余人，受伤40 000余人，十年直接财产损失达120多亿元。2001年，全国共发生火灾21.5万起，致死2 300多人，致伤3 752人，直接经济损失达13.8亿元；2002年，全国共发生火灾25.8万起，致死2 393人，致伤3 414人，直接经济损失达15.5亿元，比上一年增长12%左右；2003年共发生火灾254 811起，致死2 497人，致伤3 098人。

广东省近年也火灾频发，其中较为严重的有：

2009年5月21日7时26分，位于广东省汕头市的一个加工文胸及耳机护套的家庭作坊发生火灾事故，造成13人死亡、4人重伤。经当地消防部门初步调查，该家庭作坊无证无照非法生产经营，生产经营场所是典型的集生产经营、储存和住宿为一体的“三合一”建筑，存在重大火灾隐患。

2005年6月10日中午12时，广东省汕头市潮南区峡山街道华南宾馆发生特大火灾，共造成31人死亡、15人受伤。华南宾馆位于潮南区峡山街道华南贸易广场内，大火是于中午12时左右从二楼一间KTV包厢烧起的，很快便蔓延开来。经消防部门证实此次火灾的直接原因是华南宾馆二层南区金陵包厢门前吊顶上部电线短路引燃周围可燃物，从而导致这次特大火灾事故。

2008年9月20日22时49分，位于广东省深圳市龙岗区龙岗街道龙东社区的舞王俱乐部发生火灾事故，事故造成43人死亡、59人住院治疗。据勘察，起火建筑为一栋四层半综合楼，该楼房一层为旧货市场，二层为茶馆，三层为该俱乐部，四层及楼顶半层为办公室及员工宿舍。此次大火是深圳自1999年以来最大的一起火灾事故。

近年来，火灾现象呈现出复杂化和多样化的趋势，值得关注的是：现代城市人口、建筑、生产、物资集中的特点使火灾发生更为集中；各种新型材料的使用使可燃物种类增多，燃烧形式和产物更加复杂，火灾有毒气体危害问题突出；各种新能源和电气产品的使用导致火灾起因更为复杂、多样和隐蔽；高层、复杂、超高建筑的增多使火灾扑救和人员疏散的条件恶化，等等。

二、火灾的分类

(一) 根据火灾损失的严重性对火灾级别进行划分

按照一次火灾事故所造成的人员伤亡、受灾人数和财物直接损失金额，将火灾分为三类：

(1) 具有下列情形之一的，为特大火灾：死亡10人以上；重伤20人以上；死亡、重伤20人以上；受灾50户以上；烧毁财物损失50万元以上。

(2) 具有下列情形之一的，为重大火灾：死亡3人以上；重伤10人以上；死亡、重伤10人以上；受灾30户以上；烧毁财物损失5万元以上。

（3）不具有上述两种情形的燃烧事故，为一般火灾。

（二）根据燃烧对象进行分类

我国根据燃烧对象，将火灾分为A、B、C、D、E类。

（1）A类火灾：指含碳固体可燃物质火灾，一般在燃烧时能产生灼热的余烬。如木材、棉、毛、麻、纸张燃烧的火灾等。

（2）B类火灾：指易燃、可燃液体火灾，可溶化的固体火灾。如汽油、煤油、原油、甲醇、乙醇、沥青、石蜡火灾等。

（3）C类火灾：指易燃、可燃气体火灾。如煤气、天然气、氢气、甲烷、乙烷、丙烷等火灾。

（4）D类火灾：指可燃金属火灾。如钾、钠、镁、钛、锆、锂、铝镁合金火灾。可燃金属引起的火灾之所以从A类火灾中分离出来，是因为这些金属在燃烧时，燃烧热很大，为普通燃料的5~20倍，火焰温度较高，有的甚至达到3 000℃，并且在高温下其金属性质活泼，能与水、二氧化碳、氮、卤素及含卤化合物发生化学反应，使常用灭火剂失去作用，必须采用特殊的灭火剂灭火。

（5）E类火灾：指带电设备火灾。

（三）根据火灾发生地点进行分类

（1）地上建筑火灾：指发生在地表的火灾。地上建筑火灾包括民用建筑火灾、工业建筑火灾和森林火灾。民用建筑火灾包括发生在城市和城镇的一般民用建筑和高层民用建筑内的火灾，以及发生在商场、饭店、宾馆、写字楼、影剧院、歌舞厅、机场、车站、码头等公用建筑内的火灾。工业建筑火灾包括发生在一般工业建筑和特种工业建筑内的火灾。特种工业建筑是指油田、油库、化学品工厂、粮库、易燃和爆炸物品厂及仓库等火灾危险及危害性较大的场所。对于森林而言，失火是经常发生的现象，微小的火并不会给森林造成明显的损害。所谓森林火灾，确切地说，是指森林大火造成的危害。森林火灾不仅造成林木资源的损失，而且对生态和环境构成了不同程度的破坏。

（2）地下建筑火灾：指发生在地表以下建筑内的火灾。地下建筑火灾主要包括发生在矿井、地下商场、地下油库、地下停车场和地下铁道等地点的火灾。这些地点属于典型的受限空间，空间结构复杂，定向风流的作用使火灾及烟气蔓延速度相对较快，再加上在逃生通道上逃生人员和救灾人员逆流行进，救灾工作难度较大。

（3）水上火灾：指发生在水面上的火灾。水上火灾包括发生在江、河、湖、海上航行的客轮、货轮和油轮上的火灾，也包括海上石油平台以及油面火灾等。

（4）空间火灾：指发生在飞机、航天飞机和空间站等航天器中的火灾。特别是发生在航天飞机和空间站中的火灾，由于远离地球，重力作用较小，甚至完全失重，属微重力条件下的火灾。其火灾的发生和蔓延与地上建筑、地下建筑以及水上火灾相比，具有明显的特殊性。

三、我国消防安全的现状和预防对策

随着我国经济建设的快速发展，城市规模和城市人口比例的扩大，导致火灾的因素也大量增加，城市重特大恶性火灾事故有愈演愈烈之势。目前我国城市化进程正朝前推进，城市建设走向集约型、紧凑型是今后城市发展的主要思路，消防基础设施和装备滞后的局面将更加突出。

（一）我国在推进城市化建设进程中的消防安全现状

（1）我国城市人口继续朝密集型推进，城市建设朝内涵式、集约式方向发展，城市消防基础设施建设却不能与之同步。按我国城市面积与人口比例计算，目前我国城市消防设施建设严重滞后，城市消防站欠账50%以上的城市约占40%，消火栓欠账50%以上的城市约占60%，消防车欠账50%以上的城市约占20%，城市基础设施建设不能与城市建设发展同步。目前，世界城市化平均水平为47%，发达国家平均水平为75%，我国城市化水平只有30.9%，这说明，我国的城市化还处在一个较低的水平。中国发展计划委员会发表的《关于中国城市发展计划》中提出，为了节约资源、保护环境、退耕还林，我国城市人口比例2010年要从目前的30.9%增加到40%～45%，2020年城市化水平要达到50%，2050年城市化水平要达到60%～70%才能适应我国经济发展的需要。也就是说未来的几十年，我国将进入城市化加速发展的时期，城市人口朝密集型方向发展，城市建设与发展按可持续要求必然走内涵式、集约式发展模式，即建设“紧凑型”城市。到那时，我国城市人口将大幅度上升，城市建筑密度增大，地下工程和高层建筑增加，特别是30米至100多米的高层建筑将是城市建设的主流。就目前我国的消防装备状况，还不具有控制30米以上建筑火灾的扑救能力，不仅我国，就算是世界上消防装备精良的美国，扑救能力也是有限的。在美国“9·11”事件中，面对被大火肆意吞噬的世贸大厦，美国消防部队竟然束手无策，有300多名消防队员被大楼埋葬。因此，现阶段我们一方面要解决好城市消防基础设施和装备的欠账问题，另一方面要尽快寻找、研究、制定预防和扑救"紧凑型"、"高大型"建筑火灾的对策。

（2）我国城市火灾和农村火灾分配比例发生显著变化，城市火灾中公共聚集场所火灾突出，从《中国火灾统计年鉴》中反映的火灾统计数据表明，1985—2000年，我国共发生火灾约344.7万起，死亡约16.8万人，受伤约31.9万人，直接经济损失达180.4亿元。从我国城市火灾和农村火灾的分配比例看，我国20世纪80年代以前火灾主要集中在农村地区，从火灾起数、死亡人数、受伤人数、直接经济损失四项指标来看农村地区占较大份额。80年代开始，我国城市火灾的比例逐年上升，城市火灾四项指标占到60%以上，城市火灾的结构也在不断发生变化，从过去易燃易爆品集中的工厂、仓库和居民房等火灾指数较高的场所开始向商场、饭店、舞厅、迪吧等公共聚集场所以及石油化工企业、交通运输业、电子通信业和高层建筑、地下建筑蔓延。城市火灾本身分配比例的变化是城市飞速发展的必然结果，也是城市发展与城市消防基础设施建设相对滞后的必然结果。就我国火灾造成的损失看，从20世纪80年代开始，一般火灾有向重特大火灾方向扩张的趋势，从90年代开始，重特大火灾特别是公共聚集场所重特大恶性火灾事故显著多起来，城市重特大火灾占全部重特大火灾的主导地位；相反，农村重特大火灾所占比例在逐步减小。1994年新疆克拉玛依"12·8"友谊馆发生大火，导致287名儿童葬身火海；2004年2月15日吉林市中百商厦发生特大火灾，死亡54人，直接经济损失达400余万元。这些典型火灾事故都发生在城市公共聚集场所。1997—2000年全国发生特大火灾约300起，城市约占全部特大火灾的80%，农村占20%，其中城市公共聚集场所火灾又占城市重特大火灾的40%左右，石油化工、燃气储售单位占25%，交通运输占10%，其他占25%。所以，有针对性地做好公共聚集场所、易燃易爆品生产储存单位以及电子通信、交通运输业等重点地段火灾的预防是当前消防工作的一项重要任务。

（3）我国相当一部分城市布局处于畸形状态，新城与旧城、城区与工业区、棚户区与商业区交错分布，使重特大火灾发生概率大大提高。近年来，我国实行改革开放的国策，国家在经济上取得举世瞩目的成绩，城市发展速率突飞猛进，但本着城市化可持续发展的战略思路，从节约土地资源、改善生态环境的实际出发，我国的新城市建设基本是以老城为基础，在对旧城积极进行改造的基础上，有限度地扩大城市建设规模。目前，我国绝大多数城市，新城与旧城、城区与工业区、商业区与棚户区共存，相当一部分城市中还遗留有历史原因建成的不符合消防规范标准的加油加气站、易燃易爆品生产储存点等，城市格局处于畸形状态。不仅城市消防安全布局不合理，消防站建设、消防供水、消防通信不够，消防通道堵塞，消防车通道没有等问题也普遍存在，消防安全隐患十分突出，伴随着农村人口城市化、城市流动人口膨胀化的特点，它们又共同为重特大火灾发生创造了条件。这也是目前我国火灾四项指标上升的重要原因，因此做好这类城市的火灾预防工作对于减少人员伤亡、降低国家和人民经济损失有着重要意义。

（4）广大城市居民消防安全意识淡薄，单位和私营业主为了追逐商业利润往往置消防安全于不顾。目前，我国城市居民的整体消防安全意识在不断提高，但仍不够，大多数城市居民还停留在对“119”的表性认识上，不能使用灭火器或一些常用的灭火方法扑救初期火灾，在火灾中没有自救逃生的能力，对自己周围存在的消防安全隐患发现不了，有的发现了问题但安全意识淡薄、怕麻烦，放弃履行公民应有的举报义务。另外，部分个体私营业主，为了局部利益和个人私利，非法圈占消火栓，堵塞消防通道，在这些地方摆摊设点，使火灾扑救工作难度增大，甚至贻误灭火时机。也有个别单位和丧心病狂的私营业主为了追逐一己之利不顾周围群众的生命安全，在城市居民区，在逃避相关执法部门监督的情况下生产、销售、储存不符合消防安全的火灾危险性极高的产品，造成重大安全隐患。

（二）推进我国城市化建设水平中的消防安全对策

（1）实现消防片区联动，优势互补，增强扑救城市火灾的能力。片区联动就是在处置各种群死群伤特大恶性火灾事故中，邻近地区利用现有的交通、通信条件，在消防车辆、消防设备、特勤器材、消防力量上互相增援，快速协同作战，充分发挥区域优势互补，集中集体作战力量，有效处置各类重特大火灾及其他灾害事故。随着城市规模扩大，城市人口的增加，特别是我国中西部城市经济相对落后，在装备缺少、灭火力量不足的情况下，实行片区联动是一种有利的尝试。现代火灾尤其是中西部地区火灾，只靠一个单位、一个部门，甚至一个城市的力量往往都难以进行有效的扑救。而实行片区联动互补机制，不仅可以有效快速地处置灾害事故，而且还可以实现训练场地互补以节约地理资源和训练装备互补以节约经费的目标，把有限的资金投入到更有针对性的装备建设中和训练改革中去，从而不仅可以从人力资源上提高扑救火灾的能力，也可以从装备建设和技术资源上提高扑救火灾的能力。

（2）加强对新建城区消防基础设施建设监督力度，加快旧城区消防基础设施的改造步伐。从我国城市消防基础整体建设情况看，经济发达地区优于经济落后地区，沿海地区优于内地，新建城区优于旧城区。中西部地区在进行城市规划与实施时应吸取发达地区及沿海地区的经验，加强对建筑工程的审核监督力度，按照《城市消防规划建设管理规定》对城市消防安全布局、消防站、消防给水、消防通道、消防通信等公共消防设施进行统一规划、统一建设，在坚持解决原有火灾隐患的同时保证不增加新的火灾隐患。对工业区与居民区、棚户区与商业区、旧城区与新城区交错分布的城市，采取措施提高这些城区居民房屋的耐火等级；积极整顿道路，对狭窄、弯曲的道路，有计划地进行改建和拓宽；对历史原因建成的不符合城市发展要求和消防建设规范的工厂、加油气站、易燃易爆危险品库等场所要改变用途或搬出城区；投入经费，增设公共设施，解决好消防用水问题，同时要保证消防通道畅通，一旦发生火灾能及时疏散被困人员，把火灾损失降到最低程度。

（3）坚持群众与专门机关相结合的消防方针，有针对性地做好城区重点单位和场所的消防安全检查。坚持群众与专门机关相结合的消防方针，最终实现消防工作社会化。当务之急，就是加强消防宣传工作的力度，打造一批消防宣传尖兵，把他们作为媒体与群众之间的纽带，共同推动、促进消防工作的社会化。

（4）加强专业队伍建设，在提高扑救火灾能力的同时，还要培养和提高社会应急抢险救援能力。加强专业队伍建设，提高抢险能力是适应我国改革开放，适应我国消防水平发展与世界接轨的需要。随着我国与 WTO 接轨，消防的职能将发生巨大的变化，也就是要和美国、日本等其他国家一样，除了担负火灾扑救任务外，还要承担起更多的、更繁重的社会抢险救援任务。国外大多数国家消防部队有 1/3 的工作是扑救火灾，而余下 2/3 是进行社会应急救援，我国也不能例外，也会按照世界规则运行。因此，加强我国消防专业队伍建设，培养一批高素质和有特殊技能的专业人才，有针对性地开展特殊火灾、特殊社会应急救援训练科目，是我们当前一项极为紧迫的工作。伴随着中国入世的步伐，我国消防部门虽然已经开展并承担了部分社会抢险救援任务，同时针对恐怖组织破坏、生化袭击，制定和完善了紧急疏散、现场处置和跨区域联动、增援的措施，还进口了一批化学灾害事故抢险救援装备和一批多功能抢险救援消防车，但对我们来说这仅仅是一个开端，加强专业队伍建设，切实提高社会抢险救援和灭火能力将会是一项长期、艰巨的工作。

（5）正确认识建筑电气火灾危险性。城市中的老区建筑密集，建筑原有的电线布置本来就混乱，而随后不断出现的乱拉乱接现象更把这种混乱推向了极致。许多线路铺设的时间已十分长久，线路绝缘早已老化损坏；而现代家庭电器又不断地增大用电量，电线超设计负荷现象十分普遍。所以，电气火灾已成为建筑火灾的第一成灾原因。

（6）用好防火门。耐火极限再高的防火门，如在火灾发生时不能正确关闭，便丝毫起不到防火门的作用。1971 年 5 月日本大阪十层的“千日”百货大楼因人员乱扔火柴棍而起火。由于管理不善，各楼层间的门有的上锁（但钥匙在底层），有的又敞开，致使浓烟烈火迅速向上蔓延，受困人员无法疏散（该开的门不开，该关的门又不关），造成死亡118人、受伤69人的悲剧。1994年12月8日，我国新疆克拉玛依友谊馆发生特大火灾。该馆共有八个门，其中五个为安全门，但均在外面加装有防盗门，且已被锁死；其余三个为卷帘门，火灾发生时，仅有一个开着，造成在该馆参加活动的中、小学生等死亡325人、受伤130人的惨剧。上述火灾案例表明，仅仅一个"门"造成火灾时受困人员重大伤亡的情况，在二十多年里都未能解决，不能不说是一大遗憾。

（7）尽快建立城市整体防火体系。到目前为止，国家还没有系统的、可具体操作的综合防御火灾的对策。各部门只能尽其有限能力开展一些局部的研究工作。全国在综合研究城市防火能力及防御体系和政策的研究方面还几乎是一片空白。

四、建筑火灾科学的主要研究内容和研究现状

建筑火灾科学研究可归纳成三个方面的内容：

（一）建筑防火

建筑防火包括建筑火灾基础科学、建筑总体布局、建筑内部防火隔断、防火装修以及消防扑救、安全疏散路线、自动灭火系统、火灾探测报警系统的智能化和早期化、自动防排烟系统的设计和研究。在建筑防火上，我国已有自己的《建筑设计防火规范》和《高层民用建筑设计防火规范》。但由于我国对高层建筑防火研究起步较晚，加之高层建筑的规模日益扩大，故《高层民用建筑设计防火规范》还不能完全适应新形势的要求，有待通过总结经验进一步修改完善。

从20世纪80—90年代开始，国外发展了一种安全工程设计新方法——性能化防火设计，它开创了安全工程设计的新思路。国外研究成果和工程实践表明，性能化防火设计方法比传统的设计方法具有许多优越性，包括：设计方案更加科学合理，设计方法更加灵活，能有效地保证建筑防火设计达到预期的消防安全目标，可以降低建筑成本，有利于新技术、新材料、新产品的发展，有利于充分发挥设计人员的才能，有利于设计规范和标准的国际化等。目前世界许多国家都在研究和推广这种先进的方法，已经形成发展性能化防火设计的国际化浪潮；各国政府纷纷投入大量研究经费，积极开展有关的基础理论研究和应用技术开发，并取得了很大的进展。英国、日本、澳大利亚、美国、加拿大、新西兰以及北欧一些国家已初步建立起性能化防火设计的技术体系，完成

了从传统的设计方法向性能化防火设计的过渡。欧盟、国际标准化组织(ISO)、国际建筑研究会（CIB）等国际性机构和组织也在推进性能化防火设计方法的发展。性能化防火设计的技术体系包括性能化设计理论、工程分析与设计方法、防火安全评估技术与工具、材料与产品性能试验方法与标准、各类基本数据的基础数据库、设计指南和设计规范等。目前，我国在这一领域的研究工作还刚刚起步，需要投入大量的经费，使有关的基础性科研工作能够全面、系统地开展起来。

（二）建筑结构抗火性能

建筑结构抗火性能主要包括结构材料的抗火性能，结构在火灾高温下的强度、刚度、变形、承载能力，建筑结构耐火时间以及结构抗火构造等内容。多年来，世界各国在建筑结构抗火设计研究领域开展了广阔而深入的研究，取得了巨大成果，主要集中在以下各方面：

（1）结构材料在火灾高温下的性能研究，如钢材在高温下的屈服强度、抗拉强度、弹性模量、应力—应变曲线；混凝土在高温下的抗压强度、抗拉强度、黏结强度、弹性模量、应力—应变曲线；钢材、混凝土的导热系数、比热容、质量密度、线膨胀系数。

（2）建筑构件的标准耐火试验方法及设备。

（3）混凝土构件内温度场研究。

（4）钢构件、钢筋混凝土构件及结构单元的耐火性能研究。

（5）钢结构耐火保护方法及材料研究。

（6）火灾性状研究与预测。

此外，欧洲各国颁布了钢结构耐火设计技术规范，法国还制定了混凝土结构的耐火强度计算方法，日本建立了建筑结构耐火设计数据库。与国外相比，我国在结构抗火设计的研究方面还存在很大的差距，至今还没有《建筑结构抗火设计规范》问世。

目前，国外结构防火研究已从结构构件转向整体结构、装配式结构、薄膜结构、轻钢结构的研究，并探讨局部火灾对整个结构影响的设计计算方法及建筑物防火诊断和改善技术的措施。

（三）火灾后建筑结构的损伤鉴定和加固修复

火灾后建筑物的损伤诊断主要包括以下几方面的内容：

（1）现场调查及火灾温度判断。

（2）火灾后建筑材料及结构性能的检测。

（3）受损分析和剩余承载力的计算。

（4）结构受损综合评定。

对于火灾后的加固方法，现在研究得还不多，长期以来主要靠设计人员的主观经验来选择加固方法。目前常用的火灾后加固方法有喷射混凝土法、粘钢加固法、碳纤维增强复合材料加固法等。

对于火灾后建筑结构受损程度的诊断，上海市建筑科学研究院编制了上海市地方标准《火灾后混凝土构件评定标准》。在建筑物的加固领域，我国曾颁布了《混凝土结构加固技术规范》（CECS25：90），但其中只是列出了数种加固方法，并没有特别列出适合于火灾后混凝土结构的加固方法。

第二节　钢结构防火

一、钢结构的成就

钢结构作为一种承重结构体系，由于其自重轻、强度高、塑性韧性好、抗震性能优、工业装配化程度高、综合经济效益显著、造型美观等众多优点，深受建筑师和结构工程师的青睐。表6－4中所列的世界著名建筑代表了20世纪钢结构的巨大成就，从中我们可以体会到钢结构的魅力所在及其发展的巨大潜力。

表6－4　20世纪国内外钢结构著名建筑实例

分类	序号	工程名称	规模	结构体系	建造年代	说明
高层钢结构	1	马来西亚吉隆坡石油大厦	88层450米	M	1996	
	2	美国芝加哥西尔斯大厦	110层442米	S	1974	
	3	中国上海金贸大厦	88层420.5米	M	1998	
	4	美国纽约世界贸易中心	110层417米	S	1973	“9·11”事件中倒塌
	5	美国纽约帝国大厦	102层381米	S	1931	

（续上表）

分类	序号	工程名称	规模	结构体系	建造年代	说明
大跨钢结构	6	美国新奥尔良超级穹顶	$D=207$ 米	双层网壳	20 世纪 70 年代	世界上最大的双层网壳
	7	日本名古屋体育馆	$D=229.6$ 米	单层网壳	20 世纪 90 年代	世界上最大的单层网壳
	8	美国亚特兰大体育馆	椭圆形 186 米×235 米	张拉整体结构	1996	世界上最大跨度的体育馆
	9	日本福冈体育馆	$D=220$ 米	开合结构	1993	世界上最大的开合屋顶
	10	英国千年穹顶	$D=320$ 米	杂交结构	1998	世界上跨度最大的屋盖
桥梁钢结构	11	日本明石海峡大桥	跨度 1 991 米	悬索桥		
	12	中国江阴长江大桥	跨度 1 385 米	悬索桥		
	13	中国青马大桥	跨度 1 377 米	悬索桥		
	14	日本多多罗大桥	跨度 890 米	斜拉桥		
	15	上海杨浦大桥	跨度 602 米	斜拉桥		

随着改革开放的深入，现代建筑已经告别了过去“秦砖汉瓦”的时代，各种新型建筑技术和建筑材料被广泛应用于现代建筑中。目前，钢结构已在建筑工程中发挥着独特且日益重要的作用。轻型钢结构因其商品化程度高、施工速度快、周期短、综合经济效益高，市场需求也越来越大，现已广泛运用于厂房、库房、体育馆、展览馆、机场机库等工程，发展十分迅猛。

钢结构体系具有自重轻、安装容易、施工周期短、抗震性能好、投资回收快、环境污染少等综合优势，与钢筋混凝土结构相比，更具有在“高、大、轻”三个方面的独特优势。最近在我国建筑工程领域中已经出现了产品结构调整，长期以来混凝土和砌体结构一统天下的局面正在发生变化，钢结构以其自身的优越性引起业内关注，已经在工程中得到合理、迅速的应用。

二、“9·11”事件的警示

（一）事件经过

2001年北京时间9月11日20时45分（美国东部时间11日8时45分），一架由波士顿飞往洛杉矶的波音757型客机被恐怖分子劫持。机上载有58名乘客，6名机组人员，以低空飞行撞到了世贸中心北塔楼接近顶部位置。大楼被撞去一角，爆炸起火，该大楼于北京时间11日22时28分（美国东部时间11日10时28分）坍塌。距离被撞时间1小时43分钟。

2001年北京时间9月11日21时03分（美国东部时间11日9时03分），另一架载有81名乘客、11名机组人员的波音767型客机撞击了南塔楼。飞机从大楼的玻璃窗冲了进去，并穿过大楼，撞上另一幢大楼。南塔楼于北京时间11日21时59分（美国东部时间11日9时59分）坍塌。距离被撞时间56分钟，详见表6-5。

表6-5 2001年9月11日纽约世贸中心遭袭击情况表

纽约世贸中心	被撞击时间		被撞机型、起飞重量、机上乘客（机组人员）数量	开始坍塌时间		自被撞至坍塌时间
	北京时间	美国东部时间		北京时间	美国东部时间	
北塔楼	20时45分	8时45分	波音757、104吨、58（6）名	22时28分	10时28分	1小时43分钟
南塔楼	21时03分	9时03分	波音767、156吨、81（11）名	21时59分	9时59分	56分钟

此次袭击给美国造成的经济损失达300亿美元，使美国金融、航空和保险业受到重创。“9·11”事件造成2 000多人死亡。

（二）工程概况

美国纽约世贸中心（World Trade Center）不仅是世界上最高的建筑物之一，也是目前世界上最大的贸易机构。位于曼哈顿闹市区南端，雄踞纽约海港旁。它由纽约和新泽西州港务局集资兴建，美籍日裔总建筑师山崎实（Minoru Yamasaki）负责设计。占地约6.5平方公里，耗资7亿美元。大楼有84万平方米的办公面积，可容纳5万名工作人员及2万人同时就餐。其楼层分租给世界各国800多个厂商，还设有为这些单位服务的贸易中心、情报中心和研究中心。在地面层休息厅及第44、78两层高空休息厅中，有种类齐全的商业性服务，同时将建筑分成三部分运行区段。楼中装有100台载人电梯、4台货梯，最长运行时间2分钟，遇紧急情况，在电源不间断情况下，全部人员5分钟内疏散完毕。地下有供2 000辆汽车停车的车库，并有地铁在此经过设站。第107层瞭望观景厅，极目远眺，方圆可及72公里。从底层上到107层，搭电梯只需58秒，纽约的美景尽收眼底。一切机器设备全由电脑自动控制，被誉为“现代技术精华的汇集”。

纽约世贸中心于1966年开工，历时7年，于1973年竣工。其中世贸中心北塔楼于1972年竣工，110层，建筑高度417米；世贸中心南塔楼于1973年竣工，110层，建筑高度415米。中心大楼建在面积达6英亩（约2.5万平方米）的填海地基上，其基础深入地下70英尺（21.4米）坐落在基岩层上。在基础的周围建地下连续墙围成的长“澡盆”，以防哈得逊河河水的渗透。其主楼呈双塔形，塔柱边宽63.5米，采用钢框筒结构，用钢量7.8万吨。外框筒柱距1.0米，钢柱截面尺寸为430mm×430mm，每三层柱为一安装单元，墙面由铝板和玻璃窗组成，有“世界之窗”之称。栅栏似的外钢柱与各层楼板组合成巨大的无斜杆的空腹钢架，四个面合起来又构成巨大的带缝隙的钢制方形管筒。大楼的中心部分也是由钢管构成的内管筒，其中安设电梯、楼梯、设备管道和服务房间等。内外两个管筒形成了双管筒结构。各层楼板支托在内外筒壁间的钢架上，钢架与内外管筒的接点上还装有可吸收振动能量的阻尼装置。这样的体系不仅可以承担全部重力荷载，更为重要的是能够同时承担修建如此高楼所无法回避的风载。在楼顶，最大风力引起的摇摆仅为3英尺（约92厘米），这样的体系有着强大的抵抗水平荷载的能力。

（三）倒塌原因分析

纽约世贸中心坍塌于次生灾害火灾，而非由于客机的直接撞击和爆炸。由于世贸中心采用钢框筒结构，再加上钢架与内外管筒的接点上装有可以吸收振动能量的阻尼装置，所以整个结构具有很好的吸收撞击冲量和爆炸能量作用，钢架本身就具有良好的韧性。撞击北塔楼的波音757客机起飞重量104吨，撞击南塔楼的波音767客机起飞重量156吨，它们的飞行速度大约每小时1 000公里。根据能量公式 $E = mv^2/2$，可以计算出当时飞机对大楼的冲量分别是 1.2×10^9 焦耳和 1.8×10^9 焦耳。这么巨大的冲量连同随后引起的爆炸能量使大厦晃动了1米多，但并没有严重坍塌，可见，当初设计时，考虑了飞行器的撞击和局部爆炸的破坏作用，这是大量楼内工作人员得以逃生的关键。

航空煤油燃起的大火是对这座大厦的最致命一击。由于煤油是液体，它顺着关键部件的缝隙流淌及渗透过防火保护层到达钢结构表面，航空煤油所过之处，便引起熊熊大火，起到了炸弹爆炸、导弹袭击所达不到的效果。钢材虽然是不可燃的，但是当温度超过450℃（美国指标，我国钢材为300℃～400℃），强度就会急剧下降，产生塑性变形；当达到800℃（我国钢材为600℃）时，失去承载能力而坍塌。在客机发生爆炸、航空煤油熊熊燃烧、火焰向外喷射时，室内空气温度已达到1 000℃以上。北京时间9月11日20时45分第一架飞机撞击北塔楼接近顶部位置，由于这种波音757飞机所载燃油量较少（35吨），加上撞击位置较高，上层压力小，所以大火燃了1小时43分钟，直到北京时间11日22时28分北塔楼才坍塌。北京时间9月11日21时03分第二架飞机撞击南塔楼，因波音767飞机所载燃油量较大（51吨），加上撞击位置低、上层压力大，大火燃了56分钟，反而先于先撞的北塔楼坍塌。

钢结构的承重性强，但遇到高温，势必使钢材软化变形。在19世纪，芝加哥的一座钢结构曾发生火灾，结果化成了钢水，蔓延开去。自此之后，美国要求钢结构的建筑必须在钢梁和钢管外面添加防火材料。世界贸易中心的钢结构露明部分喷涂5毫米厚的石棉水泥防火层，核心筒设计用防火墙及防火门包起来的防火措施，对一般的小灾小火还可以，但遇到如此猛烈的火灾，钢结构防火涂层根本不可能应付。波音757飞机所载35吨燃油，波音767飞机所载51吨燃油，在撞击时的爆炸威力相当于2万公斤的TNT炸药；而且由于飞机的撞击，使得防火保护涂层剥落毁坏，火焰乘虚而入，使得部分钢结构直接暴露于熊熊烈火之中，由于这部分的热快速传递到其他部位，使得钢结构内部很快达到其耐火极限。长时间猛烈的大火烧软了飞机所撞击的那几个楼层的钢材，而它上部楼层约数千吨到上万吨的重量自然就会落下来，像一个巨大的铁锤，砸向下面的楼层，对下面的楼层结构的冲击力远远大于其原先静止时的重力，下面的楼层结构自然难以承受，于是就发生了多米诺骨牌效应，层层相砸，直到整个大楼彻底倒塌。

三、钢结构防火原则及防火保护措施

“9·11”事件告诉人们，必须加强钢结构防火的研究，包括保护层材料及钢材本身的耐火性能。

（一）钢结构防火原则

（1）减轻钢结构在火灾中的破坏。避免钢结构在火灾中局部倒塌造成灭火及人员疏散的困难；钢结构防火保护的目的是尽可能延长钢结构到达临界温度的过程，以争取时间灭火救人。

（2）避免钢结构在火灾中整体倒塌造成人员伤亡。

（3）减少火灾后钢结构的修复费用，缩短灾后结构功能恢复周期，减少间接经济损失。

（二）选择钢结构防火措施

目前，钢结构的防火保护主要有三种方法：一是混凝土包覆，二是用防火板包覆，三是采用隔热涂料或膨胀型防火涂料。图 6－1 给出了有无防火保护的钢结构升温曲线。

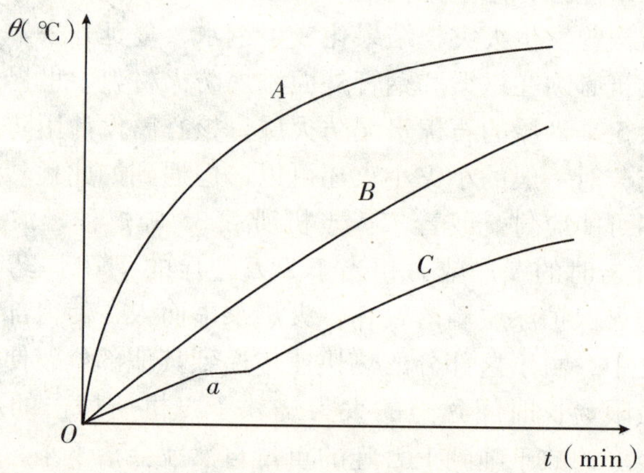

图 6－1　耐火极限实验中钢结构在有防火保护与无防火保护条件下的升温情况比较

（*A.* 标准升温曲线；*B.* 未保护钢结构升温曲线；*C.* 受保护钢结构升温曲线；*a.* 升温停顿时间段）

1. 混凝土防火保护

承重钢结构采取混凝土防火措施，以延长其耐火极限。

（1）外砌黏土砖防护，一般用厚 120 毫米普通黏土砖，耐火极限可达 3 小时左右。

（2）用普通水泥混凝土将钢结构包裹起来，即我们通常意义上说的组合结构。混凝土可参与工作（如劲性混凝土结构），也可以只起保护作用。混凝土厚100毫米时，耐火极限可达3小时左右。

（3）用金属网外包砂浆防护，其中的金属网起到骨架增强的作用。

此外，还可用陶粒混凝土或加气混凝土防护，可预制成砌块或现浇，防火效果亦十分理想。

2．防火板包覆保护

作为钢结构直接包覆保护法的一种，防火板保护钢结构早已在建筑工程中应用。早期使用的防火保护板材主要有蛭石混凝土板、珍珠岩板、石棉水泥板和石膏板，还有的采用预制混凝土定型套管。板材通过水泥砂浆灌缝、抹灰与钢构件固定，或以合成树脂黏结，也可采用钉子或螺栓固定。这些传统的防火板材虽能在一定程度上提高钢结构的耐火时间，但存在着明显的不足。因此人们只好把重点投向防火涂料，板材保护法因而发展缓慢。

自20世纪70年代中期以来，国外相继研制成功硅酸钙防火板，适用于钢结构的防火保护。日本JIC公司1984年即开始生产硅酸钙防火板（KB防火装饰板），最高使用温度1 000℃。90年代中期德国和丹麦研制成功最高使用温度达1 100℃的硅酸钙高温防火板。国内最近自行研制成功了GF和爱特等品牌新型钢结构硅酸钙防火板，最高使用温度可达1 100℃，耐火极限可达4小时（30毫米厚）。作为钢结构防火板材应具备重量轻、强度高、隔热性好、耐高温、耐候性好等特点。

3．防火涂料保护

以上两种方法要使钢结构达到规定的防火要求需要相当厚的保护层，这样必然会增加构件质量和占用较多的室内空间，另外对于轻钢结构、网架结构和异形钢结构等来说，采用这两种方法也不适合。在这种情况下，采用钢结构防火涂料较为合理。钢结构防火涂料施工简便，无须复杂的工具即可施工，重量轻、造价低，而且不受构件的几何形状和部位的限制。国外自20世纪50年代以来就采用防火涂料施涂钢结构表面，火灾时能形成耐火隔热保护层，以提高钢结构的耐火极限，满足建筑防火设计规范要求，减少建筑物钢结构火灾害。从80年代初期起，在我国兴建的由国外设计的工程开始采用钢结构防火涂料，到1985年左右，国内一些科研单位和厂家开始研究生产钢结构防火涂料。经过20多年的发展，无论是产品品种、质量还是应用范围、生产厂家都有长足的发展。与此同时，国家也颁布了该产品的相关技术标准和规范。这对发展我国钢结构防火涂料的生产起了极大的推动作用。

国家现行建筑设计防火规范对钢结构的耐火极限要求见表6－6。

表 6-6　钢结构的耐火极限要求

建筑物耐火等级	高层民用建筑			一般工业与民用建筑					
	柱	梁	楼板与屋顶承重构件	支承多层的柱	支承单层的柱	梁	楼板	屋顶承重构件	疏散楼梯
一级	2.50	2.00	1.50	3.00	2.50	2.00	1.50	1.50	1.50
二级	2.50	1.50	1.00	2.50	2.00	1.50	1.00	0.50	1.00
三级				2.50	2.00	1.00	0.50		1.00
四级				0.50		0.50	0.25		

（1）超薄型防火涂料。

该类钢结构防火涂料涂层超薄（小于3毫米），一般为溶剂型体系，具有优越的黏结强度、耐水性好、流平性好、装饰性好等特点；在火灾时缓慢膨胀发泡形成致密坚硬的防火隔热层，该防火层具有很强的耐火冲击性，延缓了钢材的升温，可有效保护钢构件。由于该类防火涂料涂层超薄，工程中使用量较厚型、薄型钢结构防火涂料大大减少，从而降低了工程总费用，又使钢结构得到了有效的防火保护，是目前消防部门大力推广的品种。

（2）薄型防火涂料。

这类钢结构防火涂料一般是用合适的水性聚合物作基料，再配以阻燃剂复合体系、防火添加剂、耐火纤维等组成。对这类防火涂料，要求选用的水性聚合物必须对钢基材有良好的附着力、耐久性和耐水性。其装饰性优于厚型防火涂料，逊色于超薄型钢结构防火涂料，一般耐火极限在2小时左右。因此它常用在小于2小时耐火极限的钢结构防火保护工程中，采用喷涂施工。该类产品，在一个时期内占有很大的比例，但随着超薄型钢结构防火涂料的出现，其市场份额逐渐被替代。

（3）厚型防火涂料。

厚型钢结构防火涂料是指涂层厚度为8~50毫米的防火涂料，其耐火极限可达0.5~3小时。火灾时，涂层并不膨胀，依靠自身材料的不燃性、低导热性或吸热性，延缓钢结构的升温，保护钢构件。这类钢结构防火涂料是用合适的胶黏剂，配以无机隔热材料、增强材料组成。目前国内厚型钢结构防火涂料的产品品种较多，也在实际运用中发挥了可信赖的作用；在其结构保持完整的条件下，防火性能一般不随时间的推移而降低。

4. 防火涂层厚度的确定

涂装钢结构防火涂料的钢基材表面应严格除水、除锈，除锈后的表面采用酚醛红丹或环氧防锈漆作防腐处理。工程设计中是根据防火涂料涂敷在136b工字钢钢梁上进行耐火试验得出的耐火极限数据确定防火涂层的厚度，但实际上钢结构构件与试件的规格并不相符。

一般在防火涂料产品的说明书中只列出耐火极限和相应的涂层厚度。只有在耐火极限的试验报告中，才能看出耐火试验时所用的型钢规格及涂层厚度。因此，对超薄型和薄型防火涂料层的厚度，一般还是以耐火试验时涂层厚度为依据，并适当留有余地以增加安全性；对厚型防火涂料，在实际工程设计中，实际上不可能对不同的构件设计成不同的涂层厚度，大都是按同一耐火极限设计成同一厚度。

5. 耐火钢

喷涂、防火板、混凝土等防火保护措施费工费时，还增加了建筑结构的重量，延长了工期，提高了建造成本。研制和应用耐火钢正是为了减薄或取消耐火涂层。耐火钢也不同于普通的耐热钢，耐热钢对钢的高温性能，如高温持久强度、蠕变强度、疲劳性能等有严格的要求；而耐火钢在性能上不需要长时间的高温强度，只要在600℃左右的高温下保持1～3小时后其屈服强度值不低于室温数值的2/3，以保证结构的安全性，保证人员、重要物资等在结构坍塌前能安全地撤离火灾现场。

耐火钢的关键性能要求是其高温强度。耐火钢的合金元素含量比普通建筑用低合金结构钢的合金元素含量稍高一些。根据高合金耐热钢的研究结果可知，铬、钼可提高钢的耐热性，但它们是贵重金属，钢中添加大量的这类金属将大幅度增加生产成本，这对使用量大而广的结构材料是不可行的。另外，铬、钼等合金元素增加钢的淬透性，提高碳含量，对焊接不利。因此，建筑用耐火钢只能少量应用这类贵重合金元素。

耐火钢的概念是20世纪80年代日本提出的，日本研究者通过在钢中添加微量的铬、钼、铌等合金元素开发出了耐火温度为600℃的建筑用耐火钢。该钢在600℃的高温屈服强度保持在室温的2/3以上。欧洲的Cresotloire钢厂完成了能经受900℃～1 000℃火灾温度的含钼耐火钢的研究，但由于成本过高而未能推广应用。目前，耐火钢在日本已获得了广泛使用，新日铁自1989年至今已生产耐火钢20万吨，其中包括耐火H型钢、板材、带钢、钢管等产品，目前年产量在4万吨左右。耐火钢的用途很广，可用于办公楼、商场、宾馆、厂房、体育馆、车站、高层钢结构大厦等的建造。应用耐火钢后可缩短建造周期，减轻建筑物重量，增加建筑的安全性，降低建造成本，具有显著的经济效益和社会效益。

现在国外已开发出了390～490mPa的耐火钢、耐候耐火钢系列，其主要特点是：在600℃高温下，其高温屈服强度为常温标准值的2/3以上，常温下的各种性能与普通焊接结构钢相同，焊接性与普通钢相同。

我国耐火钢的应用尚落后，为适应我国现代建筑事业发展的需要，马钢、宝钢、鞍钢等单位都开始开展耐火钢的研究。马钢已进行了耐火H型钢产品工业试制，并获得了成功，已在上海某住宅工程中成批使用。

第三节　探测与报警

一、感烟探测的重要性及其局限性

燃烧是可燃物与氧化剂作用发生的放热反应，通常伴有火焰、发光和（或）发烟现象。对应于居住建筑物和公共建筑物来讲，燃烧分两个阶段，第一阶段有烟雾产生，第二阶段就有明火。在时间和空间上失去控制的燃烧所造成的灾害，才称为火灾。这说明探测烟雾是探测火灾初期的有效手段，从火灾报警系统来讲，就是能达到早期报警的效果。当探测器安装在9米以下的房间时，能有效地探测处于阴燃阶段的火情。

如果房间高度在20米以上，烟雾受环境条件的影响已经很难聚集在屋顶，因烟雾是随热空气向上升的，而热空气在9米以下时，能量相对集中，上升的速度快，烟雾的浓度高。热空气上升到10~20米时，能量相对减弱，温度受环境影响降低，烟雾开始横向扩散，烟雾的浓度已低于感烟探测器的灵敏度，此时应采用探测明火的火焰探测器。表6－7是GB50116—98中规定的不同高度的房间所应选择的不同类型的探测器。一般宾馆的大厅高度都较高，是不宜选用感烟探测器的。

表6－7　对不同高度的房间典型火灾探测器的选择

房间高度 h（米）	感烟探测器	感温探测器	火焰探测器
$12<h\leqslant20$	不适合	不适合	适合
$8<h\leqslant12$	适合（一级灵敏度）	不适合	适合
$6<h\leqslant8$	适合	适合	适合
$4<h\leqslant6$	适合	适合	适合
$h\leqslant4$	适合	适合	适合

二、三种先进的探测手段

常规感烟探测器虽经济实用，但对高度的限制较大，一般房间高度超过 8 米或 9 米就不灵敏甚至失效了，近期发展并比较成熟的有红外线感烟探测器、红外火焰探测器及空气抽样感烟探测系统三种。

（一）红外线感烟探测器

红外线感烟探测器在烟上升的过程中拦腰探测，无须等烟上升到屋顶。其工作原理如下：红外线感烟探测器由红外线发送器、接收器和反射镜组成，当红外线发送器发送不可见的红外线束至反射镜，反射镜将该红外线束反射回发送器旁边的接收器，这样在发送端与反射镜间形成了一道红外线探测区。当有火灾发生时，火产生的烟雾粒子进入红外线探测区，散射或吸收部分红外线，而红外线感烟探测器的接收器发现红外线强度起了变化，即时发出火警信息。

（二）红外线火焰探测器

发生火灾时，除了产生大量的热和烟雾外还有火焰，火焰中辐射出大量的辐射光，其中有可见光和不可见的红外光、紫外光。火焰探测器就是检测火焰中的红外光和紫外光来探测火灾的发生的。

如果发生火灾的类型是有大量的烟雾和火焰（如居住建筑物和公共建筑物等场合），推荐使用红外线火焰探测器。因为燃烧时的紫外辐射由于波长较短（比红外辐射相对微弱），很快被积聚的烟尘或烟雾粒子吸收，所以紫外线探测器不太适合有明显烟雾的火焰。紫外线探测器适用于辐射大量紫外光的无机物燃烧火灾，在有机物燃烧中作用不大。红外线探测器是探测高温二氧化碳的频谱，一般有机物（含碳元素）在燃烧时均有二氧化碳生成，故此用途较广。

火焰探测器在以往容易受到日光的干扰。但有些产品通过数码滤波及光学技术已解决了这个问题，火焰探测器的探测波长受到日光发出的波长的干扰已大大减少。

（三）空气抽样感烟探测系统

空气抽样感烟探测系统属于主动式感烟探测系统，主动将周围的空气吸入系统中检测，无须等烟的浓度达到一定值才报警。

它的工作原理是采用一套气管系统抽取保护区内的空气样品进行分析探测。系统本身有一套风扇系统作抽气所需的低压力。保护区内的空气通过预先开好的采样孔进入气管，送至高灵敏度的感烟探测器进行烟雾粒子分析，一旦烟雾浓度达到指定限值，探测器就会发出报警信号，并且将信号传送至消防控制主机。

空气抽样感烟探测系统的气管系统按照不同的实际情况开不同大小的采样孔，每个采样孔及整个器官均受到严密的气流监控，一旦采样管被堵塞或气管破裂，空气抽样感烟探测系统就向消防控制主机发出气流故障信号。

（四）选用原则

三种探测手段互有长短，表6－8给出了它们的适用高度及优缺点，可作为选用的参考；表6－9则给出了一些典型工程选用的情况，也是一些很有价值的参考实例。

表6－8　红外线感烟探测器、红外线火焰探测器、空气抽样感烟探测系统的对比

	红外线感烟探测器	红外线火焰探测器	空气抽样感烟探测系统
探测原理	当烟雾隔断红外线光束带时，红外线探测器反馈光线减弱，探测器向主机发出报警信号	探测器探测是否有火焰的红外线，如果有，探测器向主机发出报警信号	主动抽取空气，探测空气中是否带有烟雾粒子
安装高度	离地20米左右的墙面上或距顶棚1～1.5米的墙面上	安装在顶棚上，与一般的点型探测器相同	抽样管网安装在顶棚上，自身的探测主机可以安装在便于维修的墙面上
干扰因素	直接照射到接收器的光线的干扰	日光、灯光	基本没有
是否适用于火灾的阴燃阶段	适合	不适合	基本适合
维护保养难易度	比较容易，只需搭云台在发射接收端	与一般的点型探测器相同，如果需要搭云台才能保养的，难度就较大	非常简单，使用高压空气喷入管网中，即可清洗，无须搭云台
优点	价格便宜，安装、维护简便；探测方式直接有效	安装高度相对较高，价格适中	安装、维护都非常简单，可以更好地保护装饰面
缺点	受安装条件的限制，如建筑物本身或安装支架因热胀冷缩等外界因素引起的微小变化都有可能使信号产生漂移	安装、维护都比较困难，探测到的火情已出现明火，受光干扰因素较多	虽然系统是主动式探测系统，但由于烟雾上升需要时间，烟雾再通过管网到探测器中检测，花费时间略长；价格比较高

表6－9　典型工程选用探测手段一览表

工程名称	建筑规模	技术难点	采用何种探测手段	工程进度
上海浦东国际机场	建筑面积约28万平方米	空间高度约35米	大空间部分没有安装探测器	已通过验收
上海东方明珠国际会议中心	建筑面积约15万平方米	空间高度约20米	红外线感烟探测器	已通过验收
厦门国际会议展览中心	建筑面积约12万平方米	空间高度约20米	红外线感烟探测器和空气抽样感烟探测系统	已通过验收
香港赤腊角国际机场客运大楼	建筑面积约29万平方米	空间高度约35米	部分安装空气抽样感烟探测系统	已通过验收
广州国际会议展览中心	建筑面积约40万平方米	空间高度约22米	红外线感烟探测器和红外线火焰探测器	已通过验收
广州新白云国际机场候机大楼	建筑面积约30万平方米	大空间高度平均30米且柱子之间距离超过100米	红外线感烟探测器	已通过验收

第四节　火灾事故预防与防火设计

一、概述

（一）防火的综合性

防火是一个内容十分广泛的概念，应理解为关于防止火灾发生和蔓延而采取的多种精神方面和物质方面的措施。图6－2用分类框图的形式给出了防火综合性所包含的主要内容。对建筑工程技术人员来说，最重要的是预防性防火，其中又以建筑防火与自己关系最大。主要措施有：

（1）防止火灾发生（设计上使用不燃性或难燃性建筑材料，给出管理性防火规章制度和措施）；

（2）防止火灾蔓延（保证足够的防火措施，设置防火墙、防火门）；

（3）及时报警和灭火（安装火灾报警器、自动灭火装置）；

（4）发生火灾时的扑救（为消防设置消火栓、消防车循环通道、救护通道、楼梯间、消防巷道等）。

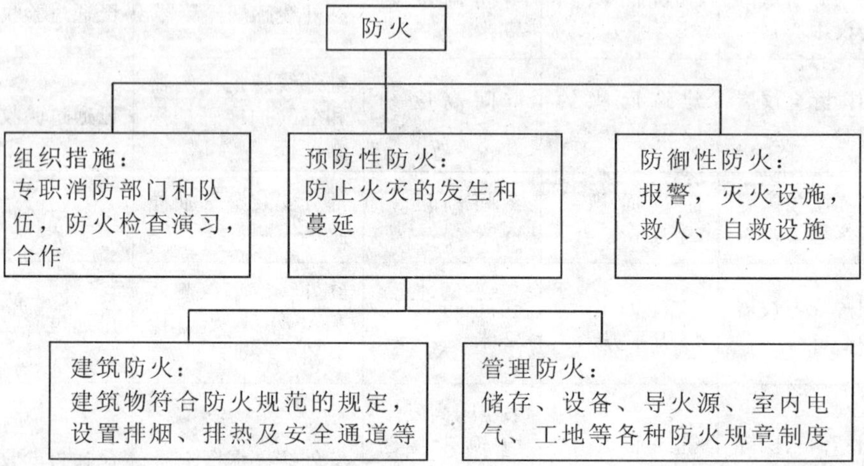

图 6－2　防火综合性分类框图

建筑防火应理解为在建造房屋时为防止或限制火灾以及一旦失火保持房屋的稳定性所采取的一切必要措施。经验表明，建筑防火是防止在建筑物中火灾蔓延的一种特别有效的手段。为此各国都有自己的建筑防火规范，我国也不例外。在防火方面我国还有许多专用规范，如化工厂房、石油炼厂等均应遵循有关的专用规范进行消防设计。

（二）耐火等级与燃烧性能和耐火极限

我国将建筑物耐火等级分为四级，如高层民用建筑、高层工业建筑，超过 1 200 个座位的剧院、电影院、会堂、体育馆，占地面积超过 1 200 平方米的商场、火车站、粮仓、电视塔等均列入一、二级耐火等级的建筑物；五层以下木结构屋顶的民用建筑，可采用三级耐火等级；临时建筑、木结构建筑则多为四级耐火等级。具体划入何种等级要由使用部门、设计部门及消防部门根据建筑的功能及重要程度来确定。

建筑物的耐火等级取决于构件的燃烧性能和耐火极限。对建筑物构件进行耐火试验，从受到火的作用时起，到失掉支撑能力或发生穿透裂缝或背火一面温度升高到220℃为止的时间，这段时间称为耐火极限，用小时（h）表示。其中把发生穿透裂缝和背火一面温度升高到220℃作为界限，主要是因为构件上如果出现穿透裂缝，火能通过裂缝蔓延，或者是构件背火一面的温度达到220℃，这时虽然没有火焰过去，但这样的温度已经能够使靠近构件背面的纤维制品自燃。这三个条件只要达到任何一个，就可认为该构件达到了耐火极限。表6－10给出了不同耐火等级的建筑物构件的燃烧性能和耐火极限。

表6－10　建筑物构件的燃烧性能和耐火极限

燃烧性能和耐火极限（小时）＼耐火等级 构件名称		一级	二级	三级	四级
墙	防火墙	非燃烧体 4.00	非燃烧体 4.00	非燃烧体 4.00	非燃烧体 4.00
	承重墙，楼梯间、电梯井的墙	非燃烧体 3.00	非燃烧体 2.50	非燃烧体 2.50	非燃烧体 0.50
	非承重外墙，疏散走道两侧的隔墙	非燃烧体 1.00	非燃烧体 1.00	非燃烧体 0.50	难燃烧体 0.25
	房间隔墙	非燃烧体 0.75	非燃烧体 0.50	难燃烧体 0.50	难燃烧体 0.25
柱	支承多层的柱	非燃烧体 3.00	非燃烧体 2.50	非燃烧体 2.50	难燃烧体 0.50
	支承单层的柱	非燃烧体 2.50	非燃烧体 2.00	非燃烧体 2.00	燃烧体
梁		非燃烧体 2.00	非燃烧体 1.00	非燃烧体 1.00	难燃烧体 0.50
楼板		非燃烧体 1.50	非燃烧体 1.00	非燃烧体 0.50	难燃烧体 0.25
屋顶承重构件		非燃烧体 1.50	非燃烧体 0.50	燃烧体	燃烧体
疏散楼梯		非燃烧体 1.50	非燃烧体 1.00	非燃烧体 1.00	燃烧体

（续上表）

燃烧性能和耐火极限（小时）/耐火等级/构件名称	一级	二级	三级	四级
吊顶（包括吊顶搁栅）	非燃烧体 0.25	难燃烧体 0.25	难燃烧体 0.15	燃烧体

注：①以木柱承重且以非燃烧材料作为墙体的建筑物，其耐火等级应按四级确定。

②高层工业建筑的预制钢筋混凝土装配式结构，其节点缝隙或金属承重构件节点的外露部位，应做防火保护层，其耐火极限不应低于本表相应构件的规定。

③二级耐火等级的建筑物吊顶，如采用非燃烧体，其耐火极限不限。

④在二级耐火等级的建筑中，面积不超过100平方米的房间隔墙，如执行本表的规定有困难，可采用耐火极限不低于0.3小时的非燃烧体。

⑤一、二级耐火等级民用建筑疏散走道两边的隔墙，按本表规定执行有困难时，可采用0.75小时非燃烧体。

世界各国大体都用这种方法来建立不同建筑耐火等级与构件的耐火极限的关系。表6－11、表6－12、表6－13分别给出了俄罗斯、美国、日本三个国家的情况，确定各构件的燃烧小时的依据是统计的结果。需要注意的是，俄罗斯是将建筑物耐火等级划分为5级的，而美国将建筑物分为耐火3小时和耐火2小时两种级别，日本则用建筑的层数来界定。但对构件的耐火极限都是用小时来表示的。

表6－11　俄罗斯建筑物耐火等级分类

燃烧性能和耐火极限（小时）/耐火等级/构件名称	一级	二级	三级	四级	五级
承重墙、自承重墙、楼梯间墙、柱	非燃烧体 3.00	非燃烧体 2.50	难燃烧体 2.00	难燃烧体 0.50	燃烧体
楼板及顶棚	非燃烧体 1.50	非燃烧体 1.00	难燃烧体 0.75	难燃烧体 0.25	燃烧体

（续上表）

燃烧性能和耐火极限（小时）＼耐火等级 构件名称	一级	二级	三级	四级	五级
无闷顶的屋顶	非燃烧体 1.00	非燃烧体 0.25	燃烧体	燃烧体	燃烧体
骨架墙的填充材料和墙板	非燃烧体 1.00	非燃烧体 0.25	非燃烧体 0.25	难燃烧体 0.25	燃烧体
间隔墙（不承重）	非燃烧体 1.00	非燃烧体 0.25	难燃烧体 0.25	难燃烧体 0.25	燃烧体
防火墙	非燃烧体 4.00	非燃烧体 4.00	非燃烧体 4.00	非燃烧体 4.00	非燃烧体 4.00

表 6－12　美国建筑物的抗火要求表

用小时来表达各种构件的抗火性能	分级	
	3 小时	2 小时
承重墙 （在受到火的作用下这种墙和隔板必须是相当稳定的）	4	3
非承重墙 （墙上有电线穿过或作为居住房间的墙）	非燃烧体	非燃烧体
支承一层楼板或单独屋顶的主要承重构件 （包括柱、主梁、次梁、屋架）	3	2
支承两层及两层以上楼板或单独屋顶的主要承重构件 （包括柱、主梁、次梁、屋架）	4	3
不影响建筑物稳定的支承楼板的次要构件 （如次梁、楼板、搁栅）	3	2

（续上表）

用小时来表达各种构件的抗火性能	分级	
	3 小时	2 小时
不影响建筑物稳定的支承层面的次要构件 （如次梁、楼板、搁栅）	2	1.5
封闭楼梯间的壁板和穿过楼板空洞的四周壁板	2	2 （在某种情况下此壁板可为 1 小时的非燃烧体）

表 6－13　日本在建筑标准法规中关于耐火结构方面的规定　　单位：小时

建筑的层数（上部的层数）	房盖	梁	楼板	柱	非承重部分		承重墙	间隔墙
					有延烧危险的部分	其他部分		
4 以下	0.5	1	1	1	1	0.5	1	1
5～14	0.5	2	2	2	1	0.5	2	2
15 以上	0.5	3	2	31	1	0.5	2	2

表 6－14 列出了我国几个大城市火灾延续时间的统计数，可以看出，90%以上的火灾其延续时间都在 2 小时之内，考虑一定的安全系数，故防火墙这类等级最高的隔火构件，其耐火极限规定为 4 小时。

表 6－14　火灾延续时间所占比例

城市	连续统计年份	火灾次数	延续时间在 2 小时以下的占火灾总数的百分比（%）
北京	8	2 353	95.10
上海	5	1 305	92.90
沈阳	16		97.20
天津	12（天津前 8 年与后 4 年不连续）		95.00

建筑物的耐火等级是由所选用的建筑构件的耐火极限来体现的，而一个建筑物由梁、板、柱等许多构件组成。如何确定不同耐火等级的建筑各构件的耐火极限，通用的方法是以楼板为标准首先确定楼板的耐火极限，其余构件以其

重要程度，在楼板的基础上给予增减。我国一级耐火建筑的楼板的耐火极限规定为 1.5 小时，二级耐火建筑的楼板的耐火极限为 1 小时，三、四级则分别为 0.5 小时和 0.25 小时。支承柱、承重墙、楼梯间墙的重要程度高于楼板，故其耐火极限在一级耐火建筑中规定为 3 小时，二、三级耐火建筑中规定为 2 小时，其余构件则基本上按这个思路类推（见表 6-15）。

表 6-15　不同耐火等级不同构件的耐火极限　　单位：小时

构件	与楼板比较重要程度	耐火等级			
		一	二	三	四
楼板	（标准值）	1.5	1.0	0.5	0.25
支承单层柱	重要	2.5	2.0	2.0	
支承多层柱	更重要	3.0	3.0	2.5	0.5
防火墙	最重要	4.0	4.0	4.0	4.0

二、防火分隔与疏散

防火设计最重要的原则或者说两个基本要求就是分隔和疏散。分隔以杜绝火势蔓延，疏散以减少伤亡和损失。

（一）分隔

火势的蔓延和传播，一般是通过可燃构件的直接燃烧、热传导、热辐射和热对流几种途径，减少火势的蔓延自然应设法阻断这些途径，最常用也是最有效的手段之一，就是分隔。

表 6-16　民用建筑的防火间距

耐火等级 / 防火间距（米） / 耐火等级	一、二级	三级	四级
一、二级	6	7	9
三级	7	8	10
四级	9	10	12

表 6-17　厂房建筑的防火间距

耐火等级 / 防火间距（米） / 耐火等级	一、二级	三级	四级
一、二级	10	12	14
三级	12	14	14
四级	14	16	18

我国建筑设计防火规范中规定有明确的防火间距，表6－16和表6－17分别给出了民用建筑和厂房建筑的防火间距，需要说明的是该两表根据建筑布局的不同要求允许适当有所增减。

有的建筑若不能或没有必要拉开距离的，则采用构件进行分隔。

用于分隔的构件，有防火墙、防火门、防火卷帘等，视建筑的不同等级和部位选择不同的分隔构件。

1. 防火墙

这是最常用的防火分隔构件，不同的建筑防火等级，均有着在一定长度内设置防火墙的规定，如一、二级耐火等级的建筑，考虑到其耐火极限大些，防火墙之间的距离可规定为150米，而三级耐火建筑则规定为100米；防火墙设置除与长度有关以外，还与两防火墙之间包容的面积有关，一、二级耐火建筑规定为2 500平方米，三级耐火建筑则为1 200平方米。另外，防火墙是防火的重要隔断构件，其耐火极限要求最高，规定为4小时，要选用良好的耐火材料，必要时外包阻燃材料，以保证足以承受4小时的持续燃烧时间。

2. 防火门

为了保证防火墙的效能，在防火墙上最好不开门，但因为建筑功能的需要，有时不得不开门，而且常常不是开一道门，因而需要在开门处加设防火门，防火门既要防火，又要便于开启和使用，其耐火极限如像防火墙那样规定为4小时势必做得十分笨重，不便使用，故一般规定为1.2小时，如用于楼梯间及单元住宅的防火门，其耐火极限还可放宽至0.6～0.9小时。通常双层木板外包镀锌铁皮，总厚度为41毫米的防火门，其耐火极限即可达到1～1.2小时。

3. 防火卷帘

采用扣环或铰接的办法，将一些特殊的异形钢板条连接起来，形同竹帘，可以卷起，设置在需要隔断的位置上，起火时把它垂落，以阻断火势，按所用钢板条的厚度不同，卷帘又分轻重两种，轻型卷帘钢板厚0.5～0.6毫米；重型卷帘钢板厚1.5～1.6毫米。

（二）疏散

一旦发生火灾，合理而迅速的疏散是减少人员伤亡、减低损失的重要措施之一，特别是对公共建筑物尤其重要。

安全疏散设计方法就是通过使建筑物在满足安全疏散的基本条件下进行设计的一种方法。建筑物发生火灾后，人员能否安全疏散主要取决于两个时间，一是火灾发展到对人构成危险所需的时间 T_{fire}，二是人员疏散到安全场所所需的时间 $T_{evacuate}$。如果人员能在火灾达到危险状态之前全部疏散到安全区域，便可认为该建筑对于火灾中人员疏散是安全的。

1. 允许时间

人员疏散并不是伴随着火灾的发生而进行的，一般来说它要经过以下三个时间段：

（1）意识到有火情发生。火灾发生后，产生的烟气、火光或温度自动启动火灾探测报警，使人知道有异常情况发生。这段时间记为 T_{det}（简写 T_d）。

（2）火灾确认与制定行动决策。人员意识到有火情时，一般并不急于疏散，而是首先通过获取信息进一步确定是否真的发生了火灾，然后采取相应的行动，比如火灾扑救、等待救援、疏散。人员在疏散之前的这段时间称为 $T_{response}$（简写 T_r）。

（3）开始疏散直到结束。人员从疏散开始走出房间，通过走道、楼梯间、安全出口到达安全区域这段时间称为 T_{travel}（简写 T_t）。

从火灾发生到人员全部疏散为止，总的疏散时间为 $T_{evacuate}$（简写 T_e）。

人员安全疏散的评价标准：

$$T_{fire} > T_e = T_d + T_r + T_t$$

在建筑物中每个可能受到火灾威胁的区域都应满足该式。且从上式可以看出，T_{fire}越大，则人员安全性越大；反之，安全性越小，甚至不能安全疏散。因此，为了提高安全度，就要通过疏散设计和消防管理来缩短疏散开始时间和疏散行动所需的时间，同时延长危险状态发生的时间。

起火后要提供人员疏散的时间，这个时间是很短的，它是根据起火后足以导致人员无法自由行动来大致推定的，如烟气中毒、高热、缺氧等均可使人员丧失意识而不能逃离现场，据统计资料分析，我国规定对一、二级耐火等级的公共建筑物，允许疏散时间为 6 分钟，三、四级耐火等级的建筑物，则仅为 2 ~4 分钟。

2. 安全出口

安全出口在设计上最重要的两项指标：一个是距离，一个是数量和宽度。这两个指标均应服从允许疏散时间的要求，亦即人员逃向安全出口和从安全出口挤出火灾建筑物，必须在允许时间内完成。

（1）距离。

据统计和实测，人员密集时，平地疏散速度为 22 米/分钟，坡道和下楼梯的速度为 15 米/分钟，一般室内人员逃离现场要经过房间、走道、楼梯三个区段，即在允许时间内完成上述在各区段的位移，亦即应满足关系式：

$$t = t_1 + \frac{l_1}{v_1} + \frac{l_2}{v_2} \leqslant \text{允许疏散时间}$$

式中：t——建筑物内总疏散时间（分钟）。

t_1——自房间内最远点到房门的疏散时间。据统计，人数少时可采用0.25分钟，人数多时可采用0.7分钟。

l_1——从房门到出口或楼梯间的走道的长度（米），亦代表介于两个楼梯间的走道长度，考虑起火时，一个楼梯间入口被堵住，故走道取两个楼梯间的全长。

v_1——人群在走道上的疏散速度，人员密集时，可采用22米/分钟。

l_2——多层楼梯水平长度的总和（米）。

v_2——人群下楼时的疏散速度，可取15米/分钟。

该公式具体计算时，对一、二级建筑取 $t=6$ 分钟，三、四级建筑取 $t=2\sim4$ 分钟。如某集体宿舍，二级防火等级，高六层，假定走道、门及楼梯间均有足够宽度，不影响疏散，计算室内到楼梯门的最大长度。

上式取 $t=6$ 分钟，$t_1=0.25$ 分钟，$v_1=22$ 米/分钟，$l_2=22.5$ 米（每层一个楼梯段，6层共5个楼梯段，每梯段长3米，共长15米；每平台转弯长1.5米，共 $5\times1.5=7.5$ 米，两者之和为 $15+7.5=22.5$ 米），$v_2=15$ 米/分钟代入上式，则

$$l_1 = v_1\left(t - t_1 - \frac{l_2}{v_2}\right) = 22\times\left(6 - 0.25 - \frac{22.5}{15}\right) = 93.5\ (\text{米})$$

该公式的计算结果往往偏于危险，只能作为参考，实际情况要复杂得多，从设计人员的方便出发，我国防火规范中给出了不同类型建筑物的安全疏散距离，见表6-18。

表6-18　安全疏散距离

名称	房门至外部出口或封闭楼梯间的最大距离（米）					
	位于两个外部出口或楼梯之间的房间			位于袋形走道两侧或尽端的房间		
	耐火等级			耐火等级		
	一、二级	三级	四级	一、二级	三级	四级
幼儿园	25	20	—	20	15	—

注：①敞开式外廊建筑的房间门至外部出口或楼梯间的最大距离可按本表规定增加5.00米；

②没有自动喷水灭火系统的建筑物，其安全疏散距离可按本表规定增加25%。

（2）数量和宽度。

一般建筑物，特别是公共建筑物，其安全出口数量不得少于两个。

宽度的确定方法，一般先求出“百人宽度指标”，然后再根据具体建筑功能进行调整，百人宽度指标（D_h）的计算公式如下：

$$D_h = \frac{N \cdot b}{A \cdot t}$$

式中：N——疏散总人数；

t——允许疏散时间（分钟）；

A——单股人流通过能力，一般平地取 40 人/分钟，楼梯和坡道取 33 人/分钟；

b——单股人流宽（米），空身单人流宽可取 0.6 米。

如某三级耐火建筑，（$t=2$ 分钟）疏散 100 人，平地，空身疏散。则

$$D_h = \frac{100 \times 0.6}{40 \times 2} = 0.75\text{（米）}$$

不同功能、不同耐火等级的建筑，其百人指标有不同要求，如人数在 1 200 人及 1 200 人以下的一、二级耐火等级的影剧院，在走道及平地处取 $D_h=0.65$ 米，在楼梯处取 0.75 米，据此，则该影剧院走道的总宽度应为：总人数 ÷ 100 × 0.65 = 7.8 米；楼梯的总宽度应为：总人数 ÷ 100 × 0.75 = 9 米。按此计算，可考虑设置 3 条宽度为 2.5 米的走廊和 3 个 3 米宽的楼梯。这个计算是一个参考值，具体设计时可参照 GBJ16—87（1995 年修订版）给出的表格，见表 6－19、表 6－20、表 6－21。

表 6－19　影剧院观众厅疏散宽度指标

宽度指标（米/千人）／疏散部位 ＼ 观众厅座位数（个）／耐火等级		≤2 500	≤1 200
		一、二级	三级
门和走道	平坡地面	0.65	0.85
	阶梯地面	0.75	1.00
楼梯		0.75	1.00

注：有等场需要的入场门，不应作为观众的疏散门。

表 6-20　体育馆观众厅疏散宽度指标

宽度指标（米/千人）／疏散部位	观众厅座位数（个）	3 000 ~ 5 000	5 001 ~ 10 000	10 001 ~ 20 000
	耐火等级	一、二级	一、二级	一、二级
门和走道	平坡地面	0.43	0.37	0.32
	阶梯地面	0.50	0.43	0.37
楼梯		0.50	0.43	0.37

注：表中较大座位数档次按规定指标计算出来的疏散总宽度，不应小于相邻较小座位数档次按其最多座位数计算出来的疏散总宽度。

表 6-21　学校、商店候车室楼梯门和走道的宽度指标

宽度指标（米）／层数＼耐火等级	一、二级	三级	四级
一、二层	0.65	0.75	1.00
三层	0.75	1.00	—
≥四层	1.00	1.25	—

注：①每层疏散楼梯的总宽度应按本表规定计算，当每层人数不等时，其总宽度可分层计算，下层楼梯的总宽度按其上层人数最多的一层人数计算。

②每层疏散门和走道的总宽度应按本表规定计算。底层外门廊总宽度应按该层或该层以上人数最多的一层人数计算，不供楼上人员疏散的外门，可按本层人数计算。

3. 为顺利疏散创造条件

起火后人员疏散都是在很紧张、很拥挤甚至很混乱的情况下进行的，必须有一系列引导保证措施，如楼梯和楼梯间要有保护墙，楼梯不宜过窄，亦不宜过宽，过宽则中间应加设扶手栏杆，出入口及拐角处要设指示灯及疏散标志，等等。

三、高层建筑防火与建筑内装修问题

（一）高层建筑防火

改革开放以来，我国高层建筑如雨后春笋般拔地而起，截至 1991 年底，全国已经建成的高层建筑1 300余栋，其中高度超过100米的超高层建筑达70多栋，不可避免的高层建筑火灾也日益增多。

1. 高层建筑火灾的特点

（1）火势蔓延快。

高层建筑的楼梯间、电梯井、管道井、风道、电缆井、排气道等竖向井道，如果防火分隔或防火处理不好，发生火灾时好像一座座高耸的烟囱，成为火势迅速蔓延的途径；尤其是高级旅馆、综合楼以及重要的图书楼、档案楼、办公楼、科研楼等高层建筑，一般室内装修、家具等可燃物较多，像图书馆这样的高层建筑其存放物品本身就是可燃的。有的高层建筑还有可燃物品库房，一旦起火，燃烧猛烈，容易蔓延。助长火势蔓延的因素较多，其中风对高层建筑火灾就有较大的影响。因为风速是随着建筑物的高度增加而相应增大的。据测定，在建筑物10米高处的风速为5米/秒，在30米高处的风速为8.7米/秒，在60米高处的风速为12.3米/秒，在90米高处的风速为15.0米/秒。由于风速增大，势必会加速火势的蔓延扩大。

（2）疏散困难。

高层建筑的特点：一是层数多，垂直距离长，疏散到地面或其他安全场所的时间也会长些；二是人员集中；三是发生火灾时由于各种竖井拔气能力大，火势和烟雾向上蔓延快，增加了疏散的困难。有些城市虽从国外购置了为数很有限的登高消防车，但大多数建有高层建筑的城市尚无登高消防车，即使有，高度也不高，不能满足高层建筑安全疏散和扑救的需要。而普通电梯在火灾时由于切断电源等原因往往停止运转。因此，多数高层建筑安全疏散主要是靠楼梯，而楼梯间内一旦窜入烟气，就会严重影响疏散。这些都是高层建筑的不利条件。

（3）扑救难度大。

高层建筑高达几十米，甚至超过两三百米，发生火灾时从室外进行扑救相当困难，一般要立足于自救，即主要靠室内消防设施。但由于目前我国经济技术条件所限，高层建筑内部的消防设施还不可能很完善，尤其是二类高层建筑仍以消火栓系统扑救为主，因此，扑救高层建筑火灾往往遇到较大困难。例如：热辐射强，烟雾浓，火势向上蔓延的速度快和途径多，消防人员难以堵截火势蔓延；扑救高层建筑缺乏实战经验，指挥水平不高；高层建筑的消防用水量是根据我国目前的技术、经济水平，按一般的火灾规模考虑的，当形成大面积火灾时，其消防用水量显然不足，需要利用消防车向高楼供水，建筑物内如果没有安装消防电梯，消防人员因攀登高楼体力不够，不能及时到达起火层进行扑救，消防器材也不能随时补充，均会影响扑救。

（4）火险隐患多。

一些高层综合性的建筑，功能复杂，可燃物多，消防安全管理不严，火险隐患多。如有的建筑设有百货营业厅，可燃物仓库，人员密集的礼堂、餐厅等；有的办公建筑，出租给十几家或几十家单位使用，安全管理不统一，潜在火险隐患多，一旦起火，容易造成大面积火灾。火灾实例证明，这类建筑发生火灾时，火势蔓延更快，扑救、疏散更为困难，容易造成更大的损失。

2. 高层建筑防火设计中的几个问题

（1）高层建筑不像一般民用建筑那样分为四类，而是只分为两类，建筑物构件的燃烧性能和耐火极限也只分为两级，分别见表 6－22、表 6－23。这种规定是一种简化，是根据高层建筑火灾危险性较一般民用建筑更大的特点所做的，例如高层建筑就不允许耐火等级仅为三、四级者。

表 6－22　高层建筑分类

名称	一类	二类
居住建筑	高级住宅 十九层及十九层以上的普通住宅	十层至十八层的普通住宅
公共建筑	①医院 ②高级旅馆 ③建筑高度超过 50 米或每层建筑面积超过 1 000 平方米的商业楼、展览楼、综合楼、电信楼、财贸金融楼 ④建筑高度超过 50 米或每层建筑面积超过 1 500 平方米的商住楼 ⑤中央级和省级（含计划单列市）广播电视楼 ⑥网局级和省级（含计划单列市）电力调度楼 ⑦省级（含计划单列市）邮政楼、防灾指挥调度楼 ⑧藏书超过 100 万册的图书馆、书库 ⑨重要的办公楼、科研楼、档案楼 ⑩建筑高度超过 50 米的教学楼和普通的旅馆、办公楼、科研楼、档案楼等	①除一类建筑以外的商业楼、展览楼、综合楼、电信楼、财贸金融楼、商住楼、图书馆、书库 ②省级以下的邮政楼、防灾指挥调度楼、广播电视楼、电力调度楼 ③建筑高度不超过 50 米的教学楼和普通的旅馆、办公楼、科研楼等

表6-23 高层建筑物构件的燃烧性能和耐火极限

燃烧性能和耐火极限（小时） 构件名称		耐火等级	
		一级	二级
墙	防火墙	不燃烧体3.00	不燃烧体3.00
	承重墙、楼梯间、电梯井和住宅单位之间的墙	不燃烧体2.00	不燃烧体2.00
	非承重外墙、疏散走道两侧的隔墙	不燃烧体1.00	不燃烧体1.00
	房间隔墙	不燃烧体0.75	不燃烧体0.50
柱		不燃烧体3.00	不燃烧体2.50
梁		不燃烧体2.00	不燃烧体1.50
楼板、疏散楼梯、屋顶承重构件		不燃烧体1.50	不燃烧体1.00
吊顶		不燃烧体0.25	难燃烧体0.25

（2）重视防烟、排烟通风问题。根据日本、英国等国家火灾统计资料，在火灾中被烟熏死的比例较大，最高可达78.9%，被火烧死的人中，多数也是先中毒窒息（主要是烟气中的CO）晕倒后被火烧死的，美国米高梅（MGM）饭店1980年11月20日的火灾，死亡84人中有67人是被烟熏死的。

（3）加强并合理地考虑消防给水和自动灭火系统。用水灭火在我国仍然是主要的灭火手段，高层建筑的灭火也不例外，但消火栓压力不能太小（最不利的情况下不得小于0.1MPa），水量要足够消火系统、自动喷淋系统、水幕消防设备的使用，特别是这几种系统同时开放时，则应考虑它们用水量之和，根据上海、无锡、天津、沈阳、武汉、广州、深圳、南宁、西安等城市火场用水量的统计，有效地扑救较大公共建筑火灾平均用水量为38.7L/s；而我国各大城市专门针对扑救最大火灾平均用水量做的统计约为89L/s。根据上述统计，又考虑到我国是个缺水的发展中国家，规范中规定消防用水量的上下限为25～70L/s。

（二）建筑内部装修防火问题

1. 内部装修防火问题的严重性

建筑内部装修设计涉及的范围很广，包括装修的部位及使用的装修材料与制品，如顶棚、墙面、地面、隔断等装修部位是最基本的部位；而木材、棉纺织物则是基本的常用装修材料。许多火灾都是起因于装修材料的燃烧，有的是烟头点燃了床上织物；有的是窗帘、帷幕着火后引起了火灾；有的是由于吊顶、隔断采用木制品，着火后很快就被烧穿。因此，要正确处理装修效果和使用安全的矛盾，积极选用不燃材料和难燃材料，做到安全适用、技术先进、经济合理。

2. 装修材料的分类和分级

我国将装修材料的燃烧性能分为四级（见表6－24)。

表6－24　装修材料的燃烧性能等级

等级	燃烧性能
A	不燃烧
B_1	难燃烧
B_2	可燃烧
B_3	易燃烧

不同功能、不同规格的建筑物在不同的部位对装修材料的燃烧性能要求也不同，级别太低对防火显然不利，但太高不仅造价过高，使同一个建筑空间的装修防火水平不相匹配，更重要的是也难以实现，比如大部分家具及窗帘等就根本找不到不燃性的A级材料，因此要有一个科学而可行的规定。

3. 内部装修的几个特殊问题

（1）无窗房间。近代大型建筑乃至民用住宅，无窗房间越来越多，一旦发生火灾，这种房间有几个明显的特点：①火灾初起阶段不易被发觉，发现时已比较大了；②室内烟雾和毒气不能及时排出；③消防人员进行火情侦察和施救比较困难，因此规范中对无窗房间的装修防火要求提高一级。

（2）高层和地下建筑。近20年来我国高层建筑大发展，而高层建筑大都有地下室，为了节省城市用地，一些具有特殊功能的地下空间在近代有了一个很大的发展，如地下商场、地下旅馆、地下车库等。无论高层建筑还是地下建筑，一旦发生火灾，都是特别难以疏散和扑救的，因此对高层建筑和地下建筑内部装修的防火要求要十分慎重。规范中对这两类建筑各部位装修材料的燃烧性能等级均作了专门的规定。

（3）电气设备。进入20世纪80年代以来，由电气设备引发的火灾占各类火灾的比例日趋上升。1976年电气火灾仅占全国火灾总次数的4.9%，1980年为7.3%，1985年为14.9%，到1988年上升到38.6%，占各种火灾起因之首。电气火灾日益严重的原因是多方面的：①电线陈旧老化；②违反用电安全规定；③电器设计或安装不当；④家用电器设备大幅度增加。另外，由于室内装修采用的可燃材料越来越多，增加了电气设备引发火灾的危险性。为防止配电箱产生的火花或高温熔珠引燃周围的可燃物和避免箱体传热引燃墙面装修材料，规范中规定配电箱不应直接安装在低于 B_1 级的装修材料上。

(4) 灯具、灯饰。由于室内装修逐渐向高档化发展，各种类型的灯具应运而生，灯饰更是花样繁多。制作灯饰的材料包括金属、玻璃等不燃材料，但更多的是硬质塑料、塑料薄膜、棉织品、丝织品、竹木、纸类等可燃材料。这导致了由照明灯具引发火灾的案例日益增多。如 1985 年 5 月某研究所微波暗室发生火灾，该暗室的内墙和顶棚均贴有一层可燃的吸波材料，由于长期与照明用的白炽灯泡相接触，引起吸波材料过热，阴燃起火。又如，1986 年 10 月某市塑料工业公司经营部发生火灾，其主要原因是日光灯的镇流器长时间通电过热，引燃四周紧靠的可燃物，并延烧到胶合板木龙骨的顶棚。

鉴于这些情况，规范中规定对 B_2 级和 B_3 级材料加以限制。如果由于装饰效果的要求必须使用 B_2、B_3 级材料，应进行阻燃处理使其达到 B_1 级。

第五节　建筑结构火灾后可靠性评定

一、冶金系列传统的评定方法

按我国冶金系列的划分，火灾后建筑结构的损伤程度可分为四级，标准如下：

(一) 钢筋混凝土结构

1. 一级：轻度损伤

混凝土表面温度低于 700℃，混凝土表面有少量裂缝和龟裂，钢筋保护层基本完好，不露筋，不起鼓脱落，对结构承载能力影响很小。

此类轻度损伤的结构，只需将结构表面粉刷层或表面污物清除干净，用涂油漆或抹灰等措施处理。

2. 二级：中度损伤

混凝土表面温度在 700℃ 左右，受力钢筋温度低于 300℃，露筋面积小于 25%，裂缝较宽，并有部分裂缝贯通，局部龟裂严重，混凝土与钢筋之间的黏结力损伤较轻，结构承载能力有所下降，但下降幅度较小。此类中度损伤的结构，除对表面裂缝处理外，对损伤严重部位应采取局部补强加固措施处理。

3. 三级：严重损伤

混凝土表面温度达 700℃ 以上，受力钢筋温度低于 350℃，露筋面积小于

40%，局部龟裂、爆裂严重，混凝土与钢筋之间的黏结力局部破坏严重，结构承载能力严重下降。此类严重损坏的结构，应根据高温下结构强度计算，按等强加固原则，采用配置加固钢筋措施予以加固处理。

4. 四级：严重破坏

混凝土表面温度达800℃以上，受力钢筋温度超过400℃，露筋面积大于40%，挠度超过规范允许挠度值，混凝土与钢筋黏结力严重破坏，结构承载能力基本丧失。此类严重破坏的结构，一般应予以拆除。

同一个火场不同部位的损伤程度有时会有很大差异，表6－25至表6－27给出了钢筋混凝土梁、楼板、柱损伤程度分级评定标准的详细描述。

表6－25　钢筋混凝土梁损伤程度分级评定标准

项次	项目名称	评定等级			
		一级	二级	三级	四级
1	龟裂、爆裂	无	局部龟裂	局部龟裂、爆裂	严重龟裂、爆裂
2	起鼓、脱落	仅粉刷层脱落	局部起鼓	起鼓、脱落面积<25%	起鼓、脱落面积>40%
3	纵向、横向裂缝	无裂缝	有少量纵裂缝	有纵、横向裂缝	有大量纵、横向裂缝且裂缝宽度大
4	露筋面积	无露筋或局部露筋	露筋面积约10%	露筋面积约40%	露筋面积约80%
5	钢筋与混凝土黏结力	完好	局部破坏	局部严重破坏	严重破坏
6	主筋变形	无变形	无变形	主筋挠曲变形不超过一根，且变形不大	主筋挠曲变形超过一根，且变形大
7	表面温度	<700℃	700℃左右	>700℃	>800℃
8	主筋温度		<300℃	<350℃	>400℃
9	构件承载力	基本无影响	承载力下降	承载力严重下降	承载力基本丧失
10	损伤程度	轻度损伤	中度损伤	严重损伤	严重破坏

根据这些描述可以判断哪一部分可以修复，哪一部分已不具备修复价值而需要拆除。

表 6－26　钢筋混凝土楼板损伤程度分级评定标准

项次	项目名称	评定等级			
		一级	二级	三级	四级
1	龟裂、爆裂	无	局部龟裂	局部龟裂、爆裂	严重龟裂、爆裂
2	起鼓、脱落	仅粉刷层脱落	局部起鼓、脱落	脱落面积约50%	脱落面积＞50%
3	纵向、横向裂缝	无	有纵向裂缝	有纵、横向裂缝	有大量纵、横向裂缝
4	露筋面积	无	局部露筋	露筋面积＜25%	露筋面积＞40%
5	钢筋与混凝土粘结力	完好	局部破坏	局部严重破坏	严重破坏
6	主筋变形	无变形	无变形	主筋挠曲变形不严重	主筋严重挠曲变形
7	表面温度	＜700℃	700℃左右	＞700℃	＞800℃
8	主筋温度		＜300℃	＜350℃	＞400℃
9	构件承载力	基本无影响	承载力下降	承载力严重下降	承载力基本丧失
10	损伤程度	轻度损伤	中度损伤	严重损伤	严重破坏

表 6－27　钢筋混凝土柱损伤程度分级评定标准

项次	项目名称	评定等级			
		一级	二级	三级	四级
1	龟裂、爆裂	局部龟裂	局部龟裂、爆裂	爆裂面积＜40%	爆裂面积＞40%
2	起鼓、脱落	仅粉刷层脱落	局部起鼓	脱落面积＜25%	脱落面积＞40%
3	纵向、横向裂缝	无裂缝	有少量纵向裂缝	有纵、横向裂缝	有大量纵、横向裂缝、且裂缝宽度大
4	露筋面积	无露筋	局部露筋	露筋面积＜25%	露筋面积＞40%
5	钢筋与混凝土黏结力	完好	局部破坏	局部严重破坏	严重破坏

（续上表）

项次	项目名称	评定等级			
		一级	二级	三级	四级
6	主筋变形	无变形	无变形	主筋挠曲变形不超过一根	主筋挠曲变形超过一根
7	表面温度	<400℃	400℃~500℃	600℃~700℃	700℃~750℃
8	主筋温度	<100℃	<300℃	350℃~400℃	400℃~500℃
9	构件承载力	基本无影响	承载力下降	承载力严重下降	承载力基本丧失
10	损伤程度	轻度损伤	中度损伤	严重损伤	严重破坏

（二）钢结构

钢结构的损伤度也分四级：

一级：仅防护层和耐火覆盖材料损伤。

二级：构件略有变形（局部弯曲、扭曲等），构件表面温度达400℃~500℃。

三级：构件有明显变形，构件表面温度达500℃~600℃。

四级：构件有严重变形，构件表面温度大于600℃

二、按设计规范评定方法

（一）单一安全系数设计准则

对房屋结构可靠性进行评定时，会遇到不同时期的建筑物以不同规范为依据进行设计和施工的问题，而且不同时期的标准会有较大的差别。

以混凝土结构为例，1989年以前是按照《钢筋混凝土结构设计规范》（TJ10—74）设计的，规范依据的是单一安全系数原则，当时的质量检验评定标准是按《建筑安装工程质量检验评定标准》（TJ301—74）进行的。而在1989年以后，房屋结构是按照《混凝土结构设计规范》（GBJ10—89）设计的，采用的是概率极限状态设计准则，在可靠程度的表达式上采用了分项系数的方法，而质量鉴定是按《建筑安装工程质量检验评定统一标准》（GBJ300—88）进行的。因此，不同时期的建筑物，在复核确定其可靠度时，采用的方法和表达式是不同的。

（二）概率极限状态可靠度设计准则

对于按现行规范设计的建筑物，复核时按新规范有关条文进行。新规范要求结构的可靠度指标以分项系数的表达方式来实现，复核时应满足：

$$\gamma_0 S \leqslant R$$

式中，γ_0 为结构重要性系数，对于一般结构取1.0，重要结构取1.1，临时的、次要的结构可取0.9；S 为作用效应，考虑了荷载分项系数、组合系数后的实际荷载作用、环境作用、约束变形的作用效应；R 为结构的抗力，按实测材料强度计算，但要考虑材料分项系数，材料的强度由实测结果推断。

为了区分承载力的可靠性等级，可参考《工业厂房可靠性鉴定标准》（GBJ144—90）和《民用建筑可靠性鉴定标准》（GB50292—1999），将结构的可靠性分为4个等级，分别为 a_u、b_u、c_u、d_u，见表6－28。

表6－28　火灾后各构件的评定等级

$R/(\gamma_0 S)$				
构件级别	a_u	b_u	c_u	d_u
主要构件	≥1.0	≥0.95且＜1.0	≥0.90且＜0.95	＜0.90
一般构件	≥1.0	≥0.90且＜1.0	≥0.85且＜0.90	＜0.85

依据混凝土构件在火灾后的外观特征及连接构造的破坏程度，亦可按表6－29进行可靠性评级。

表6－29　依据混凝土构件外观特征及连接构造评级

级别	外观特征及连接构造
a_u	无裂缝，无龟裂、爆裂，无起鼓、脱落，无露筋，混凝土与钢筋黏结力无破坏，主筋无变形，表面推定温度＜700℃，主筋温度＜300℃，构造连接可靠、未损伤
b_u	有少量纵向裂缝，裂缝宽度＜0.3毫米，局部龟裂、爆裂，局部起鼓，局部混凝土与钢筋黏结力破坏（锚固点完好），无火灾变形，表面推定温度700℃、钢筋推定温度＜300℃，连接构造基本完好

（续上表）

级别	外观特征及连接构造
c_u	局部龟裂、爆裂，起鼓、脱落面积＜25%；有纵、横向裂缝，裂缝宽度＜0.7毫米，露筋面积＜40%；混凝土与钢筋黏结力局部严重破坏；挠曲变形，但变形≤$l_0/50$；柱的30%以上受压钢筋鼓出；混凝土表面推定温度＞700℃，钢筋温度＜350℃；构件严重损伤，构造连接严重受损
d_u	严重龟裂、爆裂；有大量纵、横向裂缝，裂缝宽度＞1.0毫米；起鼓、脱落面积＞25%；露筋面积＞40%；混凝土与钢筋黏结力破坏严重；挠曲变形＞$l_0/50$；柱的50%以上受压钢筋鼓出；混凝土表面推定温度＞800℃，钢筋温度＞400℃；构件严重损伤，承载力基本丧失

第六节　加固方法

一、加固的基本原则

直观上建筑过火的加固，就是恢复结构的原始强度和刚度，使其像火灾前那样正常工作，但仔细分析起来加固结构受力性能与一般未经加固的普通结构的差异还是很大的。首先，加固结构属于二次受力结构，加固前原结构已经承载受力（即第一次受力），而且又是在受力情况下过火受损的，截面上已经存在一个初始的应力、应变值（有的文献称先期应力、应变值）。然而，加固后新加部分并不立即分担荷载，而是在新增荷载下，即第二次加载情况下，才开始受力。这样，整个加固结构在其后的第二次荷载受力过程中，新加部分的应力、应变始终滞后于原结构的累计应力、应变，原结构的累计应力、应变值始终高于新加部分的应力、应变值，原结构达极限状态时，新加部分的应力、应变值可能还很低，破坏时，新加部分可能达不到自身的极限状态，其潜力可能得不到充分发挥。其次，加固结构属于二次组合结构，新旧两部分存在整体工作共同受力问题。整体工作的关键，主要取决于结合面的构造处理及施工做法。由于结合面混凝土的黏结强度一般总是远远低于混凝土本身强度，因此，在总体承载力上二次组合结构比一次整浇结构一般要略低一些。

加固结构受力特征的上述差异，决定了混凝土结构加固计算分析和构造处理不能完全沿用普通结构概念进行设计，要遵循下面的基本原则：

（1）加固设计应简单易行、安全可靠、经济合理。

(2) 对危险构件，应包括应急加固措施，并选用施工周期短、方法可靠的加固方法。

(3) 考虑加固结构的二次受力，尽可能采用卸荷加固方法。

(4) 选用的加固方法尽可能不改造原建筑的使用功能。

(5) 加固材料的选择应满足以下条件：

①加固用钢筋选用 HPB235、HRB335 级钢筋；

②加固用水泥选用普通硅酸盐早强水泥，其强度等级不小于 32.5；

③加固用混凝土等级应高于原混凝土一个等级，且不低于 C20；

④新旧混凝土面应采用界面剂或同类胶质材料。

二、加固方法简介

(一) 增大截面法

梁、柱构件抗力 R 不够时，采用增大截面法，其优点是：

(1) 施工技术成熟，便于施工。

(2) 质量好，可靠性强。

(3) 提高抗力 R 及构件刚度的幅度大，尤其对柱增加稳定性较大。

增大截面、增加刚度，首先要考虑分析整体结构，不能仅着眼于局部，要考虑到由于该局部的加强会引起整体结构受力的转移而导致另外局部构件的超载。此外，加大截面时，因构件质量和刚度变化较大，结构固有频率发生变化，因此应避免使结构加固后的固有频率进入地震或风震的频率共振区域，造成新的破坏。

(二) 外包钢法

外包钢法是利用角钢、钢板等将混凝土梁、柱等构件包裹起来达到增加抗力的目的，它分为湿式外包钢法和干式外包钢法两种。

(1) 湿式外包钢法，即在钢材与原混凝土构件间填环氧水泥砂浆等黏结材料，其整体性好，但湿作业工作量大。

(2) 干式外包钢法施工简洁、方便。

外包钢法骨架设计应选择合理有效截面积，并考虑结构在加固时的实际受力状况，即原结构的应力超前和加固部分的应变滞后特点，以及加固部分与原结构共同工作的程度，从而增加构件抗力，提高构件延性特征。

（三）预应力法

一般采用无黏结预应力技术，对结构构件进行加固。其主要优点是：

（1）体外配筋张拉预应力可以起到增加主筋、提高正截面及斜截面强度的作用，同时也提高了刚度，有效地改善了使用性能且效果好。

（2）加固时采用的预应力技术与新建结构中采用的预应力技术，既有相同点，也有不同点，其不同点是：

①预应力加固构件，是二次受力构件，存在应力超前和应变滞后的现象。

②原结构构件受预应力作用产生的压缩变形，对控制张拉量的影响较大。

③使用预应力加固属于体外配筋，无黏结预应力，存在反拱效应，应予以充分重视。

④对原结构混凝土抗压强度要求过高，不宜低于 C20，否则应选用其他加固方法。

（四）外粘钢板法

外粘钢板法是将钢板通过黏结剂，按加固设计要求，粘贴于混凝土或钢结构表面，使之共同工作。加固用钢板厚度为 1.5 ~4.0 毫米。实践证明外粘钢板法有下述优点：

（1）粘钢加固构件的二次受力特征不明显，这是其主要优点。

（2）被粘钢板与原构件仍可假设为平截面，说明共同工作性能良好。

（3）加固力学分析、设计计算相对简捷，即使构件出现明显裂缝、受损严重的混凝土梁，经粘钢加固后，其承载能力、刚度提高至原梁设计使用条件既是可能的，也是可靠的。

（4）粘钢加固不仅具有良好的物理力学性能，而且不减小空间，保持结构原貌，取材容易，施工方便、快捷，不影响生产和使用。粘钢加固在国内外已使用 20 年，占领了较大的市场。

（五）外粘玻璃钢法

此法与外粘钢板法的加固原理基本相同。

所谓玻璃钢，是用玻璃纤维布与环氧树脂胶，分层粘贴于拟加固的旧混凝土构件表面。外粘玻璃钢法又称复合材料加固法。

被加固后的构件，二次受力效应不明显，同样满足平截面假设。但是玻璃钢的弹性模量与抗拉强度均比钢材低，故被加固构件承载力与刚度提高效果没有粘钢的加固效果好。采用外粘玻璃钢法，其抗腐蚀性强，故常用于化工厂等有腐蚀介质作用的加固工程中。

（六）碳纤维（CFRP）加固法

碳纤维（CFRP）是一种高性能材料。

CFRP是纤维增强塑料，最早用于航天航空领域，后来用于船舶、汽车领域，近年来用于土建工程补强。

碳纤维主要性能指标见表6－30。

表6－30　结构加固修补用碳纤维（CFRP）主要性能指标要求

抗拉强度（mPa）	弹性模量（mPa）	延伸率（%）	密度（g/cm^3）	耐腐蚀性	浸透性	均匀性
约3 000	$\geqslant 2.1\times10^5$	≥1.5	1.8	优	良好	良好

（1）碳纤维强度是钢材强度的10倍以上。

（2）碳纤维弹性模量与钢材的弹性模量处于同一数量级。

（3）加固构件二次受力状态不明显，符合基本假定。

（4）加固后强度和延性同时得到提高。

CFRP具有良好的黏结性、耐热性及抗腐蚀性，在美国、日本、韩国、欧洲得到长足发展。特别是露天环境结构，如桥、涵、矿、井、曲面结构，在结构动力效应、抗震、抗风化等方面，均有突出效果。

过火建筑的加固最重要的是鉴定它的破损状况，亦即上节所述的鉴定评估，至于具体的加固方法，上述谈到的各种方法均可采用。表6－31列出了混凝土结构常用的8种加固方法及其适用范围，表6－32则根据鉴定级别给出了梁板柱可选用的加固方法。

表6－31　混凝土结构常用加固方法的特点及适用范围

加固方法	主要特点	适用范围
增大截面法	传统加固方法。以同种材料增大构件截面面积，提高结构承载能力	梁、板、柱、墙等一般结构
外包钢法	截面尺寸和外观影响很小，承载能力提高较大，施工简便，现场工作量较小，受力较为可靠	大型结构及大跨结构

（续上表）

加固方法	主要特点	适用范围
外粘钢板法	国际上较先进的加固方法。简单、快速，对生产和生活影响很小	正常环境下的一种受弯、受拉构件，以及中轻级工作制吊车梁
预应力法	卸荷、加固及改变结构受力三者合而为一的加固方法。承载力、抗裂性及刚度可同时得以提高	大跨结构及大型结构
增设支点加固法	增设支承点，减小结构跨度和内力，相应提高结构总体承载能力	梁、板及桁架等
托梁拔柱技术	不拆或少拆上部结构情况下，拆除、更换、接长柱子的技术	改变使用功能及增大室内空间的旧房改造
增设支承体系及剪力墙加固法	增强结构抗水平荷载能力和侧向刚度及稳定性	抗侧力加固
增设拉结连系加固法	于房屋周边、纵向、横向、竖向增设相应的拉结连系，增强结构整体稳定性，防止偶然事故中发生连续倒塌	装配式结构抗连续倒塌及抗震加固
裂缝修补技术	恢复或部分恢复结构因裂缝所丧失的承载能力、耐久性、防水性及美观等	各种混凝土结构

表 6－32　混凝土结构受损构件的加固方法

级别	构件	可选加固方法
d_u	梁	预应力法、预应力与粘钢加固综合加固法、外包钢法、增大截面法、改变传力路线法、增设支承体系法
	板	预应力法、局部拆换法、增设支承体系法
	柱	预应力撑杆加固法、增大截面法、外包钢法、外包角钢加固法
c_u	梁	预应力法、增大截面法、外包钢法、粘钢加固法、增补受拉钢筋加固法、喷射混凝土加固法
	板	预应力法、增大截面法、改变支承条件法、增设板肋法、喷射混凝土加固法
	柱	预应力撑杆加固法、增大截面法、外包钢法、外包角钢加固法、喷射混凝土加固法

三、注意事项

（一）材料要求

为适应加固结构应力、应变滞后现象而较充分发挥后加部分的潜力，加固结构所用钢材，一般应选用比例极限变形较小的低强（I、II 级）钢材；对于大型结构的预应力法加固，为减小材料用量，可采用高强钢材，但必须通过预应力手段将钢材工作应力提升到相应的水平。为提高二次组合结构结合面的黏结性能，保证新旧两部分能整体工作共同受力，加固结构所用水泥及混凝土，要求收缩性小，最好微膨胀，与原构件的黏结性好，早期强度高。对加固结构所用化学灌浆材料及黏结剂，要求黏结强度高、可灌性好、收缩性小、耐老性强、无毒或低毒。

（二）必要时的卸荷

加固结构的新加部分，因应力、应变滞后而不能充分发挥其效能，尤其是当原结构工作的应力、应变值较高时，对于以混凝土承载力为主的受压构件和受剪构件，往往会出现原结构与后加部分先后破坏的各个击破现象，致使加固效果很不理想或根本不起作用。相反，加固时若进行卸荷，情况则完全不同。由于应力、应变滞后现象得以降低，乃至消失，破坏时，新旧两部分就可同时进入各自的极限状态，结构总体承载力可显著提高。卸荷对加固结构承载力提高的影响，只表现在原结构第一次荷载应力、应变水平指标的降低方面，如前所述，这对于以混凝土围套加固的受压结构及增设支点加固的受弯结构，效果特别明显。

卸荷加固结构的截面承载力计算，原则上仍按二次受力结构进行，但当卸荷达到一定程度，可近似简化按一次受力组合结构计算，特别是以钢筋为主要承载力的受拉、受弯及大偏心受压结构。

卸荷加固可以是直接卸荷，也可以是间接卸荷。直接卸荷，是全部或部分地直接搬走作用在原结构上的可卸荷载。间接卸荷，是用反向力施加于原结构，以抵消或降低原有作用效应。直接卸荷直观、准确，但可卸荷量有限，一般只限于部分荷载。间接卸荷量无限，甚至可使作用效应出现负值。间接卸荷有楔升卸荷和顶升卸荷，前者以变形控制，误差较大；后者以力控制，较为准确。预应力法使加固与卸荷合而为一，是将原结构所受荷载，通过预应力手段部分地转移到新加结构的一种方法。

（三）新旧部分的共同工作

加固结构受力时，尤其是当结构临近破坏时，结合面会出现拉、压、弯、剪等复杂应力，特别是受弯或偏压构件的剪应力，有时可能是相当大的。加固结构新旧两部分整体工作的关键，主要在于结合面能否有效地传递和承担这些应力，而且变形不能过大。结合面传递压力，一般不存在问题，主要是剪力和拉力。结合面混凝土所具有的黏结抗剪和抗拉能力，有时远不能满足受剪和受拉承载力要求，比如梁、柱加固情况，尚需配置一定数量的贯通结合面的剪切—摩擦筋，利用钢筋所产生的被动剪切—摩擦力来抵抗结合面所出现的剪力和拉力。

对于四面采用混凝土围套加固的梁、柱，由于配置有贯穿结合面的封闭式箍筋，且混凝土围套在结合面受力过程中，部分是以整浇混凝土形式参与抗剪和抗拉，结合面承载能力，比之于非封闭的单面或双面加固情况要大得多，且一般都已足够。

第七节　火灾应急预案

无论何时，一旦发现有火灾苗头，如烟、油、味、色等异常状态，每一位员工都必须立即向消防监控室报警（注意当现场异味为液化气等易燃气体时，严禁在现场用手机、对讲机、电话报警，应该脱离现场到安全区域后再报警，以防电火花引爆易燃气体），请其派人查明真相，并做好应急准备。

一、目击报警

（1）任何区域一旦着火，发现火情的人员应保持镇静，切勿惊慌。

（2）如火势初期较小，目击者应立即就近用灭火器将其扑灭，先灭火后报警。

（3）如火势较大，自己难以扑灭，应采取最快方式用对讲机、电话或打碎附近的手动报警器向消防监控室报警。

（4）关闭火情现场附近之门窗以阻止火势蔓延，并立即关闭附近的电闸及煤气。

（5）引导火警现场附近的人员用湿毛巾捂住口鼻，迅速从安全通道撤离，同时告诉疏散人员不要使用电梯逃生，以防停电被困。

(6) 切勿在火警现场附近高喊“着火了”，以免造成不必要的混乱。

(7) 在扑救人员未到达火警现场前，报警者应采取相应的措施，使用火警现场附近的消防设施进行扑救。

(8) 带电物品着火时，应立即设法切断电源，在电源切断以前，严禁用水扑救，以防引发触电事故。

二、消防监控室报警

(1) 消防监控室值班人员一旦发现消控设备报警或接到火警报告后，应立即通知保安人员赶赴现场确认，并通知消防专管员。

(2) 火情确认后立即通报保安部经理或当班领班，由其迅速召集人员前往现场灭火、警戒、维持秩序和组织疏散。

(3) 立即将火情通报物业总经理或值班领导以及工程物料部经理。

(4) 值班人员坚守岗位，密切观察火警附近区域的情况，如有再次报警，应立即再次派人前往查看确认。

(5) 接到现场灭火指挥部下达的向“119”报警的指令时，立即按要求报警，并派人前往路口接应消防车。

(6) 接到现场灭火工作总指挥传达的进行广播的指令时，立即按要求用普通话（或中英文）进行广播，注意广播时要沉稳、冷静，不要惊慌，语速要适当，语音要清晰。特殊情况下，应派保安员或管理员逐单元上门通报，通报顺序为起火单元及相邻单元、起火层上面2层、起火层下面1层。

(7) 详细记录火灾扑救工作的全过程。

三、报警要求

(1) 内部报警应讲清或问清：

①起火地点；

②起火部位；

③燃烧物品；

④燃烧范围；

⑤报警人姓名；

⑥报警人电话。

(2) 向“119”报警应讲清：

①单位名称；

②火场地址（包括路名、门牌号码、附近标志物）；

③火灾发生部位；

④燃烧物品；

⑤火势状况；

⑥接应人员等候地点及接应人；

⑦报警人姓名；

⑧报警人电话。

四、成立临时指挥部

（1）物业总经理或值班经理接到火警报告后，应立即赶赴指定地点或火警现场，并通知相关人员到场，成立临时指挥部。

（2）临时指挥部由物业总经理、保安部经理、工程物料部经理、行政部经理、消防专管员以及其他相关人员组成，由物业总经理任临时总指挥。物业总经理尚未到场时，由保安部经理或值班经理代任总指挥。

（3）临时指挥部职责：

①根据火势情况及时制定相应对策，向各部门下达救灾指令。

②根据火势情况确定是否疏散人员。

③立即集合义务消防队，指挥义务消防队员参加灭火，并保证消防用水的供应。

④在火势难以控制时，应及时下达向“119”报警的指令。

⑤根据火势情况，成立疏散组、抢救组、警戒组，组织救人，抢救和保管重要物资及档案，维持现场秩序。

⑥根据火势情况决定是否启用紧急广播进行报警。

⑦下令将消防电梯降至首层，派专人控制，专供灭火工作之用。同时停止起火区域的其他电梯和中央空调运行。

⑧根据火势情况决定是否采用部分或全部断电、断气、打开排烟装置等措施。

⑨消防队到达后，及时向消防队领导准确地提供火灾情况和水源情况，引导消防队进入火灾现场，协助消防队灭火，并协助维持现场秩序，安顿疏散人员。

⑩火灾扑灭后，组织各部门员工进行善后工作。

五、人员疏散和救护

小区内发生火情时，各部门员工的任务是扑救火灾、疏散人员、抢救重要物资和维持秩序，危急关头以疏散、救护人员为主。火灾发生后，每一位员工都要牢记自己的首要职责是保护人员的生命安全。

（1）火灾发生后，由疏散组负责安排人员，指明疏散方向，并在疏散路线上设立岗位进行引导、护送人员向安全区域疏散。这时切记要提醒大家不要乘坐电梯，如果烟雾较大，要告知大家用湿毛巾捂住口鼻，尽量降低身体姿势，有序、快速离开。

（2）人员的疏散以就近安全门、消防通道为主，也可根据火场实际情况，灵活机动地引导人员疏散。

（3）认真检查起火区域及附近区域的各个单元，并关闭门窗和空调。发现有人员被困在起火区域，应先营救被困人员，确保每一位人员均能安全撤离火场。

（4）接待安置好疏散下来的人员，通过良好的服务稳定人们的情绪，并及时清点人员，检查是否还有人没有撤出来。

（5）疏散顺序为：先起火单元及相邻单元，后起火层上面 2 层和下面 1 层。疏散一般以向下疏散为原则（底层向外疏散），若向下通道已被烟火封住，则可考虑向屋顶撤离。

（6）在火场上救出的受伤人员以及扑救中受伤的员工，由抢救组护送至安全区，对伤员进行处理，然后送医院救治。

六、警戒

（1）保安部接到火警通知后，应迅速成立警戒组，布置好火灾现场及外围警戒。

（2）清除火灾现场外围和内部的路障，疏散一切无关车辆和人员，疏通车道，为消防队灭火创造有利条件。

（3）控制起火大楼底层出入口，严禁无关人员进入大楼，指导疏散人员离开，保护从火场上救出的贵重物资。

（4）保证消防电梯为消防人员专用，引导消防队员进入起火层，维持灭火行动的秩序。

（5）加强对火灾区域的警戒，保护好火灾现场，配合公安消防部门和调查组对起火原因的勘察。

（6）保证非起火区域和全体人员的安全，防止犯罪分子趁火打劫。

七、善后工作

（1）火灾扑灭并经公安消防部门勘察后，工程物料部应迅速将火灾区域的报警和灭火系统恢复至正常状态。

（2）保安部组织人员清理灭火器材，及时更换、补充灭火器材。

（3）管理运作部统计人员伤亡情况和小区财产损失情况，上报灭火指挥部及总经理。

（4）综合管理部组织员工对受灾人员进行慰问，并根据实际需要给予切实帮助。

（5）清洁绿化部组织员工对火灾现场进行清理，恢复整洁，对因逃生或救火损坏的花木进行抢救或补种。

（6）灭火指挥部应召开会议，对火灾扑救行动进行回顾和总结。

（7）发动员工，收集可疑情况，配合调查组对火灾事故进行调查，并责成消防专管员写出专题报告，分清责任。

（8）如果受灾财产办有保险，则由财务部门联系保险公司进行索赔。

本章小结

一、火灾安全科学的发展

在经济高速发展的现代社会，火灾的科学防治已经成为社会安全保障的重要组成部分。然而，由于火灾现象自身的复杂性，以及科学理论和技术手段等方面的限制，人类对火灾的科学认识在历史上长期停留在表象观察和数据统计层次上，一直未能形成以揭示火灾复杂本质为目标的相应学科。20 世纪 70 年代以来，迅速崛起的燃烧理论、科学计算技术、非线性动力学理论、系统安全原理、宏观与小尺度动态测量技术以及信息技术等，为系统地对火灾复杂性问题进行科学研究提供了充分的理论支持和技术手段，从而为火灾安全科学的发展创造了良好的契机。正因为如此，世界主要发达国家自 20 世纪 80 年代后期以来都开始针对前沿性的火灾科学问题开展国家级研究和国际合作，各国的火灾科学研究基地不断扩大，国际火灾安全科学学会（International Association of Fire Safety Science，IAFSS）以及地区性的火灾科学技术协会也相继成立，并致力于联合各国的研究力量开展前沿性火灾安全科学研究。作为一门以“火”这一古老现象为基本研究对象的新兴学科，火灾安全科学以其鲜明的前沿性、交叉性和挑战性，已经逐步发展成为一个特色鲜明、充满生机和活力的工程科学领域。

火灾具有确定性和随机性这两种复杂的特性。认识这两种复杂特性的科学手段截然不同。研究火灾确定性规律的手段是模拟，包括实验模拟和计算模拟；研究火灾随机性规律的手段是统计，描述方法是概率论。火灾安全科学是一个涉及基础自然科学、工程技术科学和管理科学的多学科、大跨度交叉领域的科学，它所具备的多学科交叉性是火灾双重复杂性在学科体系方面的具体体现。

作为火灾安全科学的两项主要内容，科学地认识火灾过程、科学地发展火灾防治技术，迄今都已经得到了很大的发展，并在发展过程中它们始终保持相互依赖与促进的关系。当前，全球对火灾科学防治提出了越来越高的要求，促使火灾安全工程在技术层面上必须实现以下三个转变：①由被动式的灾害防治技术向以“清洁阻燃、智能探测、快速定位”为主要环节的主动式灾害防治技术的转变；②由传统设计向科学的安全工程设计的转变；③由火灾防治的传统管理模式向信息化管理和应急预案模式的转变。这三个革命性转变的实现依赖于在火灾安全工程关键技术环节上的创新。火灾安全工程的发展趋势可以简单归纳为以下四个方面：

（1）以量化和动态为特征的火灾危险性评估。火灾的双重性规律决定了科学的危险性评估方法应该既考虑确定性规律又涉及不确定性（包含随机不确定性和模糊不确定性）规律，这就决定了火灾危险性评估的发展趋势。

（2）“清洁阻燃、智能探测、快速定位”的新一代火灾防治技术。

（3）以危险性评估和灾害动力学演化理论为基础的性能设计。

（4）以3S（GIS、GPS、RS）和火灾确定性规律为基础的火灾信息化管理和应急预案。

二、我国火灾和消防工作需要研究的若干问题

根据目前的经济和社会发展状况以及城市和工业火灾防治中存在的现实问题，我国现阶段的防火和消防重点可以围绕以下几方面开展工作：

1. 加强城市防火规划

（1）根据城市人口规模、城市在国民经济中的地位和作用、城市的政治影响和历史文化价值、城市形成火灾的自然条件（地理位置、气象条件、地震等）以及城市火灾的危险性分析等因素，制定城市防火的设防标准。

（2）对旧城进行必要的改造，提高其防火的应变能力。

（3）研究制定城市减轻火灾危险度的技术措施与政策，并贯彻执行。

（4）研究城市减少火灾隐患的规划，为扑救与灭火创造必要的条件。

2. 提高建筑防火能力

(1) 对高层与地下建筑进行防排烟的技术与设备的研究、自动报警和灭火自救能力的研究开发以及疏散、避难路线与方式的研究等。

(2) 对结构构件和房屋构造提高耐火能力，延长建筑物火灾时的稳定时间等。

(3) 开发新型防火材料，研究材料受火后的性能以及材料的建筑火荷载，为火灾建筑物的结构设计提供科学依据，制定技术先进、经济合理的火灾结构设计规范，提高建筑防火设计水平。

(4) 对我国古建筑进行有效的防火保护，研制不改变原形的防护方法和技术措施。

3. 消防技术与管理

(1) 研究开发各类火灾的灭火、救援新技术。

(2) 研究与制定城市遭受大面积火灾的灭火和救援方法与对策。

(3) 研制火灾监视系统、消防灭火材料、装备和器材。

(4) 根据城市规模，充实与提高消防人员的素质、技术及装备能力，逐步达到国际发达国家的技术标准。

(5) 制定科学、严格、切实可行的防火管理办法并监督执行，加强人们的防火意识与能力，组织防灾教育与演习。

4. 控制城市特殊火灾

(1) 研究各类工业火灾的特点和防护措施、扑救方法，制定各类工业火灾的防护标准、设计规范。

(2) 研究各类天然火灾（地震、雷击、火山爆发等）及其发生次生火灾的对策。

5. 加强火灾事故调查技术力量

(1) 建立火灾调查技术鉴定机构。

(2) 培养一批专业水平高超和实践经验丰富的火灾调查专业技术队伍。

(3) 配备并研制开发先进的火场勘查测试仪器设备。

6. 加强基础性研究工作

(1) 进行计算机火灾模拟技术的研究，为防火提供科学方法。

(2) 研究火灾发生、发展和防治机理与规律，为火灾预报和制定防火规划提供依据。

(3) 研究火灾损失统计方法与评估方法，包括直接损失、间接损失、人员伤亡、火灾保险费、消防费用、重建或修复费用等，供领导部门决策使用。

本章学习要点

1. 火灾的基本概念。
2. 建筑防火。
3. 防火设计。
4. 火灾后可靠性评定。
5. 加固设计。

关键术语

火灾　消防　应急

思考与练习

1. 火灾如何分类？请根据火灾损失的严重性、燃烧对象、火灾发生地点等进行划分。
2. 我国在推进城市化建设进程中的消防安全现状是怎样的？
3. 建筑火灾科学研究可归纳成哪几个方面的内容？
4. 对纽约世贸中心倒塌原因进行分析。钢结构防火原则是什么？
5. 感烟探测器有哪几种？它们的适用高度及优缺点有哪些？
6. 高层建筑火灾的特点是什么？
7. 火灾后结构的损伤程度可分为几级？具体如何划分？
8. 试述碳纤维（CFRP）加固法的优点。
9. 火灾应急预案中对报警要求有哪些？

补充读物

1. 火灾科学（中国科学技术大学出版社）.
2. 国外耐火材料（辽宁科学技术情报所）.
3. 自然灾害学报（中国灾害防御协会、国家地震局主办）.
4. 中国消防（群众出版社）.
5. 消防技术与产品信息（消防技术与产品信息杂志社）.
6. Fire Research Abstracts and Reviews（National Academy of Science）.
7. Fire（FMJ International Publishing Ltd.）.
8. Fire Engineering（Technomic Pub. Co.）.
9. Journal of Fire Sciences（Technomic Pub. Co.）.
10. Fire Safety Journal（Elsevier Sequoia）.

11. Journal of Applied Fire Science（Baywood Pub. Co.）.
12. 国际火灾安全科学协会网，http：//www. iafss. org.
13. 国际民防组织网，http：//www. icdo. org.
14. 中国消防网，http：//www. china－fire. com.
15. 美国消防协会网，http：//www. nfpa. com. org.
16. 澳大利亚消防协会网，http：//www. fpaa. com. au.
17. 英国防火工程师协会网，http：//www. ife. org. uk.
18. 世界火灾监控中心，http：//www. fire. uni－freiburg. de.
19. 中国建筑防火安全信息网，http：//www. firepro. com. cn.
20. 消防技术与产品信息（消防技术与产品信息杂志社）.

第七章　爆炸作用下结构灾害及其应急处理

本章概述

通过本章内容的学习，了解爆炸的相关基本概念，掌握爆炸灾害的特点以及爆炸荷载对结构和人体损伤的影响，认识目前常见的爆炸灾害类型以及相应的危害，初步掌握建筑结构爆炸防护的基本方法，掌握爆炸灾害及其应急处理的原则、内容、方法和步骤。

第一节　爆炸的基本概念

一、爆炸

众所周知，爆炸是物质运动的一种形式，是物质剧烈运动的一种表现。物质从一种状态迅速地转变为另一种状态，并在瞬间以机械功的形式放出巨大能量的现象称为爆炸。一提到爆炸事故，人们犹如谈虎色变，然而爆炸事故随着经济的发展却有增无减。如 2009 年 9 月 30 日，广东省东莞市虎门镇一酒楼厨房发生爆炸，当场造成 1 名电工和 4 名早点员工死亡。2010 年，广东普宁烟花爆炸，造成 19 人死亡、50 人受伤的重大事故。

爆炸是物质内含的能量（热、化学、电磁、核能或动能等），在一定环境条件下触发后瞬间集中释放，并伴有强烈的力学效应和破坏作用的现象。当爆炸发生后，其爆炸的核心区域在瞬时产生极高的压力，形成一股高压气流，从爆心向四周推进，形成空气冲击波。凝聚炸药中的爆轰波速度每秒约数公里，波头压力约几十吉帕，瞬时功率可达 $10^{10}\sim10^{14}$ 瓦，具有强大的做功能力。

典型的爆炸波压力—时间曲线的形状如图 7－1 所示，在爆炸后的任意到达时刻，对于任意给定位置的压力跃升到高于周围空气压力 P_0 达到一个超压峰值，随后该压力衰减到环境压力，再后就在一个非常小的波幅内产生部分真空，最终又回到了 P_0。P_Z 是通常所谓的冲击波阵面超压峰值。高于初始环境压力的压力—时间曲线部分称为正相区间，低于零部分的压力称为负相或真空相。

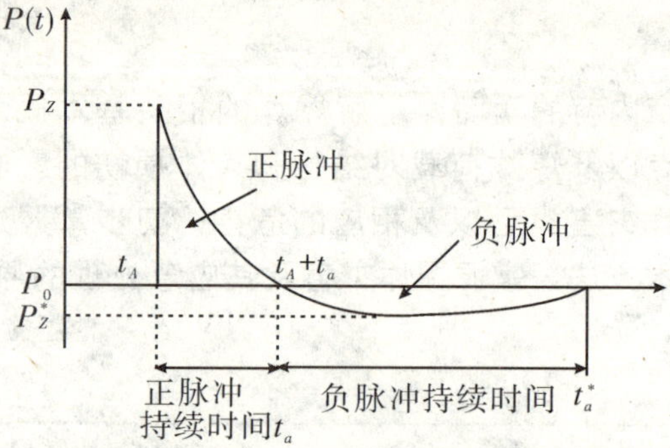

图 7－1　爆炸压力时程图

爆炸事故的发生具有范围广、场合多样等特点。如工业上的采矿、采煤单位，化工、轻工和钢铁企业，交通运输工具，城市加油站、加气站乃至居民住宅等都有发生爆炸事故的记载。从爆炸规模看，小到气体钢瓶、民用小液化气罐爆炸，大到露天数千或数万平方米范围的爆炸。但不管爆炸范围多大、程度如何，潜在的爆炸总会对人们的生命财产形成严重的威胁。

近十多年来，全球范围内的恐怖爆炸袭击事件数量不断上升，已构成对城市乃至国家安全的重要威胁之一。政府办公和重要公共建筑物往往是恐怖爆炸袭击的主要目标，甚至民用建筑物也难幸免。美国国家反恐中心（NCTC）《2004 年重大国际恐怖主义年表》中指出，爆炸恐怖袭击在全年恐怖袭击中位居第二，是最主要的恐怖袭击方式之一。据统计，在过去几年全球所发生的恐怖事件中，85%属于爆炸袭击事件。其中造成 10 人以上死亡的全球重大恐怖袭击事件，都是恐怖分子采用人体炸弹、汽车炸弹制造出来的。恐怖分子越来越多地选择防护等级低、容易实施恐怖爆炸的平民建筑物作为袭击对象。

恐怖爆炸不仅造成了建筑物严重破坏、人员伤亡、财产损失，更为严重的是它给社会带来了巨大恐慌。例如震惊世界的西班牙“3·11”案、伦敦地铁爆炸案、印尼万豪酒店爆炸案、车臣狄纳莫体育场爆炸案等众多恐怖爆炸袭击事件就是例子。

随着偶然爆炸和人为恐怖爆炸事件的不断增多，包括政府大楼、大型公共建筑物、使馆建筑等重要设施在内的地面建筑和地下建筑的爆炸安全防护问题以及遭遇爆炸事件后的应急处理问题的研究显得越来越重要，这也是当前国际上的热点课题。美国、英国、俄罗斯、澳大利亚和新加坡等许多国家，投入了大量人力、财力开展建筑物的抗爆减灾、抗爆设计、抗爆加固以及爆炸灾害的应急处理与救援等方面的研究工作，而我国在相关领域的研究和应用正处于起步阶段。因此，我们必须重视对爆炸事故的研究，了解爆炸事故的发生原因，分析爆炸事故的类型，掌握应对突发爆炸事件的应急处理和救援原则、方法，以确保人民生命财产安全和社会稳定。

二、爆炸荷载的特点

与地震作用等其他灾难性荷载相比较，爆炸荷载具有明显的特点：

（1）爆炸发生的偶然性大，人们无法预知其在什么时间以什么样的方式发生，以及其作用的大小是多少。

（2）爆炸荷载作用在结构上的局部压力比通常在设计中所考虑的荷载要大几倍甚至更多，由于经济的原因，人们难以在设计中对其充分考虑。

（3）由于爆炸荷载随着与爆炸源距离的增大而呈指数衰减，作用在结构上的压力，特别是面向爆炸源的一侧，随着距离的变化而迅速变化，使结构产生多种破坏形式，由爆炸而引起的结构直接损伤通常更趋近于结构的局部破坏。

（4）与其他荷载相比较，爆炸荷载的作用时间极为短暂，通常一次典型的爆炸荷载的持续时间在几毫秒到几百毫秒之间。

三、爆炸作用特性及其对建筑物的损伤和破坏

外部爆炸荷载对于建筑结构的作用通常可分为如下三个过程：

（1）爆炸冲击波对接近爆炸源的结构外围竖向构件产生向内的推力；

（2）冲击波对楼板及梁等水平构件产生向上的推力；

（3）结构内部产生的负压，使整个建筑外围构件受到向内的压力作用。

爆炸对建筑结构的作用过程见图 7－2。与以上三个作用过程相对应，建筑结构的破坏可以划分为三个过程：①邻近爆炸源的结构外围墙、柱等构件的破坏；②结构内部楼板、屋顶、梁、柱等构件的破坏；③其他结构侧向受力框

架的破坏。

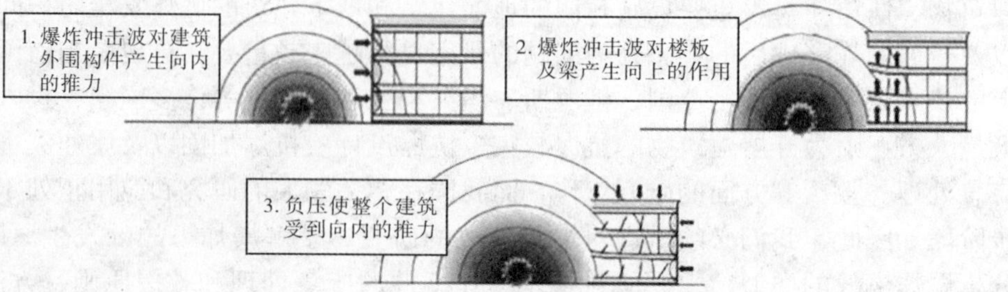

图7－2　爆炸对建筑结构的作用过程图

玻璃通常是建筑物中最薄弱的部分。与楼板、墙、柱等其他构件相比，较低的压力就可以使玻璃破坏。过去的爆炸事件表明，大规模外部爆炸事件中，几公里外的玻璃都受到了破坏。在市区范围内的爆炸事件中，震落的玻璃成为道路行人受伤的主要原因，并且街道上成吨的玻璃碎片给救援和清理带来很大的不便。

对恐怖袭击而言，由于建筑结构在爆炸荷载下的破坏特点，建筑物已经成了恐怖分子的主要攻击对象。装药爆炸所产生的冲击波压力会使许多建筑物的门窗遭到严重的破坏。对一般的建筑物而言，门窗玻璃碎片是建筑物内部人员遭受伤害的主要原因。其次，建筑物能将装药爆炸所产生的冲击波予以放大，会使更多的人员受到伤害。这就是为什么恐怖分子总是千方百计试图将爆炸装置放置在建筑物内部的原因。爆炸会导致建筑物部分构件产生扩张性的裂纹和倒塌，造成建筑物部分或全部倒塌。以某种方式将爆炸装置投入建筑物内部，从而显著地增大它的破坏效应。

四、爆炸对人体损伤的主要类型

爆炸对人体造成的损伤主要来源于由于爆炸产生的空气冲击波对人体的伤害，以及由于爆炸引起的其他效应对人体的伤害，大致可以分成以下几种主要类型：

（一）爆震伤（冲击伤）

由爆炸冲击波的动压和超压（甚至负压）直接引起的严重损伤，包括重度和极重度致死性的肝脾或大血管破裂致急性大量失血，肺出血、肺水肿或呼吸道阻塞致呼吸困难，心肌纤维断裂和出血致心力衰竭，严重单发性或多发性骨折致截瘫或刺破血管等，也可引起中度以下损伤。前者迅速危及生命，需现场急救；后者可延缓救助。

（二）破片伤（弹片伤）

由爆炸物爆炸后高速飞射的弹片（破片）直接引起的严重损伤，包括人体重要部位（如头面、颈、胸、腹、肢体）和重要脏器（脑、心、肺、肝、脾、肾、脊髓、大血管等）的重度以上致死性单一或多处贯通伤（或深度盲管伤），迅速危及生命，需现场紧急救助；也可引起中度以下体表或非重要脏器盲管伤，一般可延缓救治。

（三）烧伤

由爆炸物火球高温引起的皮肤或特殊部位直接烧伤或易燃物着火引起的间接烧伤（火焰烧伤），其中重度以上（即Ⅱ度烧伤占体表面积20%以上，或Ⅲ度烧伤占体表面积5%以上，或发生特殊部位烧伤）大多迅速发生休克，需现场紧急救助，特别是及时抗休克和保持呼吸道通畅，以维持生命；中度以下则可延缓救治。

（四）挤压伤（压砸伤）

由倒塌建筑物的结构挤压引起肢体、躯干或头颈部的间接性损伤，其中重度以上损伤可迅速导致昏迷，并危及生命，需现场紧急救助；中度以下损伤则可延缓救治。

（五）飞石伤

由爆炸冲击波动压引起地面的碎石、砖块、玻璃碎片等高速飞射，击中人体体表和头、颈、胸、腹部，造成多发甚至广泛的贯通伤或盲管伤，当贯穿要害脏器时可引起重度以上损伤，迅速发生休克，并危及生命，需现场紧急救治；中度以下损伤则同样可延缓救治。

（六）掩埋及其致伤

在城镇爆炸发生时，极易造成各种建筑物或地下设施的破坏倒塌，引起人员的掩埋以及压砸、挤压，并可能伴缺水、空气稀薄缺氧或有害气体等，从而发生多种损伤，尤其是长时间掩埋更易危及生命，通常情况紧急，需尽快搜寻、挖掘和急救被掩埋伤员。

（七）其他损伤

如果爆炸恐怖袭击同时实施核、化学或生物恐怖袭击，则必然复合其相应损伤，由于复合伤的加重效应，更易迅速发生休克，危及生命，更需尽快实施现场紧急救助；中度以下损伤则同样可延缓救治。

由于爆炸范围广、速度快、威力大等原因，致使爆炸恐怖袭击中人员伤害还表现出以下特征：伤员突然大量发生，多种伤类同时发生，现场不确定因素多等。

第二节　常见的各类爆炸事故及其危害

爆炸事故的发生范围较广，场合不尽相同，工业上的采矿、采煤单位，化工、轻工和钢铁企业，交通运输工具，城市加油站、加气站乃至居民住宅等都有发生爆炸事故的记载。对爆炸事故进行分类是一件比较困难的事情，根据目前我国城市中发生爆炸事故的危害性以及应急管理的需求，我们大致将在城市中发生爆炸的主要情况分成以下几类：①工业生产的爆炸事故；②公用危险源爆炸事故；③恐怖爆炸袭击。

一、工业生产的爆炸事故

工业生产的爆炸事故主要是指在各类工业生产过程中由于管理不善、施工操作不当、监控不力以及突发偶然事件引发的爆炸事故。常见的有煤矿瓦斯爆炸、化工设备爆炸、压力容器和锅炉爆炸、烟花爆竹生产厂爆炸、粉尘爆炸等等。这类爆炸事故在我国极为常见，发生的概率最高，造成的损失也最大，社会危害性严重，必须引起高度重视。

（一）瓦斯爆炸

瓦斯灾害是煤矿中最严重的灾害之一，而瓦斯爆炸在瓦斯灾害中占很大比例，不仅造成大量人员伤亡，而且还会严重摧毁井巷设施，中断生产，有时还会引起煤尘爆炸、矿井火灾、井巷垮塌等二次灾害。爆炸后巷道内供电和通风等基础设施遭到破坏，空气成分发生变化，氧气下降至6%～10%，有害气体浓度则显著上升，其中二氧化碳浓度达4%～8%，一氧化碳浓度可达2%～4%，而后者往往是造成大批人员死亡的主要原因。

例如，2010 年 12 月 8 日，中央电视台报道了河南义马煤业集团巨源煤业公司瓦斯爆炸事故共造成 26 人死亡。2011 年 4 月 15 日，云南省曲靖市宣威市海岱镇杨梅山煤矿发生一起重大瓦斯爆炸事故，造成 12 人死亡，3 人受伤。2011 年 8 月 14 日，贵州省六盘水市盘县过河口煤矿发生重大瓦斯爆炸事故，造成 10 人死亡。

（二）化工设备爆炸

根据相关资料可以将爆炸的原因大致归纳为以下几种：①装置内产生新的易燃物、爆炸物；②高温下物质汽化分解；③高热物料喷出自燃；④物料泄漏遇高温表面或明火；⑤反应热骤增；⑥杂质含量过高；⑦生产运行系统和检修中的系统串通；⑧系统形成负压；⑨装置内可燃物与生产用空气混合；⑩选用传热介质和加热方法不当。

化工设备爆炸所造成的损失与危害极大，例如，2005 年 11 月 13 日，中国石油天然气集团公司吉林石化分公司下属的双苯厂曾发生爆炸。事故不仅造成 8 人死亡以及 60 多人受伤，更导致自爆炸所在地吉林省吉林市以下的整个松花江流域遭受严重污染，并波及俄罗斯远东地区，环境影响和国际影响恶劣。

（三）压力容器和锅炉爆炸

压力容器是工业生产中广泛使用的设备，尤其在化学工业和石化工业中，几乎每一个工艺过程都离不开压力容器，而液化石油气钢瓶等压力容器，则已进入千家万户，与人们的日常生活密切相关。

锅炉是生产水蒸气和高温热水的设备，应用十分广泛，既是工业中的常见设备，又是特别容易发生灾难性事故的特殊设备。如 2010 年 9 月 23 日，山西省吕梁市孝义市阳泉曲镇运峰铝业有限公司发生蒸汽锅炉爆炸事故，导致 9 人死亡，4 人受伤。2011 年 8 月 20 日下午，山西长治城区医院发生锅炉爆炸，造成 4 人被压，16 名路人受伤，截至晚上 9 点 10 分，被压人员全部救出，事故造成 3 死 17 伤，其中 2 人重伤。

（四）烟花爆竹生产厂爆炸

我国是烟花爆竹的主要生产和消费国，同时由烟花爆竹所引起的爆炸事故也屡见不鲜。如 2011 年 11 月 23 日，广西壮族自治区北海市合浦县公馆镇浪坡村一村民家中发生一起非法生产爆竹爆炸事故，造成 5 人死亡、10 人受伤（其中 9 人重伤），死伤人员中有 5 名未成年人。广东省此类事故也不容乐观，2000 年江门“6·30”烟花爆竹特大爆炸事故，死亡 37 人，重伤 12 人。2009

年1月11日，英德市青塘镇一私人小作坊在加工烟花爆竹时发生爆炸，造成5人死亡，9人受伤。2010年2月26日晚，广东省普宁市军埠镇村民杨俊树燃放烟花引起爆炸，造成19人死亡，50人受伤。

（五）粉尘爆炸

固体物质被粉碎成粉尘以后，其燃烧特性有了很大变化。原来是不可燃物质可能变成可燃物质，原来是难燃物质可能变成易燃物质，在一定条件下就可能发生爆炸。能导致粉尘爆炸的情况很多，从农产品的加工、储运和运输以及工业废物的产生，到药物、食品、有机物、无机物的生产等众多的工业生产过程中，粉尘的爆炸时有发生，危害极大。粉尘爆炸事故的发生频率随着现代化生产的发展而增加，爆炸粉尘的种类也越来越多。

据统计，1913—1973年间美国仅工农业方面就发生过72次比较严重的粉尘爆炸事故。日本1952—1975年共发生重大粉尘爆炸事故177次，累计死亡75人，受伤410人。英国和加拿大在化工和造纸等行业中也发生过多起粉尘爆炸事故，仅英国就243次，死伤204人。2010年2月24日，河北秦皇岛粉尘爆炸事故，造成19人死亡，49人受伤。

二、公用危险源爆炸事故

（一）天然气管道爆炸

近年来，随着“西气东输”工程的投入运营，我国加快了能源结构调整步伐，许多城市抓住这个机遇，实现能源供应多样化，扩大燃气特别是煤气、天然气等清洁能源的使用范围。煤气、天然气管道在输送过程中，由于年久腐蚀、违章操作、城市道路建设施工以及家庭装修等原因，可能出现泄漏，导致火灾和爆炸事故。由于煤气、天然气管道具有以下几方面特点，将使其发生爆炸和火灾的危险性加大。

1. 输送管道距离长，保护难度大

我国西气东输工程全长4 000多公里，长距离、大跨度、跨区域和不同地质结构等诸多因素增加了安全保护难度，极易遭到地震自然灾害及人为施工破坏。上海自2004年以来，共发现32起严重占压管道设施的现象，其中在天然气高压管道设施上有8处、中压管道设施上有10处，严重威胁着管道设施的安全营运以及居民和单位的正常安全用气。

2. 输送管道隐蔽性强，泄漏点不易发现

为确保安全，大多数输气管道都深埋地下，极易遭到地下水及土壤酸碱腐蚀和人为施工破坏，发生管道泄漏后易形成漏斗形大面积地上泄漏面，泄漏点不易被发现。

3. 发生事故后引起的燃烧、泄漏、中毒、爆炸破坏力大

煤气、天然气在日常生产和生活中，经常因气体泄漏，造成人员中毒、窒息，发生爆炸，引发火灾，造成人员伤亡和财产损失。煤气、天然气在发生火灾后，一些可燃物在煤气、天然气自身燃烧产生的热量直接作用下，很快达到燃烧点而发生燃烧，并迅速提高周围其他可燃物的燃烧强度和燃烧速度，加速火势蔓延。如1992年3月15日，美国田纳西州的4条天然气管道中的2条发生爆炸，火焰高达61米，3家住宅被烧毁，5人受伤。

（二）加油站爆炸事故

加油站是存放各类机动车需用的汽油、柴油、润滑油等易燃、可燃液体的一个大“仓储”，其爆炸危险性、破坏性无异于一个“巨型炸弹”，一旦发生爆炸，后果不堪设想。近年来，国内外加油站爆炸事故时有发生，给国家和人民的生命及财产造成严重损失。

加油站爆炸事件的主要类型有：

（1）泄漏型爆炸：是指处理、存储或输送可燃物质的容器、机械或其他设备，因某种原因发生破裂而使可燃气体、蒸汽、粉尘泄漏到大气中，达到爆炸浓度极限时遇火源所发生的爆炸。引起泄漏型爆炸的一个重要因素就是油气混合达到爆炸极限。敞开式卸油是导致油气混合的一个直接途径，另外一个途径为油品泄漏。

油品泄漏主要是由设备泄漏和人为因素两种原因引起的。加油站主要设施和设备有油罐、加油机、油泵、管线和阀门，经常会出现焊缝裂纹、管线老化、法兰垫片磨损、密封不好等各种情况的泄漏，致使油气混合形成爆炸混合性气体。人为因素引起泄漏指脱岗、误操作、违章操作、过量充装、盲目指挥和设备运行维修保养不善等。

（2）破坏平衡型爆炸：是指油罐内装得过满或密闭的油罐受热后蒸汽压力升高、体积膨胀而引起的爆炸。易燃液体贮罐在受到烘烤时，容器里液体温度上升，气相压力增加，如果该容器设置了安全阀，当容器内压力达到安全阀设定压力时安全阀会开启。假若安全阀泄压面积足够大而且设定压力又足够小，则所有的液体会自容器泄出，不会发生事故。然而实际中，安全阀的设定压力较高，而且由于容器暴露于火中，受高温影响容器材质的抗拉强度急剧下降，使容器不能承受安全阀的设定压力，这样一来即使安全阀开启快速排气，容器也会开裂并继而引发蒸汽爆炸。遇到阳光照射或炎热的夏天温度很高时，也会使密封的油罐内压力升高，体积膨胀，引发爆炸。若喷淋冷却系统故障，

就更容易发生破坏性爆炸。

（3）非直埋式地下油罐爆炸：主要是指油罐设置在地下室或设有地下操作间，由于地下室属于密闭或受限空间，若油罐、油泵、管线和阀门漏油或因腐蚀、磨损、破裂、老化、密封不好而导致泄漏，使油蒸气与空气混合，达到爆炸极限，遇到火源就会发生火灾爆炸。1998 年 8 月 10 日某加油站由于油罐上的排气管安装不规范，致使大量的汽油蒸气进入地下室内，在地下室和管沟及加油机内形成了达到爆炸极限的油气混合气体，遇火源发生了爆炸。2001 年 7 月某加油站因加油机下方输油竖管焊缝裂缝漏油造成地下室弥散大量汽油味，当安全员进入地下室操作电灯开关时，电火花与混合气体遭遇发生爆炸。

（4）直埋式地下油罐爆炸：是指油罐直接埋在土里，罐内油蒸气与空气混合，达到爆炸极限，遇火源发生爆炸。一般分为如下两种情况：

油罐内有油液：当油罐内装有油液，其罐内非液体部分的混合气体达到爆炸极限时，遇到火源就会发生爆炸。这里火源是指明火、雷击火花和撞击火花等。雷击火花是指避雷设施失效，造成静电积累遇到雷击时而产生的火花；撞击火花这里指开启罐盖或孔口时碰撞其边缘或用钢尺量油，钢尺伸入、拉出时与量油孔口边缘摩擦产生的火花。

油罐内无油液：油罐内无油液，再继续装同一种油，未清洗；油罐维修、年检等时要清洗，若油罐未清洗或清洗不彻底而产生达到爆炸极限的混合气体，这时遇到焊火，开启罐盖或孔口时产生撞击火花，或者油罐水洗后，水自一定体积的油品中沉降，产生静电火花等，都会发生爆炸。2001 年 12 月 13 日，湖南某油库对一座 5 000 立方米覆土油罐进行清罐准备工作，拆开油罐入孔时，罐内油气外泄充满罐通道，使用防爆性能不完好的鼓风机在管道内通风，导致发生爆炸，烧伤 4 人，烧毁 5 000 立方米耐钢罐 1 座，烧损 90 号汽油 42. 5 吨。

（5）其他类型火灾爆炸：给塑料桶加油、直接给摩托车加油等违章加油都会引发火灾或爆炸。有时几种类型的爆炸会相继复合发生，引起 2 次爆炸、3 次爆炸，其造成的危害，往往一次比一次严重。

三、恐怖爆炸袭击

随着“9·11”恐怖袭击事件的发生，恐怖主义已成为当今世界关注的焦点。当前国际恐怖活动袭击的重点虽然仍是美国等西方国家，但我国周边地区国家恐怖活动有增强与扩散趋势，因而我国亦面临着恐怖活动的现实威胁。在各类恐怖活动中，爆炸物来源广泛，易制造，易获得，易携带，易实施，杀伤威力大，故爆炸恐怖袭击越来越成为恐怖分子最常用、最普遍、最频繁的恐怖方式。

（一）国际爆炸恐怖活动的现状

有资料显示，近年来国际上发生的众多恐怖活动中，爆炸恐怖活动的频率最高，所占比重最大，而且呈现愈演愈烈之势。据统计，在全球已发生的各类恐怖事件中，爆炸恐怖活动占75%左右。如在印度尼西亚、巴基斯坦、沙特阿拉伯、土耳其、西班牙、埃及、以色列、俄罗斯等地就接连发生伤亡惨重、影响巨大的爆炸恐怖事件，至于像战乱纷飞的伊拉克，爆炸袭击事件更是频繁发生，有时一天可发生多起。这种针对人群、财产乃至外交、军事为目标的暴力行为，不仅带来人员财产的巨大损失，而且造成社会恐慌，对国家安全构成威胁。值得高度关注的还在于恐怖分子不仅对人群、建筑物施以爆炸恐怖活动，而且在飞机、火车和轮船上制造恐怖爆炸事件。总之，爆炸恐怖活动是全人类的公害。

（二）我国面临爆炸恐怖的现实威胁

当前，由于国际恐怖主义势力向我国境内的渗透与扩散，使我国面临重大威胁。多年来，“东突”势力与国际恐怖组织勾结，在新疆地区制造了大量爆炸、纵火等恐怖暴力事件，而且积极准备建立所谓正规武装和训练基地，要在今后几年内对我重要城市和重要设施进行爆炸恐怖袭击，成为我国安全的一大隐患，而且对中亚、南亚地区的安全也构成了威胁。与此同时，我国社会存在诸多不稳定的因素，潜伏着产生爆炸犯罪的社会根源，如民族分裂势力仍然嚣张，邪教组织活动仍然活跃，一旦形成气候或受到国际爆炸恐怖活动的刺激，就有可能实施暴力活动，制造事端。

（三）爆炸恐怖袭击的种类

按近几年爆炸恐怖袭击的方式可分为三大类。

（1）固定式炸弹恐怖袭击，主要运用定时炸弹和触发炸弹。

定时炸弹：设定某一时间自然导通雷管的电源而引爆炸药。定时引爆炸药是恐怖分子用来对某一重要目标场所实施定时爆炸的方法之一。常见的定时装置有钟表型定时装置、家用电器型定时装置、拉发式爆炸装置、滴水定时爆炸装置、敬佛香型爆炸装置等。

触发炸弹：是将敏感元件设置在易触摸的位置，当人（或物）接触时导通电源引爆雷管而引爆炸药。大多数触发炸弹设置在行李的拉链口部，也有使用针刺雷管的。安装完毕后，抽掉保险销，只要搬动物件受力即可引爆炸药，常用于地雷等埋设。

（2）遥控式炸弹恐怖袭击。遥控炸弹具有多样化特点，常用的遥控装置主要为遥控玩具等。这些设备通常在儿童玩具商店便可购得，经改装后可制成不同种类的遥控炸弹。

汽车遥控炸弹：将炸药装填在汽车上，设有起爆装置，当汽车驾驶到预定位置，随即引爆炸药。2003 年 5 月 12 日，沙特阿拉伯发生恶性汽车爆炸案，35 人死亡，警方在随后的突击检查中，发现了多部与炸弹连在一起的手机。

手机遥控炸弹：任何较先进的手机略加改造即可成为典型的“手机炸弹”。恐怖分子将它小心地放进一个运动包里，为了增加杀伤力，在运动包里塞进大量铁钉和其他金属碎片。据称，马德里火车爆炸案即是由恐怖分子将爆炸装置秘密带上火车，放在人员密集处；并在某个具体时间用另一部手机或固定电话给手机炸弹打电话，只要那部手机的铃声一响，爆炸装置就会被引爆。

其他电子遥控炸弹：恐怖分子利用航模飞机或一些更土制的方法或人们意想不到的手段也可制成各种不同的遥控炸弹，如钢笔炸弹、打火机炸弹、邮包炸弹、礼品炸弹等。

（3）自杀式恐怖袭击。自杀式汽车袭击炸弹是美国攻占巴格达以来发生的新型反美恐怖袭击，恐怖分子将装满炸药的汽车驶进美军军营或哨所时由乘员引爆炸药，与美军同归于尽。人体炸弹（也称人肉炸弹）是发生在美军攻占巴格达以来，伊拉克人对付联军的方法之一，即在人身上捆绑很多炸药，接近联军时拉响起爆。

（四）针对城市公共交通工具的恐怖爆炸袭击

1. 地铁爆炸

地铁以快速、高效、清洁的特点，在世界上大多数经济发达地区大城市客运交通中发挥着不可替代的作用。我国目前已在北京、上海、广州、深圳、南京、杭州、沈阳等大城市建设了地铁或轻轨。地铁作为重要的公共交通措施，内部人员流动量较大，空间相对封闭狭小，一旦发生突发性的爆炸事件，极易造成群死群伤，同时伴随火灾、浓烟、人员踩踏等次生灾害，造成严重的经济损失和恶劣的社会影响。例如，2004 年 2 月 6 日，俄罗斯首都莫斯科一辆地铁列车刚驶出车站不远，第二节车厢突然发生剧烈爆炸，列车随后起火，造成 50 人死亡、130 多人受伤。2005 年 7 月 7 日，伦敦 6 个地铁站连续发生剧烈爆炸，同时地面上公共汽车也发生了爆炸。爆炸导致伦敦 13 条地铁线全部停运，造成 56 人死亡、700 多人受伤。

2. 公共汽车爆炸

近年来，我国相继发生了多起个体恐怖事件（个体恐怖事件是指个体制造的，没有政治目的，危害不特定多数人的安全，造成恐怖气氛和社会恐慌的事件），公共汽车由于具有流动性、乘客多、安全检查弱的特点，已经成为恐怖分子制造爆炸事件的新选择。

2004 年 10 月 26 日长沙公交车爆炸事件就是其中一个典型，共造成 54 人不同程度烧伤，其中危重病人 9 人。该事件具有不同于一般的危害公共安全事件的特征，主要表现在危害大、参与人数少、突然性、作案者具有一定的智能水平。在作案参与者只有其本人的情况下，为达到巨大的破坏效果，制造了爆炸装置。

第三节　爆炸灾害的防护

一、DoD 防护等级简介

表 7－1 显示了 DoD（美国国防部）对于潜在破坏和预期伤亡的防护等级的对比。GSA（美国总务管理局）和 ISC（美国部门安全委员会）同样使用这种分级方式。不同的是，前者分为 5 个等级，后者分为 4 个等级。

图 7－3 显示了建筑物在给定炸弹装药量情况下，造成不同损伤的防护距离，也给出了建筑构件或窗户在不同防护等级下的响应情况。较之国外标准，我国将建筑物在爆炸荷载下的破坏划分为 6 个等级，见表 7－2。

表 7－1　DoD（美国国防部）对于潜在破坏和预期伤亡的防护等级

防护等级	潜在结构破坏	潜在门窗危害	潜在人员伤害
低于 AT 标准	剧烈破坏 框架坍塌/大面积破坏，少部分未倒塌	门窗掉落，成为致命危险	多数人员遇难
非常低	严重破坏——结构开始倒塌 主要和次要结构构件出现大变形，但没有渐进坍塌迹象；非结构构件坍塌	玻璃碎片向室内飞射，导致严重的碎片损伤，但碎片会越来越少；门可能被推进室内，造成严重伤害	多数人员严重受伤，10%～25% 人员遇难
低	破坏——不可维修 非结构构件和次要结构构件出现大变形，主要结构构件出现小变形，但没有渐进坍塌迹象	玻璃破碎，碎片飞射限于 1 米内，无重大伤害；门可能破坏，但会回弹到门框中，造成较小伤害	多数人员受重伤，小于 10% 人员遇难

（续上表）

防护等级	潜在结构破坏	潜在门窗危害	潜在人员伤害
中	破坏——可维修 非结构构件和次要结构构件出现小变形，主要结构构件无永久变形	玻璃破碎但停留在窗框内；门保留在门框内，但不可再使用	小部分人员受伤，基本无死亡
高	部分破坏 主要、次要结构构件和非结构构件均不出现永久变形	玻璃不破裂；门仍可再使用	仅可能出现轻伤

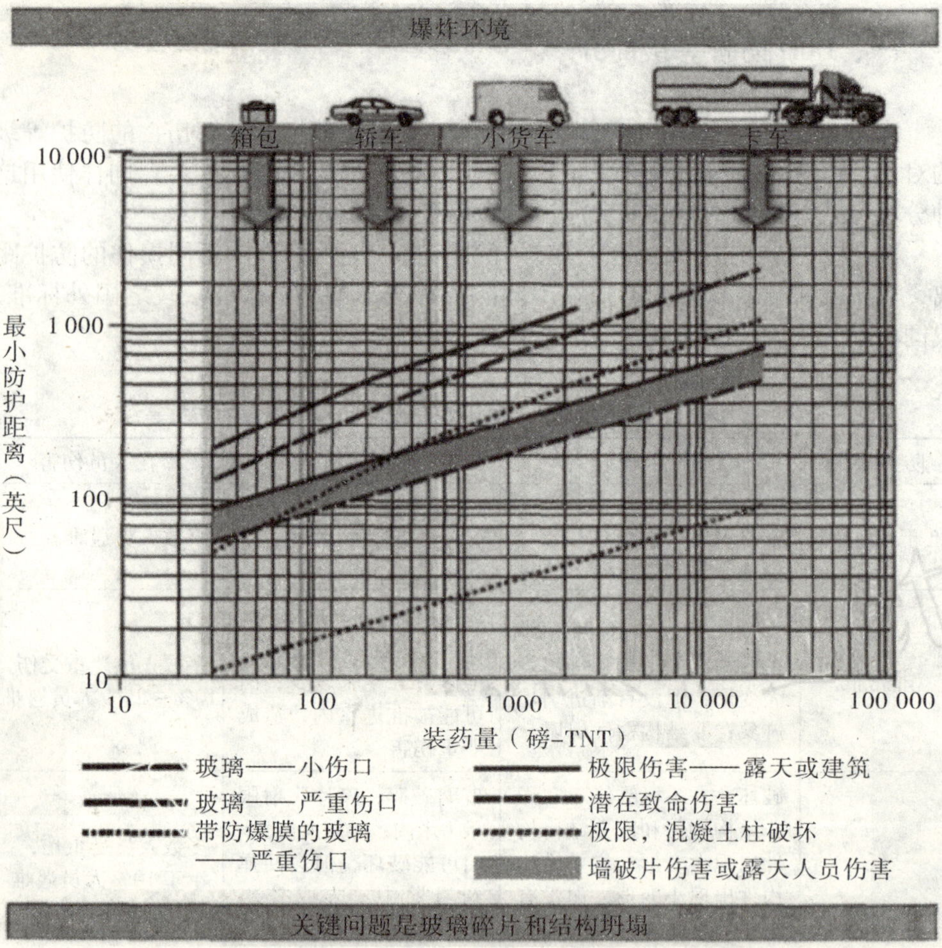

图 7－3　爆炸范围效果图

表7-2　空气冲击波对建筑物的破坏情况

破坏等级	等级名称	建筑物破坏情况	超压 $\Delta P(10^5\text{Pa})$（实测值）	比例距离 $\frac{r}{\sqrt[3]{C}}$
一	基本无破坏	玻璃偶尔开裂或震落	<0.02	
二	玻璃破坏	玻璃部分或全部破坏	0.02~0.12	>10.55
三	轻度破坏	玻璃破坏，门窗部分破坏，砖墙出现小裂缝（5mm以内）和稍有倾斜，瓦屋面局部掀起	0.12~0.30	6.1~10.55
四	中等破坏	门窗大部分破坏，砖墙有较大裂缝（5~50mm）和倾斜（10~100mm），钢筋混凝土屋盖裂缝，瓦屋面掀起，大部分破坏	0.30~0.50	4.6~6.1
五	严重破坏	门窗摧毁，砖墙严重开裂（50mm以上），倾斜很大，基本部分倒塌，钢筋混凝土屋盖严重开裂，瓦屋面塌下	0.50~0.76	3.68~4.60
六	坍塌	砖墙倒塌，钢筋混凝土屋盖塌下	>0.76	<3.68

二、防护距离的确定

爆炸产生的能量随距离的增加迅速衰减。增加爆点与目标之间的距离是提供防护最有效的方式，见图7-4。防护距离并没有硬性的规定，它是由威胁的类别、结构形式和预期达到的防护等级确定的。一般来说，对建筑物进行加固改造的成本随着威胁与建筑物之间距离的增大而减小。然而，增大安全距离要求更大的土地面积以放置障碍物，可能导致达到某安全等级的成本增大。

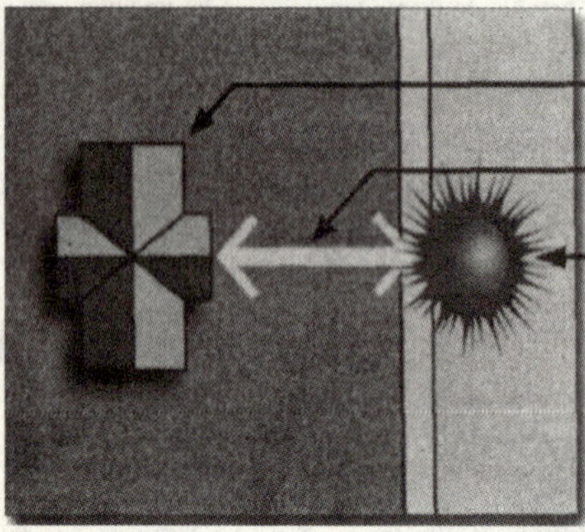

图 7－4　防护距离示意图

爆炸威胁的临界距离取决于建筑的功能、建筑的规划以及安全措施的适当位置。对于汽车炸弹而言，临界距离即为所有安全措施就位以后，在建筑各边允许车辆接近的最近点。

DoD 基于预期达到的防护等级来规定最小安全距离。GSA 和 ISC 安全标准没有对安全距离作硬性规定，而仅仅作了提供防护要求方面的规定。为更加经济地达到防护要求的标准，他们提供了临近车辆和停放区域的推荐距离。另外，建筑选址和规划设计也是增大爆炸冲击防护距离和增强防护的重要措施。

我国称防护距离为冲击波设防安全距离，即根据国家规定的建筑物安全等级标准确定的防护冲击波破坏的最小距离，简称设防安全距离。为确定建筑物特定破坏等级的爆炸冲击波安全距离，爆炸动力学中给出了基于实验数据的安全距离计算公式。

三、预测爆炸荷载

预测作用于建筑上的爆炸效应的第一步，是预测作用于结构上的爆炸荷载。对于外部爆炸，建筑破坏是由冲击波作用造成的。由于冲击波作用因防护距离、入射角度以及建筑外部产生的反射压力的差异而各不相同，预测爆炸荷载应考虑不同的威胁位置，通常选取最不利情况进行讨论。图 7－5 提供了预测给定装药量和威胁距离下，冲击波作用于建筑上的超压值［单位：磅/平方英寸或磅/平方英尺（psi）］的快捷方法。

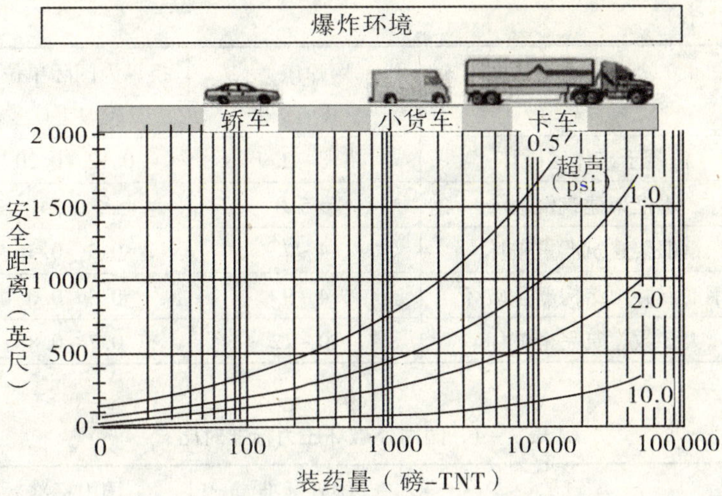

图 7－5　防护距离和装药量表示的超压函数曲线和破坏效果

预测爆炸荷载之后，可以通过爆炸试验、工程分析或者两者皆用的方法评估破坏等级。美国政府部门积极地进行了许多爆炸试验，如 Defense Threat Reduction Agency、DOS 和 GSA。一些新产品的制造商也在进行爆炸试验以改进他们的产品。

通常来说，爆炸试验对于普通设计院所而言过于昂贵，因此采用工程分析的方法取而代之，选取从等效单自由度（SDOF）到有限元（FE 米）的分析模型。另外，要得到适当的数值计算结果，需要花费大量的时间来计算高强度、低响应时间的荷载和非线性响应。工程分析方法的主要问题是选择适当的模型和破坏模式，并最终解释成为结构设计中的细节。在条件允许的情况下，工程分析的结果需要与相似结构和荷载下的试验数据及经验进行对比验证。表 7－3 提供了不同破坏形态下的爆炸压力近似值。表 7－4 对国内外标准中不同破坏等级下的压力值进行了对比，可以看出，我国给出的破坏压力较之国外偏危险。

表 7－3　破坏压力近似值

破坏	爆炸压力（psi）	换算为国际单位制（10^5 Pa）
玻璃窗典型破坏	0. 15 ~ 0. 22	0. 01 ~ 0. 02
某些建筑局部破坏	0. 5 ~ 1. 1	0. 03 ~ 0. 08
金属板弯曲变形	1. 1 ~ 1. 8	0. 076 ~ 0. 120

（续上表）

破坏	爆炸压力 （psi）	换算为国际单位制 （10^5Pa）
混凝土砌体墙破坏	1.8～2.9	0.12～0.20
木框架建筑倒塌	>5.0	>0.34
钢框架建筑严重破坏	4～7	0.3～0.5
钢筋混凝土结构严重破坏	4～9	0.3～0.6
大多数建筑完全破坏	10～12	0.7～0.8

表7－4　国内外破坏压力标准对比

破坏	国外标准 （10^5Pa）	国内标准 （10^5Pa）
玻璃破坏	0.01～0.02	0.02～0.12
局部破坏	0.03～0.08	0.12～0.30
墙体破坏	0.12～0.20	0.30～0.50
严重破坏	0.3～0.6	0.50～0.76
坍塌	0.7～0.8	>0.76

四、人体损伤防护技术

通过对冲击波对人体损伤和TNT空气中爆炸压力场的特点分析，为了有效防止冲击波对人体所造成的伤害，进行人体防护时，应在一定的距离内，使冲击波超压和超压作用时间降低到人体安全的临界值以下。

对一定爆炸源，介质组合形式和爆炸方式（接触爆炸和封闭式爆炸）共同决定爆炸荷载的超压和超压作用时间。从图7－1可知，空气冲击波超压随距离的变化是指数递减的关系，实际上空气充当了一种缓冲介质，所以人体损伤防护中距离的控制很重要，即人体尽量远离爆炸源。另外，人体姿势和环境也很重要，身长平行冲击波传播方向时，头部应尽量远离爆炸源，可以大大减少冲击波造成的损伤。

（一）人体损伤最小安全距离设置

爆炸袭击对人的损伤一般是在近距离、小药量的情况下发生的，所以防护也是基于此状况下进行的。根据超压对人体损伤规律及相关的杀伤准则，按照标准 TNT 爆炸压力场的数据计算不同死亡率下的安全距离和药量的关系。将鼓膜损伤的阈值 34kPa 取为人体安全的冲击波临界值，根据“Jose Henrych”经验式，以 MATLAB 为平台，运用 C 语言进行计算，结果见表 7－5。

表 7－5　不同药量下的最小安全距离

m(TNT)（千克）	1	5	10	20	30
R(米)	4.77	8.15	10.27	12.94	14.82

以上计算是人体损伤的最保守估算，因为鼓膜损伤的压力最低，同时忽略了超压作用时间的影响。如果考虑冲击波对人杀伤的死亡准则，必须考虑超压作用时间的影响。

（二）人体损伤的最大死亡距离设置

从标准 TNT 炸药点爆炸情况分析，超压时间很短，基本都在 10m/s 以内，而此范围内，超压大小和作用时间对人的死亡影响密切。由于同时考虑超压大小和作用时间，所以损伤情况要参照炸药爆炸压力时间曲线和超压对人体损伤曲线。计算结果见表 7－6。

表 7－6　不同药量下 1% 和 99% 死亡率的距离

m(TNT)（千克）	1	5	10	20	30
1% 死亡率距离（米）	0.6	1.6	2.4	3.3	4.0
99% 死亡率距离（米）	0.4	0.9	1.4	2.0	2.6

以上数据是自由场中身长垂直冲击波传播方向时的数据。但爆炸现场往往是街道、建筑等有坚固墙壁的地方，冲击波的反射效应会大大加强，进行冲击波防护时，应针对具体的情况作具体分析。另外，考虑到冲击波的反射效应，在爆炸现场人员应尽量远离墙壁，到空旷的地方，减少损伤。

五、建（构）筑物外形的抗爆考虑

建筑物的外形对防爆有直接影响，建筑物上的凹角和悬挑出的部分会聚集和放大爆炸冲击波，而大的和平缓的凸角对防护爆炸冲击波的效果相对较好。

从防护角度讲，“凸状乃至圆形的建筑物造型比凹状和具有悬挑部分的建筑物造型对抗爆更为有利”。

从冲击波对建筑物的作用原理和抗侧力结构体系的受力变形机理看，简单、规划、对称、长宽比不大的平面，最好是近乎圆形的平面，对爆炸防护是有利的。对防护不利的建筑平面包括突出部分的长度过大、形成凹凸状部分过多、有过小开放式平面内折角、折角过多和角部重叠、太狭长和细腰形平面，见图 7－6。

（a）有较大外伸和过小开放式内折角的平面

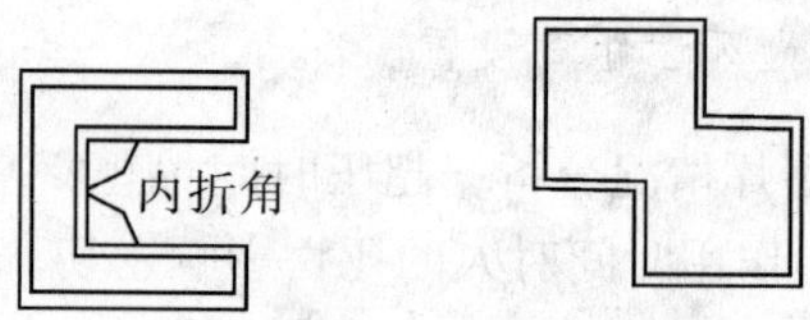

（b）内折角过多和角部重叠的平面

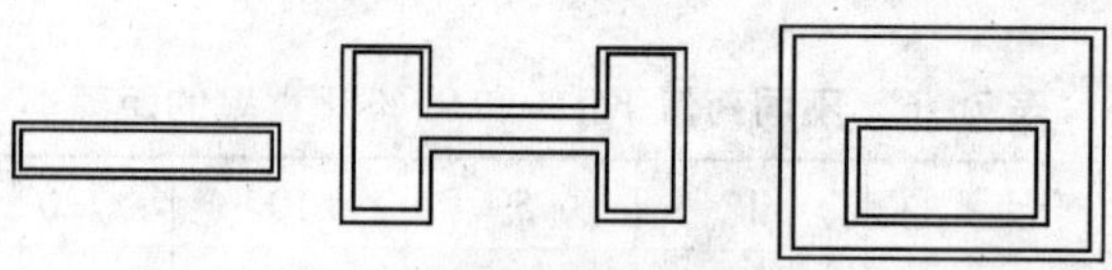

（c）狭长和细腰的平面

图 7－6　对防护爆炸荷载不利的建筑平面

20 世纪 80 年代后，高层建筑造型设计已呈多元化发展的局面，现代的许多建筑都遵循了美学的原则，表现出个性风格。但是“繁复”的建筑造型有时会对建筑物的抗爆性能不利。由于爆炸产生的空气冲击波遇建筑物及孔洞后产生的反射、绕流及方向改变等作用将会引起建筑物各种形式的破坏。

研究表明，建筑物上的凹角和悬挑出的部分会聚集和放大爆炸冲击波，而大的和平缓的凸角对防护爆炸冲击波的效果相对较好。

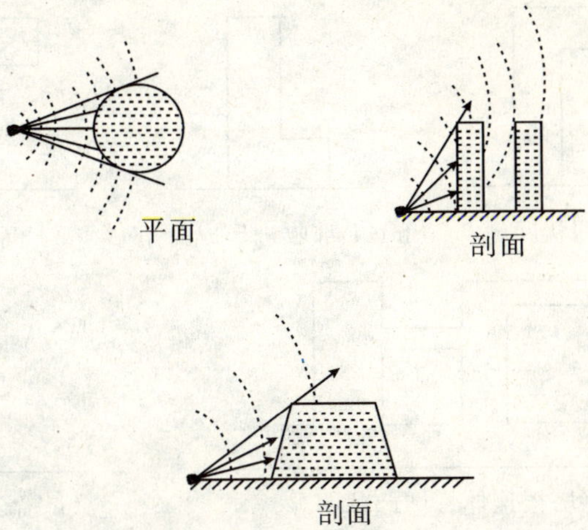

（a）对冲击波有散射作用的建筑物形状

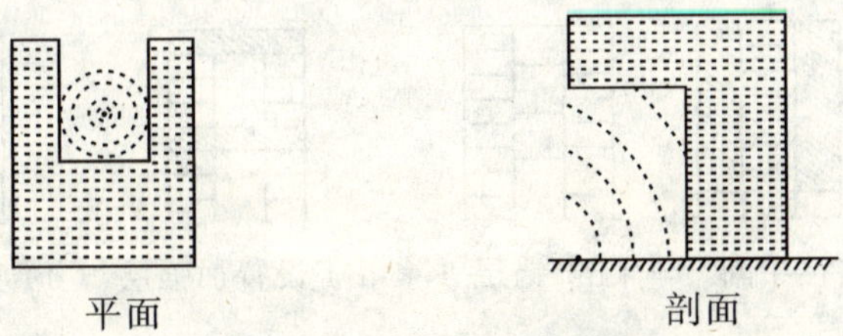

（b）对冲击波有加强或放大作用的建筑物形状

图7－7　冲击波与建筑物的作用原理示意图

根据冲击波与建筑物的作用原理及结构体系的荷载响应机理，可对建筑物的立面和结构布置提出如下防护概念：

（1）对防护有利的建筑立面应是规则、均匀、从上到下外形不变或变化不大，没有过大外挑和内收的立面，建筑造型应整体上呈凸状乃至圆形。

（2）建筑结构构件沿高度布置应连续、均匀，使结构的侧向刚度和承载力上下基本相同，最好是呈下大上小，自下而上连续，逐渐减小，避免突变。刚度突变的楼层，其承载力往往也突变。尤其是剪力墙，自下而上要连续布置。图7－8 和图7－9 为分析归纳出的几种对防护不利的建筑立面及结构构件沿竖向布置的情况。

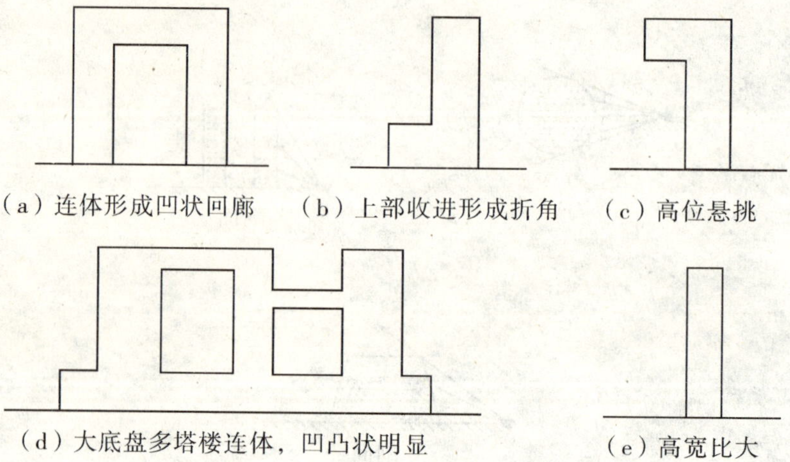

图 7－8　对爆炸防护不利的立面

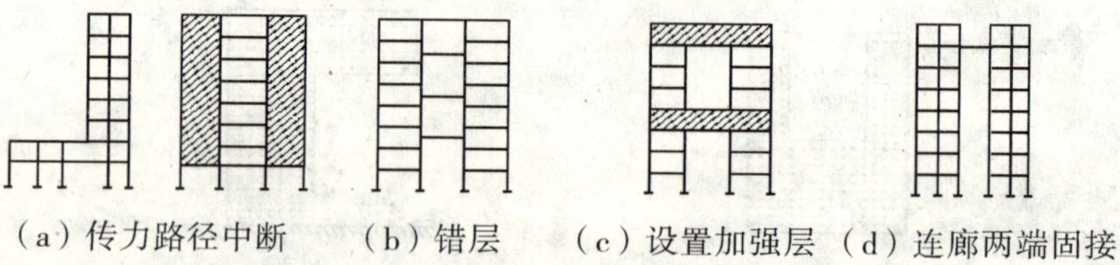

图 7－9　对爆炸防护不利的结构构件沿竖向布置

六、建筑物规划设计中的抗爆考虑

建筑物自身的抗爆规划要与周边的环境结合考虑，用防护周界线圈定建筑物的最大安全防护范围。防护周界线可以由抗爆墙、园林护柱或景观障碍物（喷泉、雕塑、游泳池、小溪流水、假山、矮灌木丛和缆绳、阶梯以及环形车道等）构成，周界线与建筑结构外墙缘之间的最小距离，应根据防护的不同要求，按空气冲击波传播或爆震传播衰减规律计算确定。障碍物的设置既可与景观设计相结合，又可采用结构物或构筑物围护的形式。

城市中的许多重要建筑都建在街道旁，在确定建筑场地时应重点考虑安全的要求。一般四面邻街或被交通道路包围的建筑，对安全检查不利，也不好控制汽车炸弹接近或进入建筑物内。在这种情况下，布置建筑物时，应考虑如下几点防护要求：

（1）在建筑物周围应构筑一条防护周界线。防护周界线圈定了对建筑物周围能够提供防护的最大范围，一般由抗爆墙、园林护柱或景观障碍物构成。应尽可能使防护周界线与建筑结构外墙之间的距离大些，以控制爆炸源接近建筑物。

（2）在防护周界线的通行入口处应采取安检和设置车障的措施。控制进入建筑物防区内的通路并加强安全检查是防止汽车炸弹破坏的可取方法。对容许进入的机动车辆应严格控制行车走向并限制行车速度。所以，应仔细规划建筑物防区内的入口和通路。

（3）为防止汽车炸弹进入建筑物内，宜将停车场与建筑物分离设置，最好将停车场设于入口处街道的另一侧，从而减轻当停车场发生蓄意爆炸时对建筑物主体结构的破坏。

（4）障碍物的设置既可与景观设计相结合，又可采用钢筋混凝土结构形式。景观障碍物包括护柱、喷泉、雕塑、游泳池、小溪流水、假山、矮灌木丛与缆绳、阶梯及环形车道等。钢筋混凝土结构形式的障碍物分主动障碍物和被动障碍物两种。

被动障碍物常用的有防撞护柱和防撞矮墙等，见图7－10。为防止汽车的高速撞击，防撞护柱和防撞矮墙必须有足够的嵌固深度。图7－11表示国外采用的建筑物防护汽车炸弹破坏的典型建筑场地布置。图7－12表示美国驻塞浦路斯尼科西亚大使馆防爆墙的布置情形。图7－13表示澳大利亚国会大厦的正面设计。

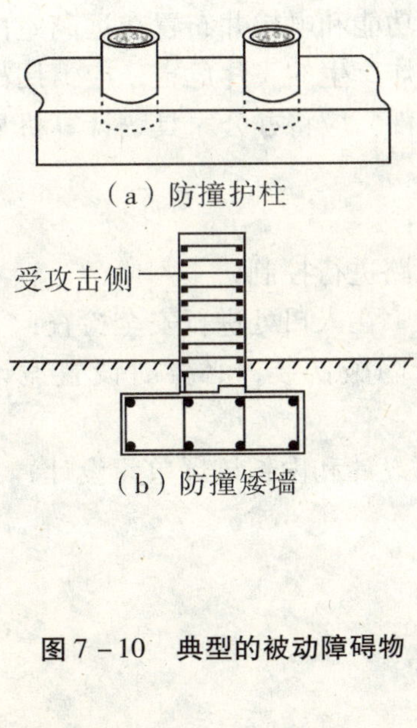

图7－10　典型的被动障碍物

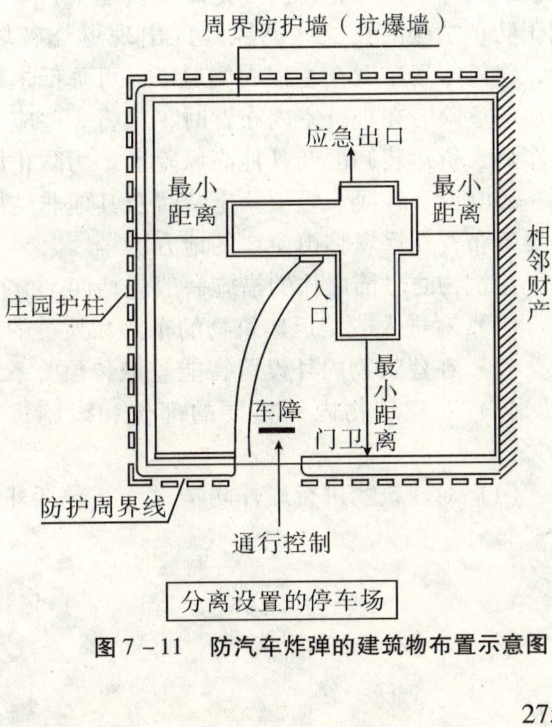

图7－11　防汽车炸弹的建筑物布置示意图

图 7－12　美国驻塞浦路斯尼科西亚大使馆防爆墙

图 7－13　澳大利亚国会大厦的正面设计

七、建筑物室内设计中的防护分区概念

根据使用功能要求对建筑物的室内进行设计时，应将室内的高风险区和低风险区分开。室内的高风险区通常包括门厅走廊、货运平台、邮包房、车库和零售商品区等，从防爆安全角度讲，应将这些高风险区布置在主楼的外部或沿主楼的边缘。例如，将门厅走廊或货运平台布置在建筑物主楼的底部外围，有利于防护主楼因在这些高风险区出现爆炸破坏导致的坍塌，见图 7－14。同样，将停车场布置在主楼周侧地下，可降低主楼在停车场发生爆炸情况下引起坍塌的危险。在进行室内布置时，应将一些应急功能和电梯井布置在远离室内停车场、货运装卸区及其他高风险区。为防止爆炸产生的飞片危害，应慎用吊顶、百叶窗、管线、轻型固定装置及其他非结构件。应将办公家具、计算机显示器等布置在远离临街窗户的地方。

建筑物防恐怖爆炸的措施一般包括四个方面：

（1）对进入或接近建筑物的车辆和人员的通路进行控制；

（2）在建筑物内外设置智能监控和预警系统，在入口处进行安全检查；

（3）对建筑物内外重要的部位和设施进行隐蔽伪装，必要时设置诡计机关；

（4）对建筑物进行爆炸防护设计（包括外部设计和内部抗爆单元设计）。

（一）政府建筑物

政府建筑物之所以会成为恐怖袭击的目标，是因其所具有的象征价值。恐怖分子攻击这类建筑物，象征着恐怖分子要反对、破坏或报复的制度、政权或秩序。以此制造恐惧和惊慌以影响公众的心理，造成特定的恐怖气氛和政治压力，迫使对方作出让步，以便达到政治报复、破坏统治秩序或影响政府内外政策的目的。一旦遭到袭击，会造成指挥失灵、社会混乱、人心动荡等影响。因此，针对政治领导人及政府建筑物的恐怖主义活动仍将长期存在。

（二）商业建筑物

商业建筑物主要是一些大型购物场所、酒店（或宾馆）等。大型购物场所，包括商场、超市、购物中心等，对公众开放、内部空间较大、可容纳人员多；同时，一般的购物场所都可携带箱包。因此，这类建筑物在加强安全措施方面有很大难度。正因为如此，在购物场所发生的恐怖爆炸袭击事件越来越多。酒店（或宾馆），大部分酒店都位于城市的繁华地带，入住人员主要是外来游客或比较有身份、有地位的人士。酒店虽然会采取一定的防护措施，比如门口设有保安、安装闭路电视监控系统等。但是，恐怖分子仍然有机可乘。

（三）外交建筑物

外交建筑物包括外国驻华使领馆、国际组织驻华机构以及涉外人员寓所。近年来，恐怖分子频频采用恐怖爆炸袭击方式攻击西方国家驻外使领馆，造成十分恶劣的国际影响。其中的典型案例是，1998 年基地组织在美国驻肯尼亚和坦桑尼亚使馆制造的两起恶性炸馆事件，此举造成 5 000 多人受伤、224 人死亡的重大伤亡，产生十分恶劣的国际影响。

（四）交通建筑物

地铁是城市中的大容量快速交通工具，地铁系统的完善和密集代表着一座城市的经济能力和现代化水平。然而，地铁自出现之日起，就存在着各种安全隐患。由于它是一个地下的密闭轨道系统，通风管道系统比较脆弱，因此很容易给恐怖分子以可乘之机。此外，地铁还是大城市中陌生人聚集最多的场所，客流量巨大，司乘人员几乎无法对每一个进入地铁的人进行检查，恐怖分子可以比较容易地混入。

机场的显著特点是外观明显、一目了然，而且其空间大、容纳人员多。同时，机场作为一座城市的标志性建筑，其影响力不容小视。

（五）文体建筑物

文体建筑物包括学校、图书馆、电影院、大型体育场馆（如奥体中心）等。同时，一些场馆已开始对群众开放，投入使用。恐怖分子为了制造“轰动效应”，很可能借这一机会制造事端。

（六）医疗建筑物

医疗建筑物以医院为主。医院是一个人口聚集的公共场所，且除了小部分的医护人员之外，大部分均是前往就诊的弱势人群。一旦遭袭将会在国内甚至国际上产生严重影响，同时在人们的心理上也将留下长时间的阴影。

（七）居住建筑物

居住建筑物主要就是城市居民区。袭击这类建筑物目的就是制造社会恐慌。打击名人要物未必能使普通人感到恐怖，而打击普通目标（群众或设施）却往往能使芸芸众生都感到不安全，加剧社会的恐惧与不安气氛。

（八）军事建筑物

总的来说，除去战争的因素，军事建筑物一般不是恐怖爆炸袭击的主要对象，因为军事建筑物都有严格的管理和防护措施，恐怖分子想接近建筑物十分困难，所以袭击较难实现，但是一旦实施成功，其制造的轰动效果无疑是巨大的。在我国，军事建筑物都较隐蔽，安全状况良好，针对军事建筑物的袭击可能性较小。

（九）工业建筑物

工厂的类型和规模各有不同，从国外恐怖活动来看，工厂不是恐怖袭击的主要目标。但是，有两类工厂应该引起注意，一类是生产易燃、易爆、有毒、有害化学品的工厂，因为爆炸不仅会造成人员和财产的损失，更为严重的是会引发次生灾害。而次生灾害带来的危害会远远超过主灾；另一类是规模大、产值高的工厂，一旦遭到爆炸，对社会经济的打击将十分巨大。

二、重要建筑物的分类

由上述分析可见，目前恐怖袭击的目标越来越平民化，重要建筑物的范围越来越广，数量越来越多，但防护力量和资源有限，因此有必要对重要经济目标进行分类分级，突出重点、把握关键，把有限的人力、物力、财力集中在最需要的地方，增强防护的针对性和有效性。

由于研究目的不同，所以建筑物的分类方法也不尽相同，一般建筑物可以按照建筑功能、结构类型、建筑材料、层数、高度、施工方法、抗震等级等来分类。但是如果要从防范恐怖袭击的角度对其进行分类，则主要以建筑物的功能为主要因素，综合考虑建筑物的易受袭击性、人口密度、地理位置等其他方面。表7－7将各类建筑物作了分类：

表7－7　建筑物的类型、人员密度、建筑面积和风险等级

类别	建筑物类型	人员密度（人/1 000 平方米）		面积（平方米）		相对风险等级
		min	max	min	max	
商业建筑	商业办公建筑	651	1 209	233	46 500	高
	制造设施	279	930	233	46 500	中
	机场	930	1 860	930	46 500	高
	百货商店	1 209	6 231	466	23 250	中
	超市	930	1 860	466	9 300	中
	购物中心	930	1 860	930	46 500	高
军事建筑	军事设施	186	4 650	466	23 250	高
政府建筑	市政建筑	651	1 860	233	18 600	中
	法院	651	1 860	233	9 300	高
	邮局	186	930	233	18 600	高
集会设施	礼堂	4 650	18 600	930	9 300	高
	体育场（馆）	4 650	18 600	930	18 600	高
住宿建筑	住宅	186	18 600	93	9 300	低
	公寓	279	930	466	9 300	中
	宾馆	465	930	466	18 600	高
地下设施	城市地铁	—	—	—	—	高
	民防设施	—	—	—	—	高
	地下商业设施	—	—	—	—	
高医疗保健设施	医院	651	1 860	466	23 250	低
教育设施	学校	3 069	4 650	466	23 250	低
	图书馆	930	3 069	466	23 250	低

事实上，不同类的重要建筑物对国家、省、市的影响不同，同一类重要建筑物中不同的建筑物对国家、省、市的影响也不同，甚至同一个重要建筑物对国家、省、市的影响也不同。例如，国家级政府建筑物和地方级政府建筑物，它们遭袭后的影响范围显然不同。前者可以造成整个国家的动荡、混乱；而后者可能只是对该地区的政治、经济生活有影响，而对别的地区影响很小。上述分析说明，重要建筑物的分级应该使其可以从纵向和横向两个方面进行衡量、比较。在此，将重要建筑物定为三个等级：

（1）极重要的建筑物（一级）：对于国民生产生活和国防战略意义特别重大，产值和规模在全国占特别重要的地位，高峰使用时人员数量特别多，遭受袭击后所产生的次生灾害、社会恐慌等负面影响特别严重的建筑物。

（2）重要的建筑物（二级）：对于国民生产生活和国防战略意义重大，产值和规模大，高峰使用时人员数量很多，遭受袭击后所产生的次生灾害、社会恐慌等负面影响很严重的建筑物。

（3）一般重要的建筑物（三级）：对于省、市地区人民生产生活和军事地位意义重大，产值和规模在省、市地区经济中占重要的地位，高峰使用时人员数量多，遭受袭击后所产生的次生灾害、社会恐慌等负面影响严重的建筑物。

重要建筑物的分级详细内容见表 7－8：

表 7－8　重要建筑物分级表

重要建筑物类型	等　级		
	极重要的建筑物	重要的建筑物	一般重要的建筑物
政府建筑物	国家级政府办公楼	省级（直辖市）政府办公楼	市县级政府办公楼
商业建筑物	营业面积 1.5 万平方米以上，年销售额达 10 亿元以上	营业面积在 1 万～1.5 万平方米，年销售额达 5 亿～10 亿元	营业面积在 0.5 万～1 万平方米，年销售额达 5 亿元以下
交通建筑物	首都火车站、机场、地铁站	各地高峰使用人数（座位数）超过 1 万人（座）的车站；或建筑面积 5 万平方米以上，每小时可接纳 2 000 人以上的机场；全国已建的地铁站	各地高峰使用人数（座位数）在 1 万人（座）以下的车站；或建筑面积在 5 万平方米以上，每小时可接纳 2 000 人以下的机场

（续上表）

重要建筑物类型	等　级		
	极重要的建筑物	重要的建筑物	一般重要的建筑物
文体建筑物	高峰使用人数2万人以上的学校；藏书量1 000万册以上的图书馆；占地4万平方米以上，座位数在2万以上的体育场馆	高峰使用人数1万~2万人的学校；藏书量500万~1 000万册的图书馆；占地2万~4万平方米，座位数在1万~2万的体育场馆	高峰使用人数1万人以下的学校；藏书量500万册以下的图书馆；占地2万平方米以下，座位数在1万以下的体育场馆
医疗保健设施	三级甲等（含）以上的医院	三级乙等（含）以上的医院	二级乙等以下的医院
居住建筑物	总建筑面积在5万平方米以上的住宅楼	总建筑面积1万~5万平方米的住宅楼	总建筑面积在1万平方米以下的住宅楼
外交建筑物	联合国驻首都办事处、外国驻首都大使馆	外国驻各省（直辖市）大使馆	外国驻各省市大使馆
军事建筑物	国防战略意义特别重大	对各省军事意义重大	对市、县军事意义重大
工业建筑物	年营业收入在5 000万元以上的工业企业；特大型生产易燃、易爆、有毒、有害化学品的工厂或核化工业设施	年营业收入在1 000万~5 000万元的工业企业；大型生产易燃、易爆、有毒、有害化学品的工厂或核化工业设施	年营业收入在1 000万元以下的工业企业；中型生产易燃、易爆、有毒、有害化学品的工厂或核化工业设施

三、建筑物反爆炸袭击的结构防护和硬化措施

欲达到所预定的目标，如何最优设计和制定建筑物结构防护和硬化措施呢？通常一个建筑物防爆所要实现的目标包括：防止建筑物构件或部件如玻璃、装饰物、轻质材料等本身对建筑物内部的人员构成威胁；为建筑物内部的工作人员提供一个躲避直接武器杀伤作用，如爆炸杀伤的物理性保护；减低爆炸对建筑物内部敏感的设施和设备所带来的破坏；预防建筑物灾难性倒塌现象

的发生；为制止强行闯入提供一个物理屏障。

（一）制止强行闯入，预防汽车炸弹发生

有数据表明，在建筑物汽车炸弹案件当中，警卫会对突如其来的情况来不及反应进行开枪射击，或开枪射击但无法拦截袭击者。这表明，对于汽车炸弹的强行袭击，单凭警卫的力量即使反应迅速持枪射击及设置简单的障碍物，也是难以奏效的。

针对上述情况，预防、阻止强行闯入的汽车炸弹的袭击必须采取以下措施：

（1）在建筑物周围设置能完全阻止汽车炸弹强行闯入的物理性障碍物，它们通常包括：①在大门或入口处设置路障，迫使进来的车辆减速；②对大门或入口处的道路进行特殊设计，包括转弯、上坡等，以便使驶入的车辆减速；③设计抗冲击大门，使之能经得起指定车辆以指定速度的碰撞；④在大门后设置能在大门打开的情况下有效阻止车辆强行闯入的防撞路障；⑤在建筑物附近设置能经得起车辆撞击的保护墙，或在邻近一般围墙的周围设置阻车障碍。

（2）在指定的停车地点和建筑之间设置缓冲带，用来衰减汽车炸弹爆炸所产生的冲击波压力，使之达到人体或建筑物可以接受的水平。

（3）对建筑物的外墙和顶部采取硬化措施，使之能够承受来自缓冲带的冲击波压力。一般来讲，缓冲带与建筑物的距离应为 30 ~ 50 米，抗击大型汽车炸弹的建筑物外墙高度应在 3 米左右。

（二）采取措施防止汽车炸弹在建筑物附近爆炸

建筑物四周可供藏匿炸弹的地方、设备或装置很多。这种情况下，冲击波压力所带来的大量的建筑物门窗破片以及其他二级破片，加上汽车炸弹爆炸所直接生成的碎片、破片等，是造成危害的主要因素。因此，针对这种爆炸袭击的建筑物结构防护和硬化措施，应当首先保护人员不被冲击和直接的破片所伤害，其次尽量减少非直接的门窗碎片给人员所带来的损失。

目前有两种主要的预防措施：

（1）设置防爆墙，用于尽可能地吸收汽车爆炸所产生的破片，并降低靠近炸点处的冲击波压力；

（2）在建筑物外墙和顶部做抗爆处理，使之能经受住从炸点传播来的冲击波压力，同时应加强门、窗以及其他开口处的结构强度。

设置防爆墙应当考虑以下因素：①墙体抗击破片冲击的能力；②墙体吸收、降低冲击波能量的能力；③墙体抵御爆炸作用的几何形状问题；④与周围

环境的协调问题；⑤墙体下面的土质状况；⑥墙体的维修问题；⑦与其他安全要求的协调问题，如巡逻、照明、监控、探测等。

英美发达国家的保安与安全市场根据实际的需求，研究、开发了众多的抗冲击波墙体，具体有钢—水泥—钢型、水泥—岩石—水泥型、水泥—土—水泥型、钢—土—钢型等等。目前设计双层墙体，从某种程度上讲，也是一个发展的趋势，即在中心建筑物的周围修建带有钢筋混凝土墙体的走廊，实践证明其效果相当不错。就目前我国的实际情况来看，有关部门必须提高这方面的超前意识，加大研究和投资力度，以适应不断发展的治安要求。

关于窗户的抗爆问题，目前实际的解决方法有：

(1) 在玻璃内侧粘贴加强膜。

(2) 使用防裂玻璃。

(3) 使用防弹玻璃（它同样具有防破片和防炸裂的作用)。

(4) 使用专用的防冲击波玻璃。

(5) 在窗户前面使用不同类型的屏障材料或手段。

(三) 建筑物内部预防汽车炸弹爆炸的结构防护和硬化措施

建筑物内部发生的汽车爆炸案件之所以对建筑和人体带来巨大的破坏和伤害，其主要原因是：由于爆炸气体产物的扩散和运动受到一定的限制和阻碍，使得冲击波的压力得到很大的提高；另外，由于重要的、敏感的建筑单元受到了严重的破坏，致使建筑物出现了扩展性的倒塌。为了解决上述问题，可采取以下措施：

(1) 修建牢固的内部障碍物，如墙或分隔物等，它们能限制爆炸对建筑物的部分作用。

(2) 对重要的建筑单元，尤其是承重柱体，采取一定的保护措施，防止炸药或爆炸装置在其附近发生爆炸或接触爆炸。

(3) 使建筑结构具有一定的抗爆冗余度，当建筑物局部遭到严重的破坏时，不至于出现扩张性的倒塌。

(4) 在建筑物的外墙、顶部等地方设计泄压口，以衰减内部爆炸所产生的冲击波压力。

(5) 将易受爆炸袭击的内部建筑单元，建造在主要建筑的外围，并远离主体建筑结构。

(四) 与防护和硬化有关的威胁、易损性的结构分析

资源总是有限的，应当将有限的资源投入到那些极其重要的，并且容易受

到威胁的地方。威胁分析和易损性分析，可为有关单位和决策人提供有关建筑防护和硬化方面的信息和资料，对如何有效地使用有限的人力、物力，有针对性地预防或避免恐怖分子的爆炸袭击极为重要。我国目前还没有公共建筑如博物馆、图书馆、会议中心、展览馆等，商业设施如购物中心、大型商场、银行等方面的爆炸防护和硬化标准。因此，威胁分析和易损性分析对某些民用建筑或设施的安防是极其重要的。

安全防范设计工程包括以下四个阶段：①威胁分析阶段，即分析构成爆炸威胁的诸多因素；②目标易损性分析阶段，分析目标容易受到袭击的部位；③结果分析阶段，即分析如果受到袭击其后果会怎样的问题；④措施设计阶段，即制定预防措施阶段。

1. 威胁与易损性分析

尽管应当将威胁与易损性分析视作两个独立的阶段，然而在实际中人们往往将其合二为一，也就是说，设计的第一个阶段是威胁与易损性联合分析阶段。它通常可划分为四个子阶段：建筑或设施的认定、危险程度的确定、袭击者的确认、易损性分析。也就是说，鉴别总的目标和环境，对其中可能的目标进行提炼，对建筑结构、保障系统进行分析，确定袭击者以及相应的技术和能力，分析指定目标在特定威胁下的易损性。

2. 威胁评估

威胁评估包括两方面的内容：一是对系统或建筑进行评估，二是对袭击者进行评估。

对一个设施或建筑作出明确的分析和认定，需要以下信息：①设施或系统以及环境的地理状况；②目标位置；③设施或目标的功能与作用；④设施的技术功能；⑤建筑类型及其优缺点。在一个设施内部，首先必须对每一个子单元进行分析。分析的内容包括功能与要求、目标系统和设施的声望阀值、管理方针、单位政策与方针等。其次是针对有关组成部分、系统、单独的建筑或整个设施进行危险程度分析。危险程度分析的主要因素包括目前状况或目标情况，置换、修复的难易程度以及冗余实用性，价值分析等。

一旦对目标进行评估，必须考虑袭击者可能的、潜在的某些有关因素。它们包括：①潜在的作案团体。如恐怖分子、极端邪恶组织、有组织犯罪团体以及其他各种犯罪分子等。②组织能力及特征。如组织和团体的规模、技术水平、资金状况、社会往来情况等。③实施能力和特征。如作案计划、时间选择、战术策略、组织传统、作案动机、敬业精神与内部纪律等。④可利用的资源。如培训和技能、武器、运输工具等。

3. 易损性分析

易损性分析是对威胁分析的补充，是建立在假定的威胁对特定目标的作用基础上的。通过对目标、袭击方式的分析，选择重要的、可能的威胁加以分析、评估，用以确定建筑设计中应当考虑的基本威胁。应当注意，袭击的严重程度并不是唯一的一个因素。

在分析袭击者打击目标的能力时，必须考虑研究以下因素：①最常见的因素或参数包括遭受袭击时可能造成的人员伤亡，设施、财产、设备遭受的破坏和损失，设备、材料和信息的偷窃和丢失等；②袭击者惯用或可能使用的手段和策略；③过去曾经使用过的或未来袭击可能会使用的武器和工具等。

影响目标易损性分析的目标能力以及制约因素包括环境和地理状况、地形和地点特征、建筑与结构特征、屏障和出入控制、探测与报警系统、政治原因、财政因素、管理因素、作业限制等。

四、爆炸威胁与应急计划

爆炸威胁是指犯罪分子利用各种爆炸手段直接实施破坏目标及以各种方式进行爆炸恐吓活动，以达到其不同的破坏目的，对社会造成危害的一种犯罪行为。爆炸威胁的方式多种多样，一部分是通过电话告知所要恐吓、袭击的目标，偶尔是通过第三方来传递信息的，有时也会通过电报或录音的方式进行。对这种做法一般有两种可能的解释：一是打电话者很可能就是安放炸弹者或者知道这一情况的其他人员，知道或确信爆炸或燃烧装置已经或将要被放置在何处，他希望将爆炸所带来的人员与财产损伤降低到最小限度。二是打电话的人企图制造一种紧张、恐怖的气氛，旨在扰乱人们正常的工作与生活秩序。

如果公安机关接到上述电话被告知有炸弹即将发生爆炸，要尽最大努力设法阻止、挫败犯罪分子的阴谋。通过认真充分的防范与准备，就有可能降低某些建筑或设施成为爆炸袭击对象的可能性，减少爆炸威胁的几率，并确定为抵御爆炸袭击而需要硬化的具体部位与方法，大大减少具体搜查时所耗费的时间，减少人员伤亡与财产损失；同时，有利于稳定群众心理，以免引起社会恐慌，并由此增加人员伤亡与财产损失。

当发生爆炸或受到某种爆炸威胁时，炸弹爆炸应急方案可以提供详细的处置程序供人们参考。在制订爆炸应急方案时，必须建立明确的指挥与组织体系。只有有了正确的指挥与组织体系以及详细的紧急预案，才可能将爆炸案件所造成的损失降低到最小。要建立一个指挥与组织体系是相当容易的，当一个建筑物或一个地区中的人员或单位组成比较简单或单一时，尤其如此。当一个建筑物当中的人员与单位组成比较复杂时，如多用户建筑物，在制订爆炸应急方案时，应当邀请各个单位的代表前来参加会议，同时指定那些富有组织和指挥才能的人员担任方案总指挥。应当将指挥与组织体系打印出来，做到人人皆知。

通常一个炸弹应急措施应包含如下内容：①确定指挥链；②建立指挥中心；③确定即将使用的通信手段；④明确由谁以及如何进行爆炸危险评估；⑤确定当收到爆炸威胁或发现有爆炸装置时所要遵循的工作程序；⑥确定专业排爆队所能给予的支持程度及其出警速度；⑦制订具有一定灵活性的疏散计划；⑧组建或指派搜索检查队伍；⑨确定所要搜索检查的危险区域；⑩确定搜索方式方法与技术；⑪确定报告与追踪搜索进展情况的工作程序，并确定专业排爆人员进入现场的路径；⑫制订应急方案，以防炸弹爆炸时出现混乱状况；⑬制定一个接警人员浅显易懂、操作性较强的处置预案；⑭随着当地治安状况的不断发展与变化，检讨自己的物理性安全计划。

有关指挥中心的组建与工作内容一般包括：①确定主要办公地点与临时办公地点；②确定人事结构以及决策领导小组；③确定与搜索小组联系的方式方法；④列出可能的爆炸目标；⑤收存上述目标的建筑物楼层图纸；⑥确定主要与次要通信方法（注意：在搜索过程中使用双向无线电器材会诱爆电雷管）。

五、人员疏散与防爆安全搜索

在处置爆炸威胁案件时，最为关键的决策就是是否将建筑物内人员予以疏散。针对一桩爆炸威胁案件，是否将建筑物内人员疏散，一般面临三种选择：一是对威胁不予理睬；二是迅速进行人员疏散；三是先搜查，后视具体情况再展开疏散。

当发生爆炸威胁时，迅速疏散人员是人们更为喜欢的一种做法。然而，必须考虑内在的负面影响。最明显的是它会影响建筑物或设施中有关单位的正常工作秩序以及外在声誉。如果炸弹恐吓者知道，某一单位每遇到爆炸恐吓电话就进行人员疏散，或许他就会不断地进行爆炸恐吓电话骚扰，致使建筑物或设施当中的人员无法正常地开展工作。

当接到爆炸恐吓电话时，先展开搜查，当在建筑物或设施内发现有爆炸可疑物品时再进行人员疏散工作，实践证明确为一项最为合理的选择。

（1）疏散。疏散工作领导小组应由那些受过专业培训的管理人员担任。疏散组织与培训应当与爆炸应急计划以及建筑物内部的人员相互协调。在进行建筑物内人员疏散时，应当优先考虑每一楼层间人员的疏散，尽快疏散毗邻威胁地区的上下楼层的人员。这种疏散形式对警方、消防部门来讲应当是轻车熟路。搜查人员必须十分熟悉建筑物门厅、卫生间、天花板等部位的结构，以及有可能用来藏匿爆炸装置的所有地方。对公安机关或消防部门的人员来说，如果他们事先没有侦查过该建筑物，就有可能对建筑物的结构与布局不甚了解。因此，疏散或搜查小组应当受过严格的训练，并对建筑物的结构与布局了如指掌。对已经检查过的地方，应明确标示出来。

应当指出的是，疏散或搜查小组需要培训的是有关疏散与搜查方面的技术与方法，至于有关爆炸装置的转移、排除或失效则是专业排爆队的职责。因此，一旦发现有爆炸装置，应立即封锁现场，同时报告有关单位。

(2) 搜查小组的组成。无论要搜查的地方或房间大小如何，搜查小组最好由一个以上的人员组成。具体搜查工作可由管理人员、建筑物的使用人员或经过专门培训的爆炸搜查人员开展。这种人员的组成方法各有利弊。

由管理人员进行安全检查，其优点是行动迅速，不易造成混乱，同时不会影响建筑物内部人员的正常工作秩序。但是，一旦员工发现可能有爆炸危险，而且他们被“置之不理”，就会带来道德上的麻烦或问题。如果管理人员对某些地方不是十分熟悉，而且急于继续营业或恢复工作时，其潜在危险就会更大。

让建筑物的使用人员检查自己的“地盘”，不失为一种最佳的方法。因为他们比任何人都更关心自身的安全，而且知道物品的应有位置，检查会十分仔细。这种方法的缺点是需要对全部人员进行培训，还有可能会使未疏散的人员遭到爆炸伤害。由经过专业训练的人员进行安全防爆检查最为安全可靠，检查也最为彻底，其缺点是比较耗时。

(3) 搜查方法。搜索小组的人员数目一般不会超过两人。在具体搜索一个房间时，方法、技巧会发生一些微小的变化，但基本内容与方法不会有太大的变化。

当搜索小组进入要搜索的房间时，首先要闭上双眼静静地站在室内一处，听听有无钟表的走动声音。通常，无须专门的仪器也能很快探测出室内有无机械钟表装置。进行建筑物搜索时，背景噪音或流动声音常常会干扰检查工作。如果听到“滴答”声但是又找不到爆炸装置时，人们时常就会失去耐性。这种“滴答、滴答”的声音可能来自于其他楼层空调风扇的震动，也可能是洗涤槽的流水声。声音会通过空调管道和水管进行传递，也会穿墙而过。建筑物室内搜索最大的困难在于热力管道太多，液体沿管道流动，或者由于管道的热胀冷缩都会发出不同的声音。当然，背景噪音也包括室外的交通噪音、雨声以及风声等。负责室内搜索的人员应首先环视房间以便决定如何划分房间，如何确定第一次室内搜索的高度。通常第一次室内搜索应当覆盖地面至所选高度之间的所有物品。具体搜索时，应当将房间划分为相等的两份，它取决于被搜索的房间中物品的数量及其形状，一般与房间的大小无关。

六、爆炸可疑物品处置

参加防爆搜索检查的人员的职责仅仅是寻找并向有关单位报告所发现的可疑物品，这一点至关重要。任何情况下都不允许移动、摇晃、触摸可疑物品及其所连带的任何其他物品。可疑物品的转移与拆除必须由专业排爆人员承担。一般来讲，当一个可疑物品被发现后，可按照下列程序处置：①向警方或指挥中心迅速报告可疑物品的位置及其准确的外观、形态等情况；②如确有必要，可在可疑物品的四周放置沙袋或其他类似物品，但绝不能在四周用金属盾牌类的物品试图进行屏蔽，或用其他物品进行覆盖；③确定危险区域以及警戒范围；④打开所有门窗，以减小冲击波以及碎片所带来的破坏；⑤进行建筑物内人员疏散；⑥在爆炸装置转移、失效之前，禁止人员出入该建筑物。

公安机关肩负着保卫人民生命财产安全、打击犯罪活动的职责。但是应当清醒地认识到，爆炸预防与处置技术含量高、危险性大、涉及面比较广，单凭公安机关一家的力量是远远不够的。只有全社会都行动起来，才能够创造出一个安定、祥和的社会治安环境。

七、爆炸现场应急医学救援的主要内容

（一）开展爆炸现场掩埋伤员的搜寻、挖掘和急救

现场掩埋伤员的搜寻：除利用人员和警犬搜寻外，更重要的在于应用新的非接触式探测技术和探测仪器，以保障仅有微弱呼吸和心跳的危重者甚至亡者得以被及时探知。现场掩埋伤员的挖掘：通过组织人力或先进机械设备进行挖掘和破拆，并力求被掩埋者不受到第二次损伤。应注意及时供水供气。现场掩埋伤员的急救：掩埋伤员就地急救的基本原则是维持生命体征，最重要的措施是止血和保持呼吸道通畅，同时应尽快脱离掩埋地域。

（二）开展爆炸现场伤员的紧急医学救助

它主要包括现场伤员的检伤分类和现场就地急救。现场伤员的检伤分类：由于爆炸性武器或装置种类繁多，致伤因素复杂，致使伤类、伤型和伤情多变，重伤比例增多，为了快速有序地进行伤员救治和后送，必须首先依据伤情分类原则，进行现场全面检伤，判明伤类伤情，有针对性地进行现场急救，以

减少漏诊和误诊。力求准确把握伤类、伤部、伤因、伤势、伤情，及时采取有效的救治措施。

现场伤员的急救：爆炸恐怖袭击现场伤员的急救措施基本类似于战场伤员的急救内容，主要包括对可能危及生命或造成严重后果的5种损伤的急救（即止血、骨折固定、伤口包扎、抗休克和保持呼吸道通畅等“五大技术”）和其他急救技术。

现场伤员急救中要特别注意按先重后轻的原则，优先抢救有生命危险的伤员和开展群众性的自救互救，以降低现场死亡率。在积极防治休克、解除窒息后，尽快将伤员后送到专科医院或急救中心，继续进行后续救治。

（三）伤员后送

伤员后送不是单纯的伤员“运送”，而是包含了运送过程中的“继续医疗救治”。伤员后送可运用不同的方法和工具，应当建立由人抬（担架）与车辆相补充，地面、空中和海上相结合的搬运和医疗后送体系，要以专用运力为主，陆、海、空结合，以确保伤员得到及时的后续治疗。搬运和医疗后送过程中要特别注意：①严格掌握后送指征：对昏迷、窒息及后送途中可能发生危险的伤员，需做好后送前的现场急救处置，包括后送途中要继续采取输血、输液、给氧及其他连续性监护和不间断治疗等急救措施，并安排专业医务人员护送；②尽量选择合适的运输工具：需保持伤员合适的后送体位，避免后送途中的再次损伤（如运输车辆颠震所致骨折错位、刺破血管），使伤情恶化。

（四）关于爆炸伤员的后续治疗

后续治疗是指将伤员运送到创伤专科医院或急救中心进行治疗的总称，不属于爆炸现场应急救治内容，但成功的爆炸现场急救必将为伤员的后续治疗提供良好基础。

（五）爆炸恐怖袭击开展现场应急医学救治的特殊要求

针对爆炸恐怖袭击时上述伤员发生的特点，对现场应急医学救援工作也相应提出了特殊的更高要求。①现场救援任务繁重，难度加大，需要组建高素质的应急医学救援分队；②必须提升应急救援能力，掌握多方面救援技术，能够在各种条件下独立完成任务；③国家和省市各级应急救援队伍必须有完善的组织体系和部署；④在现场救援时各部门要协调一致、密切配合、指挥得力、分工明确、信息畅通、经验丰富，并建立完善和足够数量的能在夜间实施伤员寻找、搬运、换乘、救治和后送等紧急救援人员和器材装备，要特别注意研制和利用先进的探测仪器对掩埋伤员进行搜寻和挖掘。

本章小结

本章首先介绍了爆炸的基本概念，讲述了爆炸发生的突然性、偶然性、强破坏性、持续时间短等主要特点，并且介绍了爆炸荷载作用建筑物所造成的结构损伤和破坏的特点，以及对人体造成的主要损伤类型。然后在第二节中把常见的爆炸事故进行了分类，分别是工业生产的爆炸事故、公用危险源爆炸事故、恐怖爆炸袭击三类，并且介绍了这几类爆炸事故的主要特点。在第三节中对如何进行爆炸灾害的防护进行了阐述，讲述了如何划分建筑物的防护等级以及如何确定安全防护距离和预测爆炸荷载，并介绍了人体损伤防护技术。还介绍了建筑物的抗爆措施与抗爆设计的概念与方法。最后在第四节中对爆炸灾害的预防和应急处理方法进行了比较详细的介绍。

通过本章内容的学习，希望能使读者了解爆炸的相关基本概念，掌握爆炸灾害的特点以及爆炸荷载对结构和人体损伤的影响，认识目前常见的爆炸灾害类型以及相应的危害，初步掌握建筑结构爆炸防护的基本方法，掌握爆炸灾害及其应急处理的原则、内容、方法和步骤。

本章学习要点

1. 爆炸的基本概念。
2. 爆炸类型与危害。
3. 建筑结构爆炸防护。
4. 爆炸灾害及其应急处理。

关键术语

爆炸　爆炸灾害　爆炸类型　爆炸防护　应急处理

思考与练习

1. 爆炸荷载有哪些特点？对人体损伤有什么影响？
2. 爆炸荷载作用下结构会出现哪些破坏形式？
3. 爆炸荷载作用下的结构破坏特点是什么？
4. 通常我们所遇到的爆炸事故分类情况如何？
5. 恐怖袭击所产生的爆炸情况有哪些特点？
6. 抗爆炸的措施有哪些？
7. 通常防爆的基本措施有哪些？

8. 如何对城市重要建筑物进行抗爆炸分类防护?

9. 如何防止汽车炸弹爆炸袭击?

10. 爆炸事故应急处理包含哪些具体内容?

11. 爆炸事故医学应急处理的指导原则有哪些?

12. 在遇到爆炸威胁时，应急处理中应该考虑哪些主要问题?

13. 爆炸应急处理的步骤和方法是什么?

补充读物

1. 周云，李伍平．土木工程防灾减灾概论．北京：高等教育出版社，2005.

2. 钱七虎．反爆炸恐怖安全对策．北京：科学出版社，2005.

3. 李忠献．工程结构抗爆防爆的研究与发展．北京：科学出版社，2005.

4. 薛澜等．危机管理．北京：清华大学出版社，2003.

5. 国家安全生产监督管理总局，http：//www. chinasafety. gov. cn/newpage/.

6. 国家煤矿安全总局，http：//www. chinacoal－safety. gov. cn/Mkaj/.

7. 中国安全网，http：//www. safety. com. cn/.

8. 安全文化网，http：//www. anquan. com. cn/.

第八章　人为因素导致工程灾害及其应急处理

本章概述

在现代灾害中，人为因素致灾的比例日益增多。通过本章内容的学习，了解人为因素导致工程结构灾害的特点，培养识别重大危险源的能力，做到重大工程灾害的积极预防，并掌握一定的减灾防灾常识和应急措施。

第一节　引　言

灾害作为小概率、大影响事件越来越给全球的社会、经济、生态的可持续发展造成危害。统计和研究表明，在现代灾害中，人为因素致灾的比例日益增多。它表现在一方面人为事故越来越严重，另一方面传统的一系列自然灾害也反映出明显的人为化诱因。人类文明致使各类工程结构迅猛发展，而且向着空间化、大型化发展，由于工程结构直接由人类创建，因此，在与工程结构相关的灾害中，人为因素起着不可忽视的作用。

工程结构灾害即指由人设计、创造的各类工程结构，如桥梁、高层建筑、大型空间结构等发生倒塌、功能失效的灾害。导致工程灾害的人为因素存在于工程结构各生命周期，如勘察、设计阶段，勘察不准确或设计不合理可能给结构安全埋下隐患；施工阶段的安全施工，以及工程质量也是结构安全的重要保障；使用过程中的人为破坏，如恐怖袭击、纵火等；既有结构的改建是诱发工程灾害的重要因素。有时，工程灾害会和其他各类灾害一起形成对人类生命和财产安全的重大威胁。例如，在地震灾害中，绝大多数人并非被地震“震死”，而是房屋倒塌后砸死的。而且在地震、泥石流、狂风暴雨等条件下，财产损失有一大半集中于损毁的房建（民居、工厂、公共建筑）中。而由于工程结构人的参与，致使大多数工程结构灾害在很大程度上取决于人的因素。现代灾害致灾规律表明，在所有灾害中，人为因素占全部灾因的80%以上，并且有从自然态向人为态、混合态转化的趋势，这是必须承认的全球性问题。现代减灾研究若再不关注人灾不仅是不全面的，更将是无效果的。所以，本章主要讨论人为因素在工程结构灾害中的影响特点，以期为今后的工程结构安全管理、减灾防灾方面提供一定的参考。

本章内容将从人为因素致灾的特点、原因进行分析，通过对由人为因素导致的灾害的典型案例，集中探讨人为因素致灾问题，在讨论如何进行科学管理的基础上，也希望从工程技术方面讨论如何进行减灾防灾，希望能为减少人为灾害提供一定的参考和思路。

第二节　人为因素导致工程灾害的特点与原因简析

一、人为因素致灾的特点及影响

2003年11月3日，湖南省衡阳市衡州大厦发生特大火灾，楼房倒塌，94户412位居民成功疏散，但20名消防战士光荣牺牲，令全国震惊（见图8－1）。从调查组公布的材料来看，这起新中国成立以来罕见的事故与房屋的建筑质量密切相关。衡州大厦从工程立项，到工程设计、施工，监理验收，一直到工程使用，没有一项是合格的。图纸私自设计，任意修改；施工过程中随意增加建筑面积；通过编造虚假合同和许可证件补办手续；没有组织验收便投入使用。

图8－1　2003年衡州大厦发生特大火灾

这是一起典型的人为因素导致的灾难性事故，其中主观因素起很大的作用。其造成的人员伤亡和经济损失对人们的社会生活产生了严重的影响。

据统计，我国每年仅因建筑工程事故而致死的就超过 10 万人，是仅次于交通事故的第二大杀手。加之最近几年是我国基础建设的高峰时期，工程事故尤为突出。据统计，我国每年用于基本建设中的土建投资都在 16 000 亿元人民币左右，而因建筑工程事故所造成的损失和浪费却达 1 000 亿元人民币左右。数目之大，令人瞠目结舌。一般来说，工程事故的发生，会造成发生事故的土地价格下降，或者由于完全地或部分地将土地恢复到其原有面貌的费用过高导致土地荒芜。另外，工程事故可能波及邻近土地，降低其使用价值和经济价值，提高建设成本。而工程事故对整个社会心理所产生的影响是难以估量的，它使人们对发生事故的工程继续施工和使用的安全性产生怀疑，并将这种怀疑心理推广到与之类似的建筑工程上，从而导致恐慌。因此，应引起社会各界的关注，并进行系统的研究。图 8－2 描述了人为因素导致工程结构灾害的因果关系。

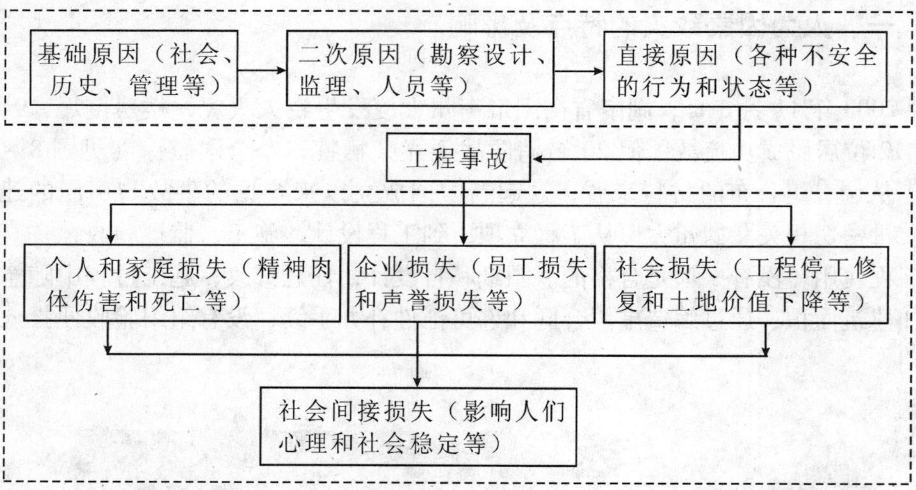

图 8－2　人为因素导致工程结构灾害的因果关系

二、人为因素导致工程灾害的原因简析

人为因素导致工程灾害的直接原因是指在时间上最接近事故发生的原因，诱发事故发生的各种不安全行为或状态。例如：北京地铁 5 号线建设中发生倒塌事件，直接原因是支撑钢管的意外侧滑；上海地铁 4 号线因工作面内外压力

失衡导致流沙涌入隧道，等等。若按照内因和外因的哲学观点，直接原因就是导致事故发生的直接外因。当然，只有外因，事故也不会突然发生，在事故发生的生命周期里有孕育、发展、发生等环节，而早期的不安全因素或状态正是构成事故发生的内因，当内因积累到一定的程度，在一个极其微小的外因作用下就可能导致灾难性的事故发生。

人为因素导致工程灾害的间接原因比较复杂，同一个事故往往是由多个间接原因导致的，是由二次、三次以至于多层次继发而导致事故发生的。其原因大致可分为5类：

（一）技术原因

技术原因包括勘测、设计、施工和使用等多个环节。

（1）勘测失误、地基处理不当。如未勘测即设计；盲目套用领区勘测资料；钻孔布置不足，有些隐患未能查处；饱和土用强夯法；打桩未打好持力层，深基坑支护失当，地基土受干扰又未重新夯实，等等。

（2）目前普遍存在的情况是设计任务急、时间紧，为设计失误埋下了隐患。如结构未设计计算即出图；套用已有图纸而又未结合具体情况校对；计算中漏算荷载；设计方案欠妥，未考虑施工工程会遇到的意外情况。同时，由于设计任务繁重导致设计人员缺少再培训学习的机会，也加大了设计失误的可能性，如重计算、轻构造、构造不合理；重承载力设计，轻结构体系的合理性；盲目相信电算；套用了不使用的计算图表，等等。

（3）施工质量差，不达标。施工组织设计存在问题；以为“安全度高得很”，施工马虎，甚至偷工减料；技术人员素质差，不熟悉设计意图，图方便擅自修改设计；施工管理不严，不遵守操作规程，达不到质量控制要求；原材料进场控制不严，采用不合格材料。

（4）装修、使用及改建不当。装修改建中随意改动结构，拆除承重构件，盲目开洞，任意夹层等，留下严重的结构隐患；使用中任意增大荷载，改变结构用途，如阳台当库房、住宅变办公楼、办公楼变生产车间、一般民房改为娱乐场所等。

（二）人员素质因素

（1）工人的知识水平低。目前我国的建筑业队伍有3 500万人，其中2 000万人来自农村，文化水平低。

（2）建筑施工企业对于工人的安全知识教育认识不足，培训不够，工人普遍缺乏安全意识。

(3) 工人的身体状况差。操作者身体有缺陷，视力或听力有障碍，或者由于长期缺乏睡眠导致焦躁、紧张、心不在焉等不适合工作的精神状态。

(三) 监理因素

监理部门是政府提倡的监督施工进度、保证施工质量的重要一环。据了解，目前我国工程监理机构已有3 000多家、10万多人，但同庞大的施工队伍和迅猛发展的建设市场相比，仍然不能满足社会需求。更令人忧心的是，眼前的监理队伍中还存在着人员素质不高、专业人员奇缺的问题，监理队伍跟不上大规模建设需求，许多地区甚至大量聘用退休人员和兼职人员。一些监理人员不是走在前面控制进度，指导质量，而是跟在施工队伍后面装样子。

(四) 管理因素

这是一个涉及多方面的因素。如无证设计、无证施工，有章不依，违章不纠，或纠正不力；长官意志，违反基建程序和规律，盲目赶工；工程发包非法肢解分包，层层承包，层层克扣；监督不力，不认真检查，马马虎虎盖“合格”章；申报手续不全，施工前未取得施工许可证，边设计边施工；从业资格不够，人员资质、施工机具缺乏，设计、施工人员临时拼凑，借用资质，实为“乌合之众”；安全生产管理制度执行松懈，不为施工人员办理危险作业意外伤害保险。

(五) 社会因素

当前，我国正处于社会主义计划经济向市场经济过渡的转型期，建筑企业经济成分、组织多样化，经济利益多元化，劳动用工形式多样化，社会阶层结构越来越复杂，但是有关工程质量责任问题和从业人员的社会诚信体系尚未完全建立。目前的建筑工程中，绝大多数都是政府投资建设的，相应地便产生了一些干扰正常施工的问题，其中最主要的就是基础建设中的腐败问题、招投标的不规范问题。

第三节　人为因素导致工程灾害的分类

人为因素导致的工程灾害分类方法有很多种，如按照结构可分为桥涵灾害、高层建筑灾害、民居灾害、工业建筑灾害等。我们为了兼顾各类结构灾害情况，按照结构工程的生命周期，人为因素导致的工程结构灾害大致可分为勘察设计缺陷，施工质量未达标，使用过程中的人为破坏，既有建筑装修、改建中存在的安全隐患等四类。

一、勘察设计缺陷

我国《建筑工程质量管理条例》总则第五条规定："从事建设工程活动，必须严格执行基本建设程序，坚持先勘察、后设计、再施工的原则。"勘察、设计是工程结构形成的第一步。有些地区或单位总会存在不执行我国相关的建筑标准，不进行设计及开工建设，即便建成也为安全埋下了隐患。

2000 年，某县级市一乡村修建小学教学楼和教师办公住宿综合楼，乡上个别领导不按照有关基本建设程序办事，自行决定由一农村工匠承揽该工程建设。工程无地质勘察报告，无设计图纸（抄袭其他学校的图纸），原材料未经检验，施工无任何质量保证措施，无水无电，砼和砂浆全部人工拌和，钢筋砼大梁、柱子人工浇注振捣，密实度和强度无法得到保证。工程投入使用后，综合楼和教学楼由于多处大梁和墙面发生较严重的裂缝，致使学校被迫停课。经检查，该综合楼基础一半置于风化页岩上，一半置于回填土上（未按规定进行夯实），地基已发生严重不均匀沉降，导致墙本出现严重裂缝；教学楼大梁砼存在严重的空洞，受力钢筋已严重锈蚀，两栋楼的砌体砂浆强度几乎为零（更有甚者个别地方砂浆中还夹着黄泥），楼梯横梁搁置长度仅 50 毫米，梁下砌体已出现压碎现象。经鉴定该工程主体结构存在严重的安全隐患，已失去了加固补强的意义，被有关部门强行拆除，有关责任人受到了法律的惩办。

我国目前正处于经济建设的快速发展期，会出现专业人才紧缺的现象，一些利益集团为了能让项目尽快上马，随便找人进行设计以"应付"监管单位，结果导致一些没有设计资格的个人和集体进行设计，降低了结构的安全系数。据统计，在 100 起倒塌事故中，未经过正式设计单位设计的有 31 起，其中明确指出是私人设计的有 12 个．他们有的是建筑工人（如木工、瓦工），有的是和建筑设计毫不相干的人（会计、厂长、支部书记）。他们的设计大致来源于以下几个途径：

（1）照抄照搬别人的设计图纸。湖南某厂加工车间倒塌是由于底屋砖垛首先破坏造成，其安全系数只有 0.95。福建某农村电影院的钢木屋架上弦应用梢径 18 厘米的圆木，实际使用的只有 7 厘米，致使实际应力超过允许应力 2～4 倍，造成屋架倒塌。还有一些钢筋混凝土梁在拆模时折断，其原因也是盲目抄搬别人的图纸，以致配筋过小造成的。

（2）不懂结构概念，违反结构力学原则。山西某厂的砖拱，两边侧墙为了承受拱的水平推力应用三砖半厚的砖墙，但设计者却不知道拱脚是有水平推力的，只用了两砖半厚，结果建成后不久拱顶就发生了塌落。

应用标准偏低也是导致结构灾害的重要诱因，如四川汶川地震中，大部分倒塌的房屋都集中在县、乡、村，房屋设计标准偏低且结构多使用直梁，而在这次地震中使用圈梁的房屋几乎没有倒塌的。再如，2007 年冬灾，在我国南方很少出现的冻灾不期而来，连下了 18 天的暴雪，道路封闭，成千上万的旅客被困冰雪之中；电杆倒塌，电线断裂，许多地方陷入寒冷和黑暗之中；水管冻结，菜市萧条，许多地方的生活供给打了折扣，据估计，被雪灾冻灾波及的人群多达 7 000 万之众。在这场冻灾中，我们也意识到对于影响国计民生的重要基础工程设计要适当提高设计标准，以满足在恶劣气候下的正常工作。

另外，一些人唯利是图，为了达到目的，不惜作假，如假地质勘察报告、假设计资质，这些行为缺乏责任心，弄虚作假，为工程事故埋下了安全隐患。结构的设计阶段好比婴儿在孕育期，这个阶段的缺陷势必导致结构的先天不足，通常设计方面的缺陷是无法弥补的，最终将以惨烈的事实给人以教训。

二、施工质量未达标

施工质量控制是工程建筑的重中之重，以往的质量控制多强调在行政管理上，行政命令发出后，对技术的把关和技术控制较少，在施工过程中，我们强调技术管理，要求各项技术指标都满足设计要求。重点有两个方面：

（一）原材料控制

建筑材料的质量是工程结构质量的前提保障，近年来建筑原材料问题主要集中在水泥、钢材、新型材料等三个环节；如使用不达标的小水泥厂生产的水泥，钢材使用船用钢材、非标钢材，以旧冒新，鱼目混珠，一些结构关键部位，使用一般原材料，给结构安全埋下隐患。这要在原料进厂时进行严格把关，见证放行。

（二）现场施工质量

严格保障预拌混凝土质量，在外加剂、粉煤灰、塌落度监管上提高要求；混凝土实体的强度、钢筋保护层厚度以及其他，如钢筋直径、数量、间距、构件截面尺寸等都是容易导致安全隐患的地方；对于砌体工程，要保证圈梁、构造柱、砂浆满足设计要求；在钢结构工程中，提高对焊缝、高强螺栓等连接部件的检测。

这些部位一旦存在问题，将会导致结构承载能力、耐久性、抵御灾害能力（火灾、地震）下降。如2007年，湖南省凤凰县堤溪沱江大桥“8·13”特大工程事故（见图8－3），共造成64人死亡，4人重伤，18人轻伤，直接经济损失3 974.7万元。

图8－3　湖南省凤凰县堤溪沱江大桥“8·13”特别重大坍塌事故（来源：新浪网）

三、使用过程中的人为破坏

工程结构在使用过程中的人为破坏包括三种情况：①使用者出于某种目的，在结构内部进行任意改造、装修，破坏了结构承载主体，对结构构成潜在威胁。②在自住房内存放或不正确使用危险品（甚至用电）致使发生火灾、小规模爆炸等意外，从而导致结构受损，当结构存在一定的先天性缺陷时，发生结构倒塌的可能性极大。③一些个人或集团为了达到某种政治、经济等目的，利用结构物实施恐怖袭击、制造恐怖环境。前两种情况需要对住户进行安全意识教育，树立正确的安全观，做好安全防范工作。

现代国际恐怖主义兴起于20世纪60年代末，盛行于70年代，猖獗于80年代。有人把这股恐怖主义狂潮称为“20世纪的政治瘟疫”，也有人把它和政治腐败、环境污染并称为21世纪人类面临的三大威胁。根据其政治倾向，一般可分为政府行为和非政府行为两大类，自冷战结束以来，这类非政府行为的恐怖主义大量发生。目前，世界上有案可查的恐怖组织达1 000多个。人员聚集的公共场所则成为恐怖组织的目标。多起恐怖袭击案件在给政府提出了严峻的社会问题的同时，也对工程人员在建筑材料使用、结构设计方面提出了更高的要求。

例如，2001年发生在美国本土的“9·11”恐怖袭击事件，恐怖分子通过劫持多架民航飞机冲撞纽约曼哈顿的摩天高楼以及华盛顿五角大楼的自杀式恐怖袭击，包括美国纽约地标性建筑世界贸易中心双塔在内的 6 座建筑被完全摧毁，其他 23 座高层建筑遭到破坏，美国国防部总部所在地五角大楼也遭到袭击。

在“9・11”事件中共有 2 998 人罹难（不包括 19 名劫机者），其中 2 974 人被官方证实死亡，另外还有 24 人下落不明。罹难人员名单中包括：四架飞机上的全部乘客共 246 人，世贸中心 2 603 人，五角大楼 125 人。其中有 411 名救援人员在此事件中殉职。

图 8－4　2001 年 9 月纽约世贸中心在“9・11”袭击中轰然倒塌
（来源：百度词条）

四、既有建筑装修、改建中存在的安全隐患

既有建筑的装修、改建是城市化进程中的一个必不可少的部分。有的是因为城市扩建，原来不属于市区的厂房、车间、仓库等要改建为满足城市需求的商场、店铺等。一般情况下，为了达到某项功能，或审美要求，选择配套设施良好、结构主体坚固耐久、平面空间可塑性强的结构进行合理的改建，对既有建筑进行一定的改造、改建成为一种时尚，这种改造既可以满足城市发展的需要，又达到了使旧变新的目的。

但是，这些年来，屡屡发生的一些房屋倒塌、人员伤亡恶性事故，除建筑工程质量低劣因素的影响之外，更多的正是与不合理使用、改建或野蛮装修有关。1995 年 6 月 29 日，韩国三丰百货大楼的倒塌造成 502 人死亡，930 人受伤，113 人失踪，堪称房屋倒塌史上的最大惨剧。该楼修建于 1989 年，地下 4 层，地上 5 层，建筑面积 29 000 平方米。楼上第 1 至第 4 层为百货营业大厅，第 5 层为餐厅。地下 1 层也是营业厅。地下 2 层至地下 4 层为停车场。两栋侧楼以巨大的镶铬玻璃在中庭相连，墙面的装饰是意大利粉红色大理石。

图 8－5　1995 年 6 月汉城三丰百货大楼倒塌（来源：《DEEP 中国科学探险》）

调查小组中的建筑师在检查大楼建筑蓝图后发现，原先受雇兴建三丰百货的建设公司，并没有机会完工。地基灌浆后不久，三丰百货主管就要求大幅变更设计。工程师曾警告整栋楼改成平板结构会很危险，但会长索性解雇了他们，由自己的建设公司接手。三丰建设公司无视危险，继续按照大幅修改的设计图施工。

最关键的变动在五楼。五楼本来要当溜冰场，但后被改成传统的韩国餐厅，导致楼面重量增加了三倍。将五楼改建成餐厅，是最大的失误。传统的韩国餐厅里，客人座位下的地板有热水管加热，这些水管需要许多额外空间。这样由于五楼的楼板多了一层混凝土，导致厚度增加了 1 尺。每家餐厅又加装了大型厨房设备，而这些多出的重量从未列入结构计算。紧接着，调查人员又发现屋顶的一项大修改：由于邻居抱怨噪音，大型冷却水塔从地面移至屋顶，水塔装满水重量可以达到 30 吨。

调查人员在最后报告中阐明，三丰百货倒塌的原因就是兴建时改变图纸。三丰会长因刑事过失被判刑 10 年。悲剧发生的原因就是连续的错误，以及在施工方法与程序上玩忽职守。三丰百货大楼侥幸支撑了 5 年多，但最后这场豪赌，却赔上了 502 条人命。

1996 年 10 月 2 日发生在埃及开罗的一栋居民楼的倒塌也是由于房主擅自加层、装修破坏了楼房的基础而造成的，事故导致 10 多人死亡，数十人受伤。2001 年 5 月 24 日深夜，以色列耶路撒冷南郊塔皮奥特一幢正在举行婚礼的四层楼房突然倒塌，15 人当场死亡，近 300 人受伤，调查显示，支撑该楼房的 4 根柱子在此前的装修中被拆除，造成结构不稳定，加之当晚宾客过多，终酿成房塌人亡的惨剧。

国内这方面的教训也极其深刻。1994 年 5 月 18 日，浙江省温州市某厂将一幢沿街四层住宅楼的底层拆改装修成营业用房，房屋承重结构遭受严重破坏而倒塌，致使4人死亡，7人受伤，直接经济损失200余万元。1994年9月28日，上海某厂一生产车间由某超市改建为商场，装修中未做鉴定、分析，将砖柱误作钢筋混凝土柱，盲目加大荷载而倒塌，酿成人员8死3伤的恶性事故。1997年3月25日，福建莆田新光电子公司的一幢四层宿舍楼整体倒塌，造成31人死亡，近百人受伤，原因是盲目加层，在原一层框架结构食堂上加盖了三层砖混结构宿舍，基础产生冲切破坏而导致房屋倒塌。1998年4月21日，湖南省长沙市中山路边的培罗蒙服装公司六层大楼的上部三层突然倒塌，导致8名实习女生遇难，调查结果表明，大楼也有盲目加层、违章装修、擅自改变房屋结构的行为。

五、广东省人为因素导致工程结构灾害的典型案例

（一）基本概况

据南方网消息，2006年广东省GDP占全国GDP的11.9%，广东作为我国经济排头兵的地位更加巩固。但是，广东省事故总量高居全国首位，重特大事故偶有发生，全省安全生产形势依然十分严峻，近年来发生在广东境内的数起重大工程灾害造成的损失也应该引起我们的足够重视。本地因人为因素导致的工程结构灾害主要有以下几个特点：

1. 施工事故是目前各类事故中最为常见的事故

广东正处于一个众多土建项目的在建期，因此，也处于一个工程施工事故的高发期。例如：2007年10月，东莞一工地龙门吊倒塌，导致一死两伤。2003年10月，江门一建筑工地棚架倒塌，事故面积约200平方米，造成10人死亡、5人重伤、5人失踪的严重后果。

2. 旧有建筑的拆除与改建事故

和施工事故类似，旧有建筑的拆除和改建也极易引发工程事故。例如，1987年4月，正在拆除的黄沙大道25号金苑餐厅，整条约28米长的花基梁向外倒下。据调查，造成这起事故的直接原因是，在拆除金苑餐厅正面二楼的花基梁时，花基梁的南端已有缺口而处于无牵引状态，同时拆除工作的搬运物品工作同时进行。

（二）典型案例

1. 超出设计规范改建、改造导致的工程事故

2007年6月，良口镇下溪村的洪水坑电站水坝倒塌。据调查，该坝经营

者最近擅自对该电站的引水坝头加高了10米。强降水后，拦水坝水位比原来设计溢流顶高出4米，擅自加高部分砌体在巨大压力下倒塌。

2005年8月，英德预计当天晚间开业的一间超级市场，却突然在下午发生垮塌。现场垮塌区超过100平方米。据了解，该超级市场在此前曾大面积装修，此次倒塌可能和装修时损坏承重墙有关。2000年东莞厚街一幢擅自施工的私人建筑物在一天晚上倒塌，造成8人死亡，40余人受伤，100多人失踪。

2. 管理不善导致事故发生

管理涉及范畴广泛，这里主要针对按要求施工的管理项目，如果监管不到位，一旦发生意外，后果不堪设想。例如，1987年5月，广东省某县钱排镇竹云乡在进行过拱施工的竹云龙门桥时发生突然倒塌，当场造成2人死亡、2人重伤、22人轻伤，直接经济损失2.7万元。经调查发现，施工过程中，工作人员擅自变动地道站测定的桥梁建筑位置，偏移了整整一个桥位。

3. 施工工艺和技术欠缺

2007年10月，广东东莞一工地龙门吊倒塌，导致一死两伤的严重后果。据分析，该事故的起因很有可能是因为该龙门吊安装不牢，因螺丝松懈造成的。从本事件可以看出，提高施工工艺和施工技术，保证建筑工人生命安全势在必行。

4. 九江大桥“6·15”船撞桥梁事故

2007年6月，广东佛山九江大桥发生了在国内外引起重大影响的“6·15”船撞桥梁事故，6月15日凌晨，由于天气原因致使南海裕航船务有限公司经营的“南桂机035”轮船从佛山高明开往顺德途中偏离主航道，触碰325国道九江大桥非通航孔的桥墩，造成九江大桥200米的桥面坍塌，“南桂机035”轮船沉没，4辆汽车坠入河中，造成9人失踪。

图8-6　广东九江大桥200米桥面被撞垮塌

九江大桥是325国道上的一座特大型桥梁，位于佛山市南海区九江镇与鹤山市杰洲之间，跨越珠江水系西江主干流，是广湛公路上一座特大型公路桥梁，全长1 675.2米，采用塔、梁、墩固结体系，桥面净宽16米，其中：主桥由两孔160米（跨为2×160米）独塔混凝土斜拉桥与21孔50米连续箱梁组成，全长1 370米，引桥由20孔16米先张法预应力混凝土空心板组成，全长320米，塔高80米（自桥面起）。

事故发生后，引起了党中央、国务院、省委领导的高度重视。国务院派出交通部副部长徐祖远、国家安监总局副局长梁嘉琨组成的工作组赶赴现场，协助指导现场抢救工作。省政府立即启动应急预案，黄华华省长、佟星副省长率省有关部门负责人赶赴事故现场，指挥抢险救助工作。佛山、江门市各级主要领导及有关部门负责人也在第一时间赶到现场组织抢险救助工作。省政府采取如下措施开展援救及善后工作：

一是省政府成立了以分管副省长为组长、省直十个部门负责人组成的事故处理领导小组，下设六个工作小组具体负责有关善后处理工作。

二是动用各种手段、调动各方力量全面核查事故发生时段过往车辆及人员情况，一方面通过收费站电脑录像对时段内过往车辆进行排查，另一方面通过交管部门的车辆信息与车主进行联系核实。

三是组织调动各种设备、器材和技术装备开展对事故发生点周围进行搜寻援救。组织调动三个专业打捞公司，海事部门出动十条搜救船只，采用重棒磁铁、旁测产纳、定位仪等设备对坍塌桥面周围进行拉网式搜寻搜救。

四是做好交通疏导和分流，确保交通畅通。通过交管、电信部门向进入事故发生地周边的车辆驾驶员发出交通分流信息，在周边各路段设置分流警示和引导牌，开通临时码头轮渡等措施进行交通疏导和分流，没有发生大的交通堵塞现象。

五是组织有关专家和技术人员等开展事故原因分析调查。

第四节　工程结构灾害的评估方法

一、工程结构健康评估

及时准确地了解和掌握工程结构状态，控制和预防重大灾害发生已经成为广泛的共识。近年来在结构灾害控制方面发展较快，值得一提的就是用于评估结构安全状态的"结构健康监测系统"。该系统的理念是及时掌握结构的服役状态，合理评估结构病害以达到重大结构灾害的预防并延长结构使用寿命的目的。它通常是依靠在结构上布设传感器、监测结构受力状态及其环境荷载动态响应，并据此对结构安全进行评估和在危及结构安全时启动预警机制，避免重大事故发生。国内外重要建筑大都建有配套的结构健康监测系统，如美国主跨440米的Sunshine Skyway Bridge斜拉桥、丹麦主跨1 624米的Great Belt East悬索桥以及中国深圳会展中心、东海大桥等等。

"结构健康监测系统"大体上可以分为传感器应用于状态监测、数据采集和传输、数据处理、安全评定等四个方面的内容。

首先，要保证核心基础设施的安全，反映其运行状态的测试数据的准确性至关重要。因此，承担数据采集的传感器系统是整个工程的源头。维持传感器系统的正常工作至关重要。

其次，数据采集和传输系统通过合理的设计、安装和调试，应达到以下技术条件：①数据收集和传送系统采用技术先进，所使用的设备完善、先进、可靠；信号传送过程中衰减少且不受外界影响。②数据收集系统性能稳定，信号隔离好，满足多通道及高速采集要求，实施方案完备、合理。

再次，数据处理系统可以认为是安全评估的预处理系统，是对采集数据进行分析、筛选的过程（一段时间内的最大值、最小值、平均值、标准差等，以及数据标识、数据质量判断标签等）。要求系统设备（含服务器）及软件先进、可靠，能实时监控大部分设备，进行原始数据处理、储存，对原始数据及预处理结果保存期长。

最后，安全评定是对现场监测数据的高度提取，由专家系统通过一定的标准和判别方法对核心基础设施的安全状态实施分级安全响应，并提供相应的维修加固方案建议的综合技术。

施工监控与运营健康评估系统以结构受力特点变化和动态特性变化为主，以设备工程师、网络工程师、计算机软硬件工程师为辅助，能顺应世界结构健康监测评估系统发展方向的，数据具延续性、可扩展性与开放性的具体工程结构的健康评估系统，有可能把目前广泛使用的离线、静态、被动的检查转变为在线、动态、实时的健康监测与控制，将使得结构安全监控和性能改善产生质的飞跃。

评估子系统的集成可从整体和局部两个层面，采用实时监测和定期监测、人工检测相结合的方法，采用动力测试和静力监测相结合的手段对电视塔进行全面的研究，从而全面系统地掌握电视塔的工作状态信息。以结构动态特性监测为主，以位移、力、应力及耐久性监测为辅。对不同的组成部分，建立传感器子系统独立模块，单个传感器或数据采集单元的维护、更换不会影响系统的运行。随着监测数据的增加，结构信息系统将经历从无到有的过程。大量服役信息需要进行数据处理、综合分析，最终获得数据报告和相应的技术性结果。

二、结构健康检测评估理论

评估方法主要有管理评估法、模型比对评估法、趋势分析评估法、动静结合评估法、局部损伤评估法、累积损伤及剩余寿命评估法以及最新的能够应用于工程实际的成熟方法等。

从分析形式上讲，结构健康状态评估系统可以分为在线评估和离线评估两部分。在线评估主要对实时采集的监测数据进行基本的统计分析、趋势分析，设立预警系统，给出结构的初步安全状态评估。在线评估在对采集信息进行筛选、统计的基础上形成结构的评估报告。在线评估报告主要包括：突发事件触发报告、风数据统计报告、结构温度统计报告、空气湿度与相对湿度数据报告、空气压力数据报告、加速度数据报告、关键结构应力/应变数据报告、GPS 数据报告、结构垂直度报告等。离线评估主要对各种监测数据（包括其他系统、日常管理与养护信息等）进行综合的高级分析。离线评估采用有限元分析、模态分析等方法进行。离线评估需要对采集的各种数据进行深入分析挖掘，给出完整的结构健康状态结论及未来的发展趋势等，需要由专家完成并完成离线评估报告，包括在线评估报告的内容总结与优化、动力方面的损伤分析、疲劳寿命分析、各种监测（检查）项目的相关性分析、环境因素（气象、水文等）与结构状态关系分析、腐蚀方面耐久性分析、结构总体健康状态描述及养护维护意见、警戒阈值修正与系统有关参数优化、结构状态发展趋势分析等。

鉴于问题的复杂性，在结构有限元模拟过程中，势必需要综合利用多方面的信息和多种手段方可逐步接近目标。具体来讲，应该做好以下三方面的结合：正演与反演相结合、局部细观尺度模拟与结构全尺度模拟相结合、损伤过程仿真模拟与现场无损检测信息（焊接质量、先天缺陷等）的利用相结合。

目前，该专业已经发展了集成数据管理系统，该系统充分考虑用户主要监测人员、管理人员、检查人员、决策人员、专业技术人员以及普通浏览者的不同需求，具有结构信息、数据检测、状态评估、研究成果、日常维护、系统设置、数据打印及使用帮助等八大功能模块，满足如下技术要求：能有组织地、动态地存储大量关联数据，并供多个用户访问；快速存储动态变化的实时数据；实现各功能模块之间的数据传递、数据交换和数据共享；实现中心数据库需要与 Internet 结合，使远程用户可以通过 Web 浏览器对数据库中的数据进行查询和浏览。结构健康评估系统如图 8 - 7 所示。

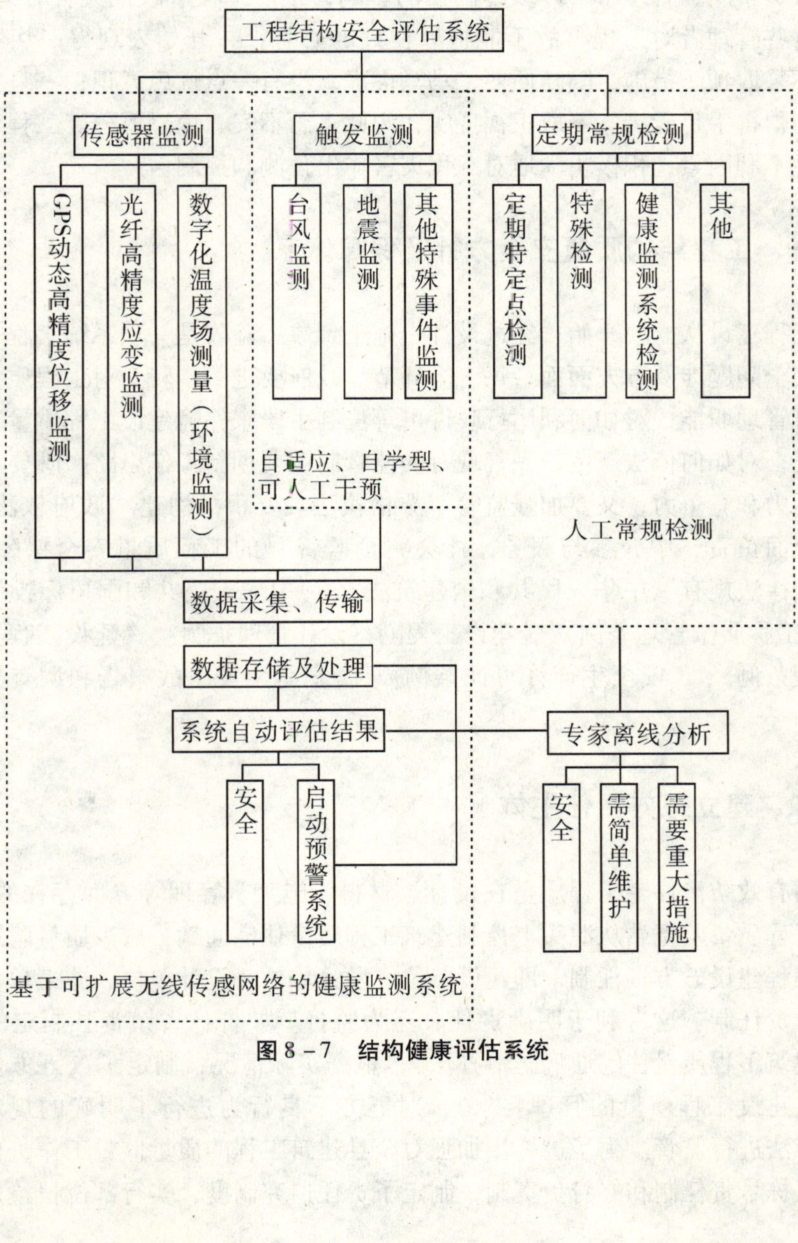

图 8 - 7　结构健康评估系统

第五节 人为因素导致工程灾害的管理

长期以来，工程结构安全一直成为人们极大的关注重点。但是由于知识水平、人员素质、管理水平等多种因素的影响，致使工程事故或灾害时有发生。甚至有些管理者对工程事故不能抱以良好的心态：一开始表现得一切都无所谓，不采取预防措施，随随便便、马马虎虎，没有一点忧患意识；一旦灾难降临时，怕得手足无措、不敢正视现实，为此忐忑不安、惊恐万分。工程管理应该避免不利因素，积极主动地对工程灾害作出预测和控制。

一、工程结构质量安全方针及保障体系

工程建设从立项开始，经过设计、施工到竣工验收是一项系统工程，工程质量安全问题涉及方方面面、每一个环节。政府要进一步转变对工程质量安全的监督管理职能，对如何利用行政许可等法制手段来保障建设工程质量安全要多研究，对如何依法规范、完善现有的监管制度要创新工作思路。既要增加企业的活力和竞争力，又要加强监管、严格执法。要积极构建“政府依法监管，企业全面负责，中介参与服务，社会舆论监督”的工程质量安全保障体系。相关法律法规有《中华人民共和国建筑法》、《中华人民共和国招标投标法》、《建设工程质量管理条例》、《建设工程勘察设计管理条例》、《建设工程安全生产管理条例》、《安全生产许可证条例》、《安全生产事故报告和调查处理条例》。

二、建立五方责任主体

为有效防治住宅工程质量在设计、材料、施工、管理等方面存在的问题，建筑工程质量监督站从源头上控制建筑工程质量住宅通病，减少质量隐患，特设立工程建设五方责任制，即建设单位、勘察单位、设计单位、施工单位、监理单位责任制。这有利于明确责任、互为监督。如吉林省镇赉县制定的《镇赉县建筑工程质量住宅通病防治办法》，根据实际情况，制定了《五方责任主体违反建设工程质量的管理要求》，对五方不良行为进行了明确的规定，严格、依法进行监管。为了进一步加强对全县建筑工程的质量监督工作，他们还实行了栋号责任制和终身负责制，制定了责任追究制度，实行部位报检，对建

筑材料实行见证取样，做好资料备案管理等，多渠道、多方位地提高建筑工程质量。

另外，其他与建设工程安全生产有关的单位有起重设备提供单位，装拆单位，检测单位，电气设备材料、安全设施材料供应商等（《建设工程安全生产管理条例》）。其他有关机构是指工程质量检测机构（《工程质量监督工作导则》）。

三、建设工程质量安全管理政策及制度

（一）择优机制

根据《中华人民共和国招标投标法》（2000年1月1日施行）、《建设工程勘察设计管理条例》（建设部令第293号，2000年9月26日施行），以及《房屋建筑和市政基础设施工程施工招标投标管理办法》（建设部令第89号，2001年6月1日施行），工程质量管理要从源头做起，选择优秀的设计、施工队伍，用招标的办法，选择技术先进、价格合理、能保证施工进度的单位实施。与工程建设有关的重要设备、材料等要通过招标采购。

（二）设计质量控制

设计质量控制即施工图文件审查制度，严格按照《房屋建筑和市政基础设施工程施工图设计文件审查管理办法》（2004年8月23日国务院令第134号发布，2004年8月23日施行）执行。审查内容包括涉及公共利益、公共安全、工程建设强制性标准的内容。重点对强制性条文执行情况、地基基础和主体结构安全性进行检测，随意降低标准属于违法行为。

对提高施工图设计质量产生积极影响，将勘察设计文件中存在的质量问题在施工前发现并及时纠正。

（三）施工质量控制

严格审核施工单位资质，包括施工许可、从业资格、监理、监督制度，监控施工过程的质量、进度、投资，规范各方质量责任主体行使质量责任义务的行为，把好实体质量关。项目实施中，严格执行相关规定、相关部门规章及规范性文件，其中包括《建筑工程施工许可管理办法》、《建筑企业资质管理规定》、《房屋建筑和市政基础设施工程施工分包管理办法》、《工程监理企业资质管理规定》、《建设工程监理范围和规模标准规定》、《房屋建筑工程施工旁

站监理管理规定》、《房屋建筑和市政基础设施工程实行见证取样和送检的规定》、《实施工程建设强制性标准监督规定》、《工程质量监督工作导则》。

（四）施工安全生产管理

严格实施建筑施工企业安全生产许可证制度，机构资质、人员资质都是重点管理对象。抓好建筑施工企业安全生产“三类人员”考核。建立企业主要负责人、项目负责人、专职安全管理人员的等级管理，对危险性较大的工程要编制专项施工方案，落实安全生产监理责任。施工安全生产事故是工程建设中最常见的工程事故，保证施工过程安全，要尽量避免发生安全事故，相关部门规章及规范性文件包括《建筑施工企业安全生产许可证管理规定》、《建筑施工企业主要负责人、项目负责人和专职安全管理人员安全生产考核管理暂行规定》、《建筑施工企业安全生产管理机构设置及专职安全生产管理人员配备办法》、《危险性较大工程安全专项施工方案编制及专家论证审查办法》、《建筑工程安全防护、文明施工措施费用及使用管理规定》、《关于落实建设工程安全生产监理责任的若干意见》、《建筑工程安全生产监督管理工作导则》。

专项施工方案编制及审查主要包括：

（1）编制安全技术措施方案、施工现场临时用电方案。

（2）危险性较大工程应编制专项施工方案：基坑支护与降水工程、土方开挖工程、模板工程、起重吊装工程、脚手架工程、拆除和爆破工程；其他危险性较大的工程（建筑幕墙安装，预应力结构张拉，隧道施工，桥梁，特种设备，网架和膜结构，6 米以上的边坡，大江大河的导流和截流，港口航道，新技术、新工艺、新材料无技术标准）、起重机械安装拆卸。

专项施工方案审查主要包括深基坑、地下暗挖工程、高大模板工程，组织专家进行论证、审查特种作业人员持证上岗，垂直运输机械作业人员，安装拆卸工，爆破作业人员，起重信号工，登高架设作业人员。

（五）既有建筑管理

对工程结构，我国在其设计文件规定的合理使用年限内实行工程质量终身负责；保修范围和保修期限内发生质量问题由施工单位保修；若发生损失由相关单位负责赔偿；超过合理使用年限的建设工程需由勘察、设计单位鉴定。该项规定规范各责任主体及个人的质量行为，确保了百姓利益。相关规范性文件包括《房屋建筑工程质量保修办法》、《住宅室内装饰装修管理办法》、《关于加强既有建筑装修、改扩建质量安全监督管理的通知》。

第六节　生命线工程灾害应急预案

一、灾害应急预案的概念与分类

应急预案，是指面对突发事件如自然灾害、重特大事故、环境公害及人为破坏的应急管理、指挥、救援计划等。它一般应建立在综合防灾规划上。其几大重要子系统为：完善的应急组织管理指挥系统；强有力的应急工程救援保障体系；综合协调、应对自如的相互支持系统；充分备灾的保障供应体系；体现综合救援的应急队伍等。针对具体设备、设施、场所和环境，在安全评价的基础上，为降低事故造成的人身、财产与环境损失，就事故发生后的应急救援机构和人员，应急救援的设备、设施、条件和环境，行动的步骤和纲领，控制事故发展的方法和程序等，预先作出科学而有效的计划和安排。

生命线工程灾害应急预案是指针对影响国计民生的重大工程，如道路、桥梁、隧道、大坝等重大工程在突发事件下的应急措施。为了有效地应对突发事件，在工程建设和使用过程中应明确两个关键：

第一，应针对工程构造特点、服务特点以及对周边环境的影响特点，确立应急响应级别，并明确各方面的责任划分。

第二，确保信息畅通，在突发事件发生时，能有效地组织应急措施。应急预案的目标是要用最低的成本，采用计划、组织、控制等方法和手段降低突发事件所产生的负面影响，将损失减到最小。

按应急预案的制定者可以分为企业预案和政府预案，企业预案由企业根据自身情况制定，由企业负责；政府预案由政府组织制定，由相应级别的政府负责。根据事故影响范围不同可以将预案分为现场预案和场外预案，现场预案又可以分为不同等级，如车间级、工厂级等；而场外预案按事故影响范围的不同，又可分为区县级、地市级、省级、区域级和国家级。

按应急预案的性质可以分为以下四类：

（1）应急行动指南或检查表。针对已辨识的危险制定应采取的特定的应急行动。应急行动指南简要描述应急行动必须遵从的基本程序，如发生情况向谁报告，报告什么信息，采取哪些应急措施。这种应急预案主要起提示作用，对相关人员要进行培训，有时将这种预案作为其他类型应急预案的补充。

（2）应急响应预案。针对现场每项设施和场所可能发生的事故情况编制的应急响应预案。应急响应预案要包括所有可能的危险状况，明确有关人员在紧急状况下的职责。这类预案仅说明处理紧急事务的必需的行动，不包括事前要求（如培训、演练等）和事后措施。

（3）互助应急预案。相邻企业为在事故应急处理中共享资源，相互帮助制定的应急预案。这类预案适合于资源有限的中、小企业以及高风险的大企业，需要高效的协调管理。

（4）应急管理预案。应急管理预案是综合性的事故应急预案，这类预案详细描述事故前、事故过程中和事故后何人做何事，什么时候做，如何做。这类预案要明确制定每一项职责的具体实施程序。应急管理预案包括事故应急的4个逻辑步骤：预防、预备、响应、恢复。

二、应急预案的主要内容

应急预案的指导思想是深入贯彻落实科学发展观，体现以人为本，真正将“安全第一、预防为主”方针落到实处。一旦发生建筑工地安全事故，能以最快的速度、最高的效能，有序地实施救援，最大限度地减少人员伤亡和财产损失，把事故危害降到最低点，维护社会安全与稳定。应在本区域内建立起一个统一、规范、科学、高效的指挥体系，一个分工明确、责任到人、优势互补、常备不懈的保障体系。

以快速反应、统一指挥、分级负责、单位自救与社会救援相结合为原则，应急预案同时明确了公安、消防、卫生等部门的协作要求，一旦发生事故，公安、消防、卫生等专业抢险力量可立即开展事故抢险救援工作。事故发生地建设部门应协助当地政府做好善后处置工作，督促协调有关单位依法认真做好死者、伤者家属的安抚、赔偿，应急救援征用物资补偿及其他善后工作。

生命线工程灾害应急预案可根据2004年国务院办公厅发布的《国务院有关部门和单位制定和修订突发公共事件应急预案框架指南》进行编制。应急预案的主要内容应包括：

（1）总则：说明编制预案的目的、工作原则、编制依据、适用范围等。

（2）组织指挥体系及职责：明确各组织机构的职责、权利和义务，以突发事故应急响应全过程为主线，明确事故发生、报警、响应、结束、善后处理处置等环节的主管部门与协作部门；以应急准备及保障机构为支线，明确各参与部门的职责。

（3）预警和预防机制：包括信息监测与报告、预警预防行动、预警支持系统、预警级别及发布（建议分为四级预警）。

（4）应急响应：包括分级响应程序（原则上按一般、较大、重大、特别重大四级启动相应预案），信息共享和处理，通信，指挥和协调，紧急处置，应急人员的安全防护，群众的安全防护，社会力量动员与参与，事故调查分析、检测与后果评估，新闻报道，应急结束等11个要素。

（5）后期处置：包括善后处置、社会救助、保险、事故调查报告和经验教训总结及改进建议。

（6）保障措施：包括通信与信息保障，应急支援与装备保障，技术储备与保障，宣传、培训和演习，监督检查等。

（7）附则：包括有关术语、定义，预案管理与更新，国际沟通与协作，奖励与责任，制定与解释部门，预案实施或生效时间等。

（8）附录：包括相关的应急预案、预案总体目录、分预案目录、各种规范化格式文本，相关机构和人员通讯录等。

应急处理要做到明确事故监管责任划分，建立突发事件上报和指令下达渠道，定期演习，保障信息畅通。要建立应急预案启动条件判定。如建筑工地发生重大事故前兆或评估预测为：

（1）建设工地一次死亡1人以上（含1人）的事故；

（2）直接财产损失在1万元以上；

（3）对施工场区外的影响有明显的破坏或人员伤亡；

（4）应急总指挥认为必须启动应急预案的。

三、应急预案的编制方法

应急预案是为应对潜在事故和紧急情况编写的具体方案。针对每一个潜在事故都要有相应的应急预案，先描述潜在事故的具体状况，确定控制的目标；再按“应急组织及相应职责、应急物资的具体要求（数量、存放地点、质量要求、功能要求）、消防设备、应急救援设备、安全隔离装置的布置、外部信息联络的方式及电话（含有关消防、政府主管部门、直接相关方、周边社区、医院等）、内部通报的联系人及联系方式、具体的应急措施和步骤、人员或财产的抢救方案、安全通道和平面布置图、可能的连带事故或环境影响相关配套预防方案等”内容针对组织的具体情况和不同的紧急情况编写；应急措施和步骤应容易记忆，可操作。如可行，应急预案最好附具体的急救图示。具体来说，应急预案的编制一般可以分为五个步骤：

（一）组建编制队伍

预案从编制、维护到实施都应该有各级各部门的广泛参与，在预案实际编制工作中往往会由编制组执笔，但是在编制过程中或编制完成之后，要征求各部门的意见，包括高层管理人员，中层管理人员，人力资源部门，工程与维修部门，安全、卫生和环境保护部门，邻近社区，市场销售部门，法律顾问，财务部门等。

（二）风险分析与应急能力评估

1. 法律法规分析

分析国家法律、地方政府法规与规章，如安全生产与职业卫生法律、法规，环境保护法律、法规，消防法律、法规与规程，应急管理规定等。

调研现有预案包括政府与本单位的预案，如疏散预案、消防预案、工厂停产关闭的规定、员工手册、危险品预案、安全评价程序、风险管理预案、资金投入方案、互助协议等。

2. 风险分析

（1）历史因素。所在地区以往发生过的紧急情况，包括火灾、危险物质泄漏、极端天气、交通事故、地震、飓风、龙卷风等。

（2）地理因素。单位所处地理位置，如邻近洪水区域、地震断裂带和大坝，邻近危险化学品的生产、贮存、使用和运输企业，邻近重大交通干线和机场，邻近核电厂等。

（3）技术因素。某工艺或系统出现故障可能产生的后果，包括火灾、爆炸和危险品事故，安全系统失灵，通信系统失灵，计算机系统失灵，电力故障，加热和冷却系统故障等。

（4）人为因素。人的失误可能是因为下列原因造成的：培训不足、工作没有连续性、粗心大意、错误操作、疲劳等。

（5）物理因素。考虑设施建设的物理条件、危险工艺和副产品、易燃品的贮存、设备的布置、照明、紧急通道与出口、避难场所邻近区域等。

（6）管制因素。彻底分析紧急情况，考虑如下情况的后果：出入禁区、电力故障、通信电缆中断、燃气管道破裂，水害、烟害、结构受损、空气或水污染、爆炸、建筑物倒塌、化学品泄漏等。

3. 脆弱性分析

脆弱性分析要确定的是：一旦发生危险事故，最容易受到冲击破坏的地区或单位，以及最可能出现波动或激变的环节。脆弱性分析结果应提供下列信息：受事故或灾害严重影响的区域（如地形、交通、风向等）；预计位于脆弱带中的人口数量和类型（如敏感人群——医院、学校、疗养院、托儿所的人群）；可能遭受的财产破坏，包括基础设施；可能的环境影响；可以标明最需要保护的地区、单位和人群。

4. 风险评估

根据脆弱性分析的结果，评估突发公共事件发生时，造成破坏（或伤害）可能导致的实际破坏（或伤害）程度。通常可能会选择对最严重的情况（顶级事件）进行分析，可以提供下列信息：发生事故和环境异常的可能性，或同时发生多种紧急事故可能造成的伤害类型（急性、延时或慢性的）和相关的高危人群；对财产造成的破坏类型（暂时、永久的），以及对环境造成的破坏类型（可恢复或永久的）。

5. 应急能力分析

依据风险分析的结果，对已有的应急资源和应急能力进行评估，包括城市资源的评估，明确应急救援的需求和不足。应急资源包括应急人员、应急设施（备）等；应急能力包括体制和机制运行状况及人员的技术、经验和接受的培训等，应急能力评估可发现应急体系中的缺陷和不足。编制预案时，应当在评价与潜在危险相适应的应急资源上，选择最现实、最有效的应急策略。

（三）预案编制

这是指按照应急预案应该包括的内容编制应急预案。应急预案的编制必须基于重大事故风险的分析结果、参考应急资源需求和现状以及有关要求。此外，编制预案时应充分收集和参阅已有的应急预案，以尽可能地减小工作量和避免重复和交叉，并确保与其他相关应急预案的协调和一致。

（四）预案的评审与发布

为保证应急预案的科学性、合理性以及与实际情况的符合性，应急预案必须经过内部评审和专家评审，必要时请上级应急机构进行评审。应急预案经评审通过和批准后，进行正式发布和备案。

（五）按照应急预案的详细规定执行

应急预案的实施是应急管理的重要工作。应急预案实施包括：开展预案宣传，进行预案实施和检查各个有关部门的职责、程序和资源准备，组织预案演练，使应急预案有机地融入到实际工作之中，真正地将应急预案所规定的要求落到实处。应急预案应及时进行修改、更新，在每一次演练和应急响应后，应认真进行评审和总结，针对实际情况的变化以及预案中的缺陷，不断地更新、完善，以持续地改进应急预案文件体系。

工业发达国家的应急预案编制工作已有至少几十年的历史，从形式和内容上大致可划分为几个阶段：一是“二战”之后，以个别场所和单个事件为对象，强调过程控制为主的个例预案；二是20世纪90年代后，以确保社会安定为目标，以防灾、减灾为主要工作，以建立监测和预警机制指挥协调为特征的综合性预案；三是从20世纪末到21世纪初这几年，由于政府对危机管理认识及技术的巨大进步，应急预案进入以国家危机应对体系为核心的标准化和数字化阶段，更加强调全局意识，更加简便、实用和高效。我国应急预案工作已取得历史性的进步，为建立体系奠定了良好的基础，标准化和数字化应成为未来我国应急预案的发展方向。

四、指挥处理程序

突发事件发生后，履行统一领导职责或者组织处置突发事件的指挥部，应当针对事件的性质、特点和危害程度，立即组织有关部门，调动应急救援队伍和社会力量，依照应急预案规定和有关法律、法规、规章的规定采取应急处置措施。

下级单位接到上级部门应急救援指令时，指挥部立即指令现场指挥组，在第一时间赶赴现场，同时指令调度组。

现场指挥组人员到达现场后，应立即向指挥部报告现场情况，在总指挥未到达现场前，负责组织指挥现场的抢险工作。指挥部根据灾情，调集抢险队员和物资器材赶赴现场；后勤保障、协调联络、专家组要按指挥部指令，进入岗位开展工作。

抢险结束后，由后勤保障及联络组及时将抢险救灾综合情况报告给政府或有关职能部门。产生伤亡的，做好善后工作。

针对生命线工程灾害，可采取下列一项或多项应急处置措施：

（1）组织营救和救治受害人员，疏散、撤离并妥善安置受到威胁的人员以及采取其他救助措施。

（2）迅速控制危险源，标明危险区域，封锁危险场所，划定警戒区，实行交通管制以及其他控制措施。

（3）立即抢修被损坏的交通、通信、供水、排水、供电、供气、供热等公共设施，向受到危害的人员提供避难场所和生活必需品，实施医疗救护和卫生防疫以及其他保障措施。

（4）禁止或者限制使用有关设备、设施，关闭或者限制使用有关场所，中止人员密集的活动或者可能导致危害扩大的生产经营活动以及采取其他保护措施。

（5）启用本级人民政府设置的财政预备费和储备的应急救援物资，必要时调用其他急需物资、设备、设施、工具。

（6）组织公民参加应急救援和处置工作，要求具有特定专长的人员提供服务。

（7）保障食品、饮用水、燃料等基本生活必需品的供应。

（8）依法从严惩处囤积居奇、哄抬物价、制假售假等扰乱市场秩序的行为，稳定市场价格，维护市场秩序。

（9）依法从严惩处哄抢财物、干扰破坏应急处置工作等扰乱社会秩序的行为，维护社会治安。

（10）采取防止发生次生、衍生事件的必要措施。

五、救援抢险

救援是指为了减轻灾害而采取的不同于正常工作程序的紧急防灾和抢险行动。它是防灾减灾的一个重要组成部分。救援又可分为自救、互救、政府救援三种情形。救援以救人为重点，在人员没有危险的前提下实施重要设备救援。

实施紧急救援是贯彻落实“预防为主，防御与救助相结合”方针的重要方面。紧急救援是分秒必争的，以地震为例，有资料表明，如果被困灾民在第一天内就得到救援，救活率可达80%；第二天内仍可达33%；但到了第五天就只有7%左右。

应急控制中心要扮演好指挥和协调处理紧急情况的角色，保证事故应急救援的顺利执行。其主要要求如下：

（1）应急控制中心的地点：应把应急控制中心设在较安全的地方；应考虑建立辅助应急控制中心，因为主控制中心也可能会因事故影响而瘫痪。

（2）应急控制中心的组成：一般包括总指挥和指挥部成员，指挥部成员应包括具备完成某项任务的能力、职责、权力及资源的单位内生产、设备、消防及医疗机构。指挥部成员直接领导各下属应急专业队，并向总指挥负责，由总指挥协调各队工作的进行。

（3）应能够顺利接收外部信息，具有向事故现场及现场外管理人员发送指令的能力。

（4）一般情况下，应急控制中心应包括如下设施和资料：数量充足的内线和外线电话；无线电和其他通信设备；危险物质数据库：危险物质名称、数量、存放地点及其物理化学特性；救援物资数据库：应急救援物资和设备名称、数量、型号大小、存放地点、负责人及调动方式；重大危险源示意图：图中应注明存放大量危险物质的地方，救援设备的存放位置。

六、各类事故的处置

（一）火灾事故

（1）发生火灾后，现场负责人应及时打“119”火警电话，在消防部门未到达现场前，积极组织自救，并及时向有关部门报告。总指挥部接到报告后，应立即赶赴事故现场，配合消防部门进行灭火工作，并根据现场情况和消防部门救援所需，调派救援物资和人员。

（2）灭火工作结束后，现场指挥组要配合消防部门对火灾事故的调查和原因的认定工作，并根据消防部门对火灾原因的认定结论，依照《中华人民共和国建筑法》、《中华人民共和国安全生产法》等相关法律的规定，并根据本行业管理的要求，对事故单位和责任人提出处理意见，报上级行业管理部门。

（3）按照“四不放过”（事故原因没有查清不放过、事故责任者没有严肃处理不放过、广大群众没有受到教育不放过、防范措施没有落实不放过）的原则，督促责任单位和施工现场进行整改，并负责进行验收。

（二）坍塌事故

（1）重大坍塌事故包括深基坑坍塌、大型机械设备倒塌、承重支模架坍塌、民工活动房倒塌、外脚手架倒塌、民住危房等。

（2）发生上述重大事故后，现场负责人应积极组织抢救，并及时报上级行业主管部门。总指挥部接到报告后，应及时赶赴事故现场，并根据现场情况成立现场临时指挥部，及时要求物资调度组调集救援人员和物资。为总指挥当好参谋，必要时向公安、交警、消防等有关部门要求增援，同时报上级行业主管部门。

（3）物资调度组、后勤保障组、专家组的人员应及时到岗，并根据现场指挥的指令做好现场救援工作的各项保障工作。

（4）救援工作结束后，根据权限划分，配合上级主管部门对事故原因的调查和责任认定工作；配合责任单位做好事故的善后处理工作。

（5）按照“四不放过”的原则，督促责任单位和施工现场进行整改，并负责进行验收。

（三）重大自然灾害事故

（1）自然灾害是人类所依赖的自然界中发生的异常现象，其类型有地震、火山爆发、泥石流、海啸、台风、洪水等突发性灾害，也有地面沉降、土地沙漠化、干旱、海岸线变化等在较长时间内才能逐渐显现的渐变性灾害。从科学的意义上认识这些灾害的发生、发展以及尽可能减小它们所造成的危害，已是国际社会的一个共同主题。

在广东省境内，自然灾害主要是台风，接着是伴随而来的洪水，以及引发的连续暴雨、山体滑坡、泥石流等灾害。

（2）预告。接到气象部门可能发生重大自然灾害紧急预告后，要做好相关人员的转移工作；预告可用通信、书面或直接上门形式，转移安置地点要确保安全。

（3）发生上述重大事故后，现场负责人应积极组织抢救，并及时报上级行业主管部门。总指挥部接到报告后应立即赶赴事故现场，并根据现场情况成立现场临时指挥部，及时要求物资调度组调集救援人员和物资。同时向公安、交警、消防等有关部门要求增援，同时报上级行业主管部门。

七、处置要求

（1）应急救援指挥部应根据灾害预防特点，定期或不定期召开指挥部全体人员和抢险单位参加的会议，传达和贯彻省、市和上级有关部门对各类抢险救灾工作的要求，部署和检查抗灾工作情况，核对和落实各类抢险物资、通信工具、人员是否到位。做到领导重视、组织落实、人员和物资到位，把各项抢险工作抓到实处。

（2）应急救援中要不折不扣地按照指挥部的要求落实所需人员和物资，按要求及时赶赴现场，听从现场指挥部的指挥，积极主动完成抢险任务。

（3）要注意抢险中的安全工作。抢险前，要对抢险人员进行战前动员和安全教育，杜绝、减少安全事故。

（4）应急救援指挥部及所属各组成员之间，在接到任务后必须保持通信畅通，确保正常联系。

本章小结

生命线工程安全不仅仅是工程技术问题，同时也是关系到社会稳定、人民安居乐业的社会问题。我国政府对结构灾害的减灾防灾工作非常重视，提出了以防为主，防、抗、避、救相结合的思路，并制定了规范性文件，包括《关于加强建设系统防灾减灾工作的意见》、《关于做好汛期斜坡、高切坡安全工作的紧急通知》、《建设工程抗御地震灾害管理规定》、《超限高层建筑工程抗震设防管理规定》。

本章对一些人为因素导致的工程结构灾害原因、特点进行讨论，以史为鉴，树立安全意识，培养一定的对危险源的识别能力，掌握一定的结构安全评估知识。并就工程结构的减灾、防灾工作提出一些问题，以期为进一步的深入研究提供参考。

无论是以人为影响为主的人为灾害，还是人为决策失误型灾害，坚持综合减灾的思想都是根本的。人为减灾的基本理论指出：要确定人的最终行为控制目标及优化协调；要建立人操作、人决策、人发布指令的极限参数及冲突控制；减灾作为整个社会公益事业的环节之一，应该从人的可靠性研究出发，设计出实用有效的安全类产品；要从人为灾害的现代障碍中寻求解放对策，尤其应利用好可靠性仿生学及容错控制技术，使人的应急能力及安全文化知识水平有根本性提高。总之，我们跨世纪的减灾思考必须抛弃“人类中心论”（即“人定胜天”）的观点及口号，代之以科学减灾及全民警觉的忧患意识，全力开展生态、科技、文化和社会经济的可持续发展建设，从根本上提高全民族的安全文化素质。

本章学习要点

1. 人为因素导致工程灾害的特点及其形式。
2. 工程结构减灾防灾措施与应急处理。
3. 工程结构安全的风险与评估方法。

关键术语

工程灾害　工程质量　结构健康监测　应急处理

思考与练习

1. 简述人为因素导致工程结构灾害的特点与分类。

2. 导致工程结构灾害的原因有哪些?

3. 什么是结构健康监测系统？它一般由哪几个部分组成？请列举我国建有结构健康监测系统的大型工程。

4. 在我国建筑工程质量管理条例中五方责任体分别指什么?

5. 需要进行专业施工的工程有哪些?

6. 重大工程灾害的应急一般包括哪几项内容?

7. 请谈谈你对广东省工程灾害的认识及各级政府制定的应急管理措施。

补充读物

1. 秦启文等. 突发事件的管理与应对. 北京:新华出版社,2004.

2. 何振德,金磊. 城市灾害概论. 天津:天津大学出版社,2005.

3. 江见鲸等. 防灾减灾工程学. 北京:机械工业出版社,2005.

4. 防灾博览(中国地震台网中心).

5. 中国政府网·应急管理,http://www.gov.cn/yjgl/2005-08/31/content_27872.htm.

6. 安全文化网,http://www.anquan.com.cn/building/.

7. 中国安全应急网,http://www.aqyjw.com/.

参考文献

[1] 蒋卫国，李京，王琳．全球 1950—2004 年重大洪水灾害综合分析［J］. 北京师范大学学报（自然科学版)，2006，42（5）．

[2] 中华人民共和国国土资源部．2003 年中国国土资源报告［M］．北京：地质出版社，2004.

[3] 韩渭宾．防震减灾知识十讲［M］．成都：成都地图出版社，2007.

[4] 张亮．火灾对环境的影响及对策［J］．消防科学与技术，2008（5）．

[5] 夏志成等．应对恐怖爆炸袭击建筑物防护的研究现状综述［J］．防灾减灾工程学报，2006，26（2）．

[6] 付跃强，刘卫东．突发事件预防控制系统结构及研究现状分析［J］．科技进步与对策，2007，24（1）．

[7] 张文华．对灾难管理的认识与思考［J］．云南财贸学院学报，2003，19（5）．

[8] 李宏男，柳春光．生命线工程系统减灾研究趋势与展望［J］．大连理工大学学报，2005，45（6）．

[9] 李杰．生命线工程的研究进展与发展趋势［J］．土木工程学报，2006，39（1）．

[10] 朱晓华．中国 1840—1996 年重大洪水灾害若干特征分析［J］．灾害学，1999，14（2）．

[11] 陈丙咸，杨戊，黄杏元等．基于 GIS 的流域洪涝数字模拟和灾情损失评估的研究［J］．环境遥感，1996，11（4）．

[12] 许武成，马劲松，王文．关于 ENSO 事件及其对中国气候影响研究的综述［J］．气象科学，2005，25（2）．

[13] 王润，姜彤，Lorenz King. 20 世纪重大自然灾害评析［J］．自然灾害学报，2000，9（4）．

[14] 姜彤，王润，Lorenz King. 2000 年全球重大自然灾害概述［J］．自然灾害学报，2002，11（1）．

[15] 中华人民共和国水利部．中国 98 大洪水［M］．北京：中国水利水电出版社，1999.

[16] 李观义．基于 GIS 的洪灾经济损失评估及其应用［J］．地理与地理

信息科学，2003（8）.

［17］傅湘．洪灾损失评估指标的研究［J］．水科学进展，2000（4）.

［18］武靖源等．洪灾经济损失评估模型研究——直接经济损失评估［J］．系统工程理论与实践，1998（11）.

［19］Kuczera. Robust flood frequency models. *Water Resources Research*, 1982，18（2）.

［20］王艳艳，陆吉康，陈浩．洪灾损失评估技术的应用［J］．水利水电技术，2002（10）.

［21］田红．基于GIS的水库防洪决策支持系统［J］．南京气象学院学报，2002，25（2）.

［22］Ashkar F.，Rousseue J. Design discharge as a random variable：a risk study. *Water Resources Research*，1981，17（3）.

［23］Nassir E. J.，Rousselle J. A flood damage model for flood plain studies. *Water Resources Bulletin*，1987，23（2）.

［24］黄朝迎，张清．暴雨洪水灾害对公路交通的影响［J］．气象，2000，26（9）.

［25］James H. L. et al. Evaluating risk of extreme events for univariate loss functions. *Journal of Water Resources Planning and Management*，1994，120（3）.

［26］Shri Ravi Shanker，Shri Sandeep Humar，Nitin Agarwai. *Disaster knowledge network：A step towards effective natural disaster management*，*World Congresson Natural Disaster Mitigation.* New Delhi：The Insitute of Engineers & World Federation of Engineering Organisation，2004.

［27］张万宗，王中奎，朱福庆．国外的洪水与防治［M］．郑州：黄河水利出版社，2001.

［28］中华人民共和国防洪法，1997.

［29］中华人民共和国水法，2002.

［30］中华人民共和国突发事件应对法，2007.

［31］张漫莉．广东省山洪灾害初步分析［J］．广东水利水电，2005（3）.

［32］麦蕴瑜．广东水灾的原因和根治方法［J］．人民珠江，1995（2）.

［33］钱艳清．广州市洪潮灾害特点及控制性工程的规划［J］．人民珠江，1995（2）.

［34］李大鸣．国内外防洪减灾发展与现状［J］．中国农村水利水电，2005（9）.

［35］沈洪．国外防洪发展概述［J］．吉林水利，1998（10）.

[36] 梁志勇. 国外非工程防洪减灾战略研究（Ⅰ）[J]. 自然灾害学报，2002，11（1）.

[37] 张行南. 中国洪水灾害危险程度区划 [J]. 水利学报，2000（3）.

[38] 游志斌. 美、日灾害应急体系比较 [J]. 中国减灾，2005（8）.

[39] 王开元. 浅谈德法荷三国防洪减灾的主要做法和经验 [J]. 人民珠江，2001（1）.

[40] 杨名亮. 日本的防洪现状及发展趋势 [J]. 东北水利水电，1996（9）.

[41] 傅湘. 防洪减灾风险管理研究综述 [J]. 水利水电科技进展，2001，21（1）.

[42] 王茹. 土木工程防灾减灾学 [M]. 北京：中国建材工业出版社，2008.

[43] 周云，李伍平. 防灾减灾工程学 [M]. 北京：中国建筑工业出版社，2007.

[44] 广东省防汛抗旱防风应急预案，2007.

[45] 广州市白云区防洪应急预案，2008.

[46] 王绍玉，冯百侠. 城市灾害应急与管理 [M]. 重庆：重庆出版社，2005.

[47] 计雷，池宏等. 突发事件应急管理 [M]. 北京：高等教育出版社，2006.

[48] 中华人民共和国防汛条例，1991.

[49] 李引擎，王清勤，张靖岩等. 防灾减灾与应急技术 [M]. 北京：中国建筑工业出版社，2008.

[50] 周云，李伍平等. 土木工程防减灾概论 [M]. 北京：高等教育出版社，2005.

[51] 张相庭. 结构风工程——理论·规范·实践 [M]. 北京：中国建筑工业出版社，2006.

[52] 张相庭. 工程结构风荷载理论和抗风计算手册 [M]. 上海：同济大学出版社，1990.

[53] 范学伟，徐国彬，黄雨. 工程结构的风灾破坏和抗风设计 [J]. 中国安全科学学报，2000（5）.

[54] 张勇. 输电线路风灾防御的现状与对策 [J]. 华东电力，2006（3）.

[55] 杨喆，徐刚. 灾害经济损失的评估方法探讨 [J]. 经济研究导刊，2008（13）.

[56] 1949—1990年中国龙卷风灾害事件表 [R]. 中国气象局.

[57] 1991—2006年中国大陆十大风灾 [M/OL]. 百度搜索.

[58] 触目惊心的世界重大风灾水患 [M/CL]. 百度搜索.

[59] 孙文盛. 新农村建设中的地质安全保障 [M]. 北京: 中国大地出版社, 2006.

[60] 殷跃平, 张作辰, 张开军. 我国地面沉降现状及防治对策研究 [J]. 中国地质灾害与防治学报, 2005, 16 (2).

[61] 陈志新. 地裂缝成灾机理及防御对策 [J]. 西安工程学院学报, 2002, 24 (2).

[62] 向喜琼, 黄润秋. 地质灾害风险评价与风险管理 [J]. 地质灾害与环境保护, 2000, 11 (1).

[63] 卢全中, 彭建兵, 赵法锁. 地质灾害风险评估 (价) 研究综述 [J]. 灾害学, 2003, 18 (4).

[64] 成玉祥, 任春林, 张骏. 基于BP神经网络的地质灾害风险评估方法探讨——以天水地区为例 [J]. 中国地质灾害与防治学报, 2008, 19 (2).

[65] 金磊. 城市灾害学原理 [M]. 北京: 气象出版社, 1997.

[66] 江见鲸, 徐志胜等. 防灾减灾工程学 [M]. 北京: 机械工业出版社, 2005.

[67] 叶义华, 许梦国等. 城市防灾工程 [M]. 北京: 冶金工业出版社, 1999.

[68] 林家彬. 日本防灾减灾体系考察报告 [J]. 城市发展研究, 2002, 9 (3).

[69] 李保俊, 袁艺, 邹铭等. 中国自然灾害应急管理研究进展与对策 [J]. 自然灾害学报, 2004, 13 (3).

[70] 沙姆丹尔·伊斯兰姆, 考·朝德伯利. 孟加拉灾害管理——以备灾为中心 [J]. 中国减灾, 2004 (2).

[71] Dug kenun Park. 韩国灾害管理体系 [J]. 中国减灾, 2006 (6).

[72] 李文艺, 丁明. 国外城市灾害管理的对比研究 [J]. 上海城市管理学院学报, 2001 (5).

[73] 陈金海. 新西兰地震灾害管理工作考察 [J]. 福建地震, 2001 (17).

[74] 金磊. 中外城市减灾比较 [J]. 城市开发, 2002 (9).

[75] 李文艺, 丁明. 中国城市灾害管理的现状分析 [J]. 上海城市管理

学院学报，2001（4）.

［76］国家突发公共事件总体应急预案，2006.

［77］国家突发地质灾害应急预案，2006.

［78］广东省突发性地质灾害应急预案，2007.

［79］广州市突发地质灾害应急预案，2008.

［80］广州市突发性地质灾害隐患分级认定办法，2008.

［81］吴建春，尚红，杜晓霞等．国际巨灾问题思考［J］．中国减灾，2006（2）.

［82］赵成根．国外大城市危机管理模式研究［M］．北京：北京大学出版社，2006.

［83］李学举．灾害应急管理［M］．北京：中国社会出版社，2005.

［84］国土资源部．全国地质灾害防治“十一五”规划［R]，2006.

［85］省国土资源厅．广东省地质灾害防治规划（2001—2015 年）［R］.

［86］温晓虎，贾水库，徐辉．高层建筑火灾风险评估技术的研究［J］．工业安全与环保，2008，34（6）.

［87］吴波．火灾后钢筋混凝土结构的力学性能［M］．北京：科学出版社，2003.

［88］江见鲸，王元清，龚晓南等．建筑工程事故分析与处理［M］．北京：中国建筑工业出版社，2003.

［89］陈龙珠，梁发云，宋春雨等．防灾工程学导论［M］．北京：中国建筑工业出版社，2006.

［90］申祖武，龚敏，王天运等．汽车炸弹爆炸冲击波作用下建筑物的动力响应分析［J］．振动与冲击，2008（8）.

［91］刘晶波，闫秋实，杜义欣，伍俊．地铁地下结构内爆炸防护问题研究［J］．振动与冲击，2008（8）.

［92］周定平，黄忠．从长沙公交车爆炸看公共安全对策［J］．上海公安高等专科学校学报，2005，15（5）.

［93］杜修力，廖维张，田志敏等．爆炸作用下建（构）筑物动力响应与防护措施研究进展［J］．北京工业大学学报，2008（3）.

［94］孙艳馥，王欣．爆炸冲击波对人体损伤与防护分析［J］．火炸药学报，2008，31（4）.

［95］孙文彬．爆炸荷载及爆炸对 RC 结构影响的研究［J］．基建优化，2007（5）.

［96］应付钊．抗爆建筑物的抗爆设计浅谈［J］．医药工程设计，2007（6）.

[97] 史春芳，徐赵东，工程结构抗爆技术的研究现状［J］．西安建筑科技大学学报（自然科学版），2007（5）．

[98] 清波．重大事故回放：英国阿尔法平台爆炸事故［J］．现代班组，2007（8）．

[99] 龚顺风，金伟良，何勇．爆炸荷载作用下建筑结构倒塌的致命率［J］．浙江大学学报（工学版），2007（7）．

[100] 袁丽丽，李孜军，贺兵红．粮食粉尘爆炸事故树分析［J］．工业安全与环保，2007（5）．

[101] 张明月，阎石，孙强．爆炸荷载对建筑结构作用的研究与发展状况［J］．山西建筑，2007（1）．

[102] 王宝成．工业建筑防爆设计［J］．科技资讯，2006（14）．

[103] 张玉娥，白宝鸿，张昀清．桥梁风险管理及防恐设计［J］．世界桥梁，2006（4）．

[104] 田志敏，张想柏，杜修力．防恐怖爆炸重要建筑物的概念设计［J］．土木工程学报，2007（1）．

[105] 刘山洪，魏建东，钱永久．桥梁结构爆炸分析特点综述［J］．重庆交通学院学报，2005（3）．

[106] 李选民等．加油站火灾爆炸事故的统计分析及预防［J］．石油库与加油站，2004，13（6）．

[107] 戚甫磊，王建军．谈立式蒸汽锅炉的爆炸事故［J］．安全，2005（2）．

[108] 黄昆，蒋宏业，李余斌等．LPG 储罐火灾与爆炸事故分析［J］．西南石油学院学报，2004（5）．

[109] 周红等．爆炸恐怖袭击与应急医学救援［J］．解放军医学杂志，2005，30（1）．

[110] 江资成，刘劲彪，谭爱喜等．加拿大烟花产品认可程序与认可管理［J］．火工品，2005（4）．

[111] 潘铁，李真民．恐怖袭击下重要建筑物的分类分级［J］．江苏建筑，2007（6）．

[112] 张超，张云鹏，杨莉娜等．中小煤矿煤尘爆炸事故的事故树分析［J］．煤炭技术，2006（2）．

[113] 王新建．建筑物防爆研究［J］．公安大学学报（自然科学版），1999（2）．

[114] 郭文军，江见鲸，崔京浩．民用建筑结构燃爆事故及防灾措施

[J]. 灾害学，1999（3）.

[115] 丁瑞金. 粉尘爆炸的危害与对策 [J]. 消防技术与产品信息，1999（5）.

[116] 郭满良，魏琏，黄孚浩等. 灾难的遗产——纽约世贸双塔楼坍塌分析 [J]. 建筑结构，2002（9）.

[117] 张兴容，马永慧. 工业锅炉的爆炸事故与预防对策研究 [J]. 安全，2002（3）.

[118] 张兴容，马永慧. 我国工业锅炉的爆炸事故与预防对策 [J]. 工业安全与环保，2003（5）.

[119] 金丰年，蒋美蓉，王斌等. 美国世贸大厦破坏分析 [J]. 解放军理工大学学报（自然科学版），2003（4）.

[120] 黄郑华，李建华，朱根根. 化学反应器火灾爆炸事故树分析研究 [J]. 中国公共安全，2006（2）.

[121] 史森森，陈国华，张晖等. 重大危险源区域事故应急非结构化模糊决策应用研究 [J]. 中国安全科学学报，2006（7）.

[122] 韩国三丰百货大楼倒塌之谜 [J]. 中国减灾，2007（7）.

[123] 王铭珍. 韩国汉城三丰百货大楼是怎样坍塌的 [J]. 安全，1995（5）.

[124] 张伟伟. 基于小波理论的结构损伤识别方法研究 [D]. 太原理工大学硕士学位论文，2006.

[125] 秦启文等. 突发事件的管理与应对 [M]. 北京：新华出版社，2004.

[126] 何振德，金磊. 城市灾害概论 [M]. 天津：天津大学出版社，2005.

[127] 许佳萍，张同忠，闫维波. 世贸大厦“坐塌”分析与高层建筑的分区隔震 [J]. 钢结构，2007（7）.

[128] 李新. 纽约世贸大厦坍塌的原因及应吸取的教训 [J]. 辽宁师专学报，2006，8（4）.

[129] 张虎南. 超高层建筑中避难层应设消防安全疏散电梯 [J]. 消防技术与产品信息，2007（7）.

[130] 张俊. 关于进入避难层内的人员疏散的探讨 [J]. 消防技术与管理，2005（4）.

[131] 曹雪飞，任翔，邵闯. 我国面临的恐怖活动威胁及奥运年防恐对策 [J]. 新疆警官高等专科学校学报，2008，28（3）.

后　记

本教材由广东省应急办公室资助，由暨南大学公共安全中心组织编写。在接到编写任务后，由暨南大学公共安全中心副主任马宏伟教授和力学与土木工程系系主任王璠教授负责，召集了相关教授召开紧急会议，成立了“应急教材编写小组”，成员有马宏伟教授、王璠教授、袁鸿教授、余岭教授、徐加初教授。时值中华民族传统春节，各位教授主动缩短假期，投入到教材的编写中。其间，编写小组查阅、整理了大量的史料、文献，并召开了几次编写讨论会，统一了编写思想、方法与基本要求和格式，积极开展编写工作，并按时完成了任务。本教材第一章由马宏伟教授、余岭教授编写；第二章、第四章由王璠教授编写；第三章由徐加初教授编写，第五章由余岭教授编写；第六章由袁鸿教授编写；第七章、第八章由马宏伟教授编写。

本教材侧重于培养灾害忧患意识，了解重大工程在我们日常生活中存在的安全隐患，掌握一定的工程灾害识别、控制知识，具备一定的处理突发事件的能力。本教材从各类灾害的一般概念、发生原因、特点及其影响出发，在对历史事件认真研究的基础上，提出了相关的重大工程结构安全管理和应急处理的相关内容。语言通俗易懂，内容丰富，如第二章首先简述了洪水灾害的一般特点，以及洪水的发生规律，对比了国外和国内的防洪措施，对我国乃至广东省的防洪管理及应急措施提出了参考；第五章的内容包括地震的基本概念、发生地震的机理，以及如何进行地震预防和应急救援等。本教材各章最后附有思考与练习、补充读物，对相关内容感兴趣的读者可自行进行扩展阅读。但是，由于时间紧迫，本教材还有需要进一步补充、完善的地方，同时不足之处热忱欢迎读者批评指正，编写小组将根据大家的意见和培训使用反馈意见对本教材进行完善。

编　者

2012 年 6 月 18 日